京大数学プレミアム

［改訂版］

杉山 義明
編著

Premium

教学社

はじめに

本書は，京都大学の入試問題を過去 50 年以上に遡って，今の受験生にも是非とも解いてもらいたい良問をセレクトした「傑作選」です。良問は時代が変わっても色褪せない味わいがあり，いわゆる「京大らしい旗艦問題」といえるものは脈々と受け継がれています。そのような問題を，分野などに拘らずピックアップしました。

京大の数学と言えばどんなイメージがありますか？　受験生に聞いても，若い先生に聞いても，ベテランの先生に聞いても，そんなに差がありません。受験生は過去 7 ～ 8 年のイメージ，若い先生は過去 15～16 年のイメージ，ベテランの先生は 50 年近くのデータからのイメージ。多少の誤差はあれど，どの時代を切り取っても，京大らしさというのは不変なのです。ただ，一昔前の入試問題の方が骨太だったかも知れません。最近は大人しい問題も増えていますが，これは選抜試験としての機能を保つため，仕方ないでしょう。ただ，山椒のようにピリリとした問題は今なお変わらずといったところです。この問題に対応するために本書があると思ってください。

本書に取り組む際には「まず 1 番から 1 日○問ずつやるぞ」などと肩肘張らず，好きなところから好きな順番で，じっくり腰を据えて問題に取り組んでください。一問一問をじっくり味わってもらうことが目的なので，普段の勉強の合間に一問，週末に二問，気が向いたらどんどんペースアップ…こういう解き方が京大らしいともいえます。

最後になりましたが，この本の縁を繋いでいただいた駿台予備学校の伊藤和修先生，TeX 関連の助言をいただいた米村明芳先生，PC 関連全般の支援でお世話になった井辺卓也先生に，この場をお借りしてお礼を申し上げたいと思います。

編著者しるす

本書の特徴

➡章立ては分野横断　――「京大らしいテーマ」ごとに配列

本書の編集を行うときに最初に考えたことは，分野の縛りにとらわれない，現在の受験生に伝えたい「京大数学」とは何か，ということでした。

分野の縛りをつけて問題を選ぶと，確率で5問，数列で5問，…といったように，問題を見る目がはじめから固定されてしまいます。そこでとにかく「THE 京大数学」といえる問題をチョイスしてランダムに並べてみたら，なんとなく色がついていることに気がつきました。最初からテーマを決めて問題を選んだのではないのに，ある程度色がついてきて，それを後から配列したものが本書です。いうなれば，選んだ問題がテーマを決めて，章立てができたのです。

分野別の縦割りではなく，分野を横断して横串を刺しているところが本書の特徴です。

本書の章立ては以下のようになっています（全69題）。

1，対称性（9題）
2，逆なら簡単な問題（4題）
3，図形の道具（9題）
4，三角関数（5題）
5，微分積分（11題）
6，誘導形式の小問（7題）
7，説明しにくい論証（4題）
8，グローバルな視点（4題）
9，必要から十分（4題）
10，存在条件（3題）
11，整数問題（4題）
12，不等式（2題）
13，補遺（3題）

このように一般的な問題集と異なる章立てになっているのは京大の特徴を反映した結果であり，本書は「京大らしい問題集」になっているといえます。

■各章の特徴　——さまざまな視点から京大数学の真髄に迫る

まず，京大数学の序章として「対称性」を選びました。いろんな分野に共通した京大の特徴であるからです。続く「逆なら簡単な問題」というのは，論証の京大に誘うのに相応しいテーマです。

「図形の道具」「三角関数」は同じ道具を扱う部分ではありますが，後者は計算や式変形を主体としているので，敢えて別々の章立てとしました。

「微分積分」は受験生にしっかり対策し強化してもらいたい分野の１つです。近年，この分野の出題が増えています。この出題傾向を踏まえて，この改訂版で強化した部分です。１問の中でいろんな微分・積分のルールを伝えるため，少し骨のある問題を選びました。

次の「誘導形式の小問」は私の中ではお口直しの感覚です。小問に分かれた誘導形式の問題は通常の入試問題集にも掲載されているものです。京大らしさから少し離れて外の空気を吸ってもらう感覚です。

その次は「説明しにくい論証」です。「しにくい」というのは，個人的な感想のような表現ですが，味わってもらえたら「あー，それそれ。分かる分かる」と共感してもらえると思います。

「グローバルな視点」「必要から十分」「存在条件」は，かなりピンポイントな章立てですが，京大数学を語る上で是非とも設けておきたかった章です。

そして「整数問題」ですが，京大対策として一分野だけに絞れとなれば，やはりこれでしょう。この章が本書のほぼ殿（しんがり）を務めます。

さて最後は仕上げです。「不等式」「補遺」では，ともにエピローグとして伝えきれなかったものを取り扱いました。

本書を手に取ったら，まず問題編のページを開いて，掲載されている問題全体を眺めてみてください。そうすると，気になる名前の章や問題があるかと思います。それが，あなたにとっての第１章です。紙と鉛筆を準備して，気持ちが乗っている間にまず１問を解いてみてください。そうすると京大の問題があなたにガソリンを注入し，次々と解きたい気持ちが湧いてくるでしょう（本書を十分に活用するためにp. vi「本書の利用法」もご覧ください）。

それでは，京大数学を楽しんでください。

本書の利用法

問題編

まず，問題編にある問題を先入観なく解き始めてください。解ければよいのですが，本書に掲載している京大の問題は，そう簡単にゴールまでたどり着けないことが多いかと思います。その時は解答編を確認してください。

解答編

解答編は以下のような構成になっています。

アプローチ

問題を解いてみて行き詰まったら，まずはここを読んでみてください。少し糸口が見えたら再スタートです。もう一度問題に戻って解き直してみましょう。これでもできなかったら give up しても結構です。解答を読んでください。

解答

各章のテーマに即した，標準的な解答を掲載しています。自分の解答と比較してみてください。

フォローアップ

解答を読んで，少し疑問が残る部分もあろうかと思います。解答を理解したつもりが，ひょっとすると応用のできない表面的な理解だったという可能性もあります。さらに，なぜこのような解法に至ったのか，他に別解がないのかということも気になるかと思います。それらを解決するため，フォローアップを用意しています。フォローアップのある問題については，必ずここを読んで理解を深めてください。

また，解答編に含まれる例題は，1問を1問で終わらせないためのものです。いろんな例題を参考にして，奥行きや膨らみのある復習を心がけてください。

➡京大受験生にオススメの利用法

●過去問演習の前に

最新年度の過去問は，時間を計って予行演習をするために，直前に繰り返し取り組もうという人もいると思います。少し過去問を解いた段階や，最新年度の過去問を解く前に本書を解くのもよいと思います。過去問を解いた経験のある人は，ぼんやりした京大数学のイメージを本書でよりはっきりとさせることができるため，直前演習の効果がより高くなるでしょう。

●「27 カ年」との併用として

また，それより古い過去問を『京大の文系数学 27 カ年』『京大の理系数学 27 カ年』（教学社）で演習する人もいると思います。本書ではさらに古い年度からも京大らしい問題を集めてあり，上記の問題集となるべくバッティングがないように編集してありますので安心して併用してください。

●京大対策を始めたばかりの人にも

京大数学に対し先入観がない人は，本書で勉強することで，早い段階で京大数学に対し正しいイメージを作り上げることができるでしょう。

各自の勉強の進み具合に応じて，本書の勉強をスタートすれば結構です。

➡意欲のある受験生に

京大受験生ではないけれど，数学の底力をアップしたいという人にも本書はオススメです。

京大の数学の特徴に「誘導形式の問題が少ない」ということがあります。本当の数学の力がないと，こういう問題には対処できません。もちろん入試問題の作成過程上，どうしても誘導がないといけない時もあります。つまり作った人にしか分からない解法をたどる場合もあります。そうでない場合の誘導形式の問題は，目の前に餌を与えられ，ゴールまで連れて行かれているだけで，言わば「解かされている」ので，実は自力で解いていないのです。

「自力で解ける力をつけたい」という意識の高い受験生にも，本書に収載された問題の数々を味わってもらいたいものです。

目　次

問題編

第1章 対称性

1.1

四面体 OABC は次の 2 つの条件

(i) $OA \perp BC$, $OB \perp AC$, $OC \perp AB$

(ii) 4 つの面の面積がすべて等しい

をみたしている。このとき，この四面体は正四面体であることを示せ。

1.2

2 人の人が 1 つのさいころを 1 回ずつ振り，大きい目を出したほうを勝ちとすることにした。ただし，このさいころは必ずしも正しいものではなく，k の目の出る確率は p_k である $(k=1, 2, 3, 4, 5, 6)$。このとき

(1) 引き分けになる確率 P を求めよ。

(2) $P \geqq \frac{1}{6}$ であることを示せ。また，$P=\frac{1}{6}$ ならば $p_k=\frac{1}{6}$ である $(k=1, 2, 3, 4, 5, 6)$ ことを示せ。

1.3

中心が O である定円の周上に相異なる 6 つの定点 A_1, A_2, A_3, A_4, A_5, A_6 がある。このとき

(1) $\overrightarrow{OA_1}+\overrightarrow{OA_2}+\overrightarrow{OA_3}=\overrightarrow{OH}$ となるように点 H をとれば，点 H は $\triangle A_1A_2A_3$ の垂心であることを示せ。

(2) 6 点 A_k $(k=1, 2, 3, 4, 5, 6)$ のうちから 3 点を任意に選ぶ。選んだ 3 点を頂点とする三角形の垂心と，残りの 3 点を頂点とする三角形の重心とを通る直線は，3 点の選び方に無関係な一定の点を通ることを示せ。

1.4

平面上に四辺形ABCDがあって，どの頂点も，残りの頂点の作る三角形の外部にある。△BCDの重心をA_1，△CDAの重心をB_1，△DABの重心をC_1，△ABCの重心をD_1として，四辺形$A_1B_1C_1D_1$を作る。これを1回目とし，同様の手続きをくり返して，n回目に得られる四辺形を$A_nB_nC_nD_n$とする。

このとき，次のことを示せ。

(1)　線分AA_1，BB_1，CC_1，DD_1は1点Pを共有する。

(2)　点A_n ($n=1, 2, 3, \cdots$) は1直線上にある。

(3)　A_nとPの距離$\overline{A_nP}$について，$\lim_{n\to\infty}\overline{A_nP}=0$である。

1.5

nを自然数とする。さいころを$2n$回投げてn回以上偶数の目が出る確率をp_nとするとき，$p_n \geqq \dfrac{1}{2}+\dfrac{1}{4n}$であることを示せ。

1.6

実数r ($r>0$) に対して，下の方程式①の定める球面と，②の定める平面の共通部分をDとする。

①　$x^2+y^2+z^2=\dfrac{1}{3}(r^2+2)$

②　$x+y+z=r$

(1)　点P，QがともにDに属すれば，$|\overrightarrow{PQ}| \leqq 2\sqrt{\dfrac{2}{3}}$が成り立つことを示せ。

(2)　rが自然数のとき，連立方程式①，②の整数解を決定せよ。

<注意>平面$ax+by+cz+d=0$と点(p, q, r)との距離は$\dfrac{|ap+bq+cr+d|}{\sqrt{a^2+b^2+c^2}}$である。

(1)は現行課程では範囲外であるが(2)は無関係にできる。

1.7

α, β, γ は相異なる複素数で，$\alpha+\beta+\gamma=\alpha^2+\beta^2+\gamma^2=0$ を満たすとする。このとき，α, β, γ の表す複素平面上の3点を結んで得られる三角形はどのような三角形か。(ただし，複素平面を複素数平面ともいう。)

1.8

関数 $f(x)=x^3+ax^2+bx+c$ は次の条件(イ)，(ロ)を満たしている。

(イ) $y=f(x)$ のグラフは，点 $(0,\ 1)$ に関して点対称である。

(ロ) $y=f(x)$ は相異なる2つの極値をもち，2つの極値の差の絶対値は4に等しい。

このとき

(1) $y=f(x)$ のグラフは x 軸と相異なる3点で交わることを示せ。

(2) (1)における3点の x 座標を α, β, γ (ただし $\alpha<\beta<\gamma$ とする) とおくとき，$f\left(\dfrac{-\beta-\gamma}{2}\right)>2$ を示せ。

1.9

四面体ABCDが，$AB=BC=CD=DA=a$ (定数) を満たすとき，このような四面体の体積の最大値を求めよ。

第2章　逆なら簡単な問題

2.1

△ABC の内心を P とする。$\overrightarrow{PA}+\overrightarrow{PB}+\overrightarrow{PC}=\vec{0}$ が成り立っているとき，この三角形は正三角形であることを示せ。

2.2

四面体 OABC が次の条件を満たすならば，それは正四面体であることを示せ。

条件：頂点A，B，Cからそれぞれの対面を含む平面へ下ろした垂線は対面の重心を通る。

ただし，四面体のある頂点の対面とは，その頂点を除く他の3つの頂点がなす三角形のことをいう。

2.3

四面体 OABC が次の条件を満たすならば，それは正四面体であることを示せ。

条件：頂点A，B，Cからそれぞれの対面を含む平面へ下ろした垂線は対面の外心を通る。

ただし，四面体のある頂点の対面とは，その頂点を除く他の3つの頂点がなす三角形のことをいう。

2.4

四面体 OABC を考える。点D，E，F，G，H，Iは，それぞれ辺 OA，AB，BC，CO，OB，AC 上にあり，頂点ではないとする。このとき，次の問に答えよ。

(1) $\overrightarrow{DG}$ と $\overrightarrow{EF}$ が平行ならば AE：EB＝CF：FB であることを示せ。

(2) D，E，F，G，H，Iが正八面体の頂点となっているとき，これらの点は OABC の各辺の中点であり，OABC は正四面体であることを示せ。

第3章 図形の道具

3.1

正四面体OABCにおいて，点P，Q，Rをそれぞれ辺OA，OB，OC上にとる。ただしP，Q，Rは四面体OABCの頂点とは異なるとする。△PQRが正三角形ならば，3辺PQ，QR，RPはそれぞれ3辺AB，BC，CAに平行であることを証明せよ。

3.2

点Oを中心とする円に内接する△ABCの3辺AB，BC，CAをそれぞれ2：3に内分する点をP，Q，Rとする。△PQRの外心が点Oと一致するとき，△ABCはどのような三角形か。

3.3

点Oを中心とする半径1の球面上に3点A，B，Cがある。線分BC，CA，ABの中点をそれぞれP，Q，Rとする。線分OP，OQ，ORのうち少なくとも1つは長さが$\frac{1}{2}$以上であることを証明せよ。

3.4

平面上で，角XOY内に定点Aがある。いま，2点P，Qが同時に点Oを出発して，同じ一定の速さで，それぞれ半直線OX，OY上を進むものとする。出発後，しばらくして，この2点がそれぞれP_1，Q_1にあるとき，$\angle OAP_1=\angle OAQ_1$であった。さらに，もっと進んで，2点がそれぞれ$P_2$，$Q_2$にあるときも，$\angle OAP_2=\angle OAQ_2$であった。この場合，点Aは角XOYの二等分線上にあることを証明せよ。

3.5

△ABCがある。辺BCの3等分点をL，Mとする（BL＝LM＝MC）。辺AC上に点Pをとり，BPがAL，AMと交わる点をそれぞれQ，Rとする。

(1)　3線分BQ，QR，RPの間の大小関係を調べよ。

(2)　3線分BQ，QR，RPと同じ長さの3辺をもつ三角形が存在するような，点Pの範囲を求めよ。

＜注意＞PはA，Cと一致することはないとする。

3.6

四面体ABCDにおいて，辺CDは平面ABCに垂直である。∠ACBが$\dfrac{\pi}{2} \leqq \angle \mathrm{ACB} < \pi$を満たすならば，$\angle \mathrm{ADB} < \angle \mathrm{ACB}$となることを示せ。

3.7

空間に正方形がある。これを1つの平面上に正射影したとき，2辺の長さおよび1つの頂角がそれぞれ$2\sqrt{2}$，$\sqrt{6}$および30°であるような平行四辺形が得られた。もとの正方形の面積を求めよ。

3.8

正三角形ABCがある。点Oを直線ABに関してCと反対側にとって$\angle \mathrm{AOB} = 60^\circ$となるようにし，ベクトル$\overrightarrow{\mathrm{OA}}$，$\overrightarrow{\mathrm{OB}}$，$\overrightarrow{\mathrm{OC}}$をそれぞれ$\vec{a}$，$\vec{b}$，$\vec{c}$で表す。このとき

$$\vec{c} = \frac{|\vec{b}|}{|\vec{a}|}\vec{a} + \frac{|\vec{a}|}{|\vec{b}|}\vec{b}$$

であることを証明せよ。ただし$|\vec{a}|$，$|\vec{b}|$はそれぞれ$\vec{a}$，$\vec{b}$の大きさを示す。

3.9

空間に原点を始点とする長さ1のベクトル$\vec{a}$, $\vec{b}$, $\vec{c}$がある。$\vec{a}$, $\vec{b}$のなす角をγ, $\vec{b}$, $\vec{c}$のなす角をα, $\vec{c}$, $\vec{a}$のなす角をβとするとき，次の関係が成立することを示せ。またここで等号が成立するのはどのような場合か。

$$0 \leqq \cos^2\alpha + \cos^2\beta + \cos^2\gamma - 2\cos\alpha\cos\beta\cos\gamma \leqq 1$$

第4章　三角関数

4.1

三角形ABCにおいて，$\angle\mathrm{BAC}=\alpha$は鋭角，$\mathrm{AB}=2\mathrm{AC}$とし，辺BCの中点をD，$\angle\mathrm{BAD}=\delta$とする。そのとき

(1)　等式　$\sin(\alpha-\delta)=2\sin\delta$　を示せ。

(2)　不等式　$3\delta<\alpha<4\delta$　を証明せよ。

4.2

点Oを中心とする半径1の円Cに含まれる2つの円C_1, C_2を考える。ただしC_1, C_2の中心はCの直径AB上にあり，C_1は点Aで，またC_2は点BでそれぞれCと接している。また，C_1, C_2の半径をそれぞれa, bとする。C上の点PからC_1, C_2に1本ずつ接線を引き，それらの接点をQ，Rとする。

(1)　$\angle\mathrm{POA}=\theta$とするとき，PQは$\theta$によってどのように表せるか。

(2)　PをC上で動かしたときの$\mathrm{PQ}+\mathrm{PR}$の最大値を求めよ。

4.3

半径1の円周上に相異なる3点A，B，Cがある。$\mathrm{AB}^2+\mathrm{BC}^2+\mathrm{CA}^2 \leqq 9$が成立することを示せ。また，この等号が成立するのはどのような場合か。

4.4

α, β, γ は $\alpha>0$, $\beta>0$, $\gamma>0$, $\alpha+\beta+\gamma=\pi$ を満たすものとする。このとき，$\sin\alpha\sin\beta\sin\gamma$ の最大値を求めよ。

4.5

三角形 △ABC において，

$$\alpha=\sin 2A,\ \beta=\sin 2B,\ \gamma=\sin 2C$$

とおくとき，次の2つの条件(イ)，(ロ)は互いに同値（(イ)$\Longleftrightarrow$(ロ)）であることを示せ。

(イ)　$\alpha^2=\beta^2+\gamma^2$

(ロ)　$A=45°$，または $A=135°$，または $B=90°$，または $C=90°$

第5章　微分積分

5.1

与えられた三角形 $\mathrm{OP_0P_1}$ において，$\mathrm{OP_0}=a$，$\angle\mathrm{OP_0P_1}=\alpha$，$\angle\mathrm{P_0OP_1}=\theta$ とし，つぎつぎに相似三角形

$$\triangle\mathrm{OP_0P_1}\backsim\triangle\mathrm{OP_1P_2}\backsim\cdots\cdots\backsim\triangle\mathrm{OP}_n\mathrm{P}_{n+1}\backsim\cdots\cdots$$

を作っていく。

(1)　n を限りなく大きくするとき，P_n が定点Oに限りなく近づくための必要十分条件を θ，α で表せ。以下この条件のもとで考える。

(2)　$S=\triangle\mathrm{OP_0P_1}+\triangle\mathrm{OP_1P_2}+\cdots\cdots+\triangle\mathrm{OP}_n\mathrm{P}_{n+1}+\cdots\cdots$ の値は，$\triangle\mathrm{OP_0P_1}$ の何倍であるか，それを θ と α で表せ。ここに，$\triangle\mathrm{OP}_n\mathrm{P}_{n+1}$ は面積を表す。

(3)　$L=\mathrm{P_0P_1}+\mathrm{P_1P_2}+\cdots\cdots+\mathrm{P}_n\mathrm{P}_{n+1}+\cdots\cdots$ の値を求めよ。また a，α を固定したまま，θ を限りなく0に近づけたとき，L はどんな値に近づくか。

5.2

半径 r の円に内接する正 n 角形の頂点を順次 A_1, A_2, ……, A_n とする。まず頂点 A_2 を中心とする半径 A_2A_1 の円と辺 A_3A_2 の延長（$\overrightarrow{A_3A_2}$ の方向）との交点を B_1 として扇形 $A_2A_1B_1$ を作る。次に頂点 A_3 を中心とする半径 A_3B_1 の円と辺 A_4A_3 の延長（$\overrightarrow{A_4A_3}$ の方向）との交点を B_2 として扇形 $A_3B_1B_2$ を作る。順次このようにして n 個の扇形を作る。さて，正 n 角形 $A_1A_2\cdots\cdots A_n$ の面積とこれら n 個の扇形の面積の総和を S_n で表すとき

(1)　S_n を n, r を用いて表せ。

(2)　$\lim_{n\to\infty} S_n$を求めよ。

5.3

a は $0<a<\pi$ を満たす定数とする。

$n=0$, 1, 2, ……に対し，$n\pi<x<(n+1)\pi$ の範囲に

$$\sin(x+a)=x\sin x$$

を満たす x がただ1つ存在するので，この x の値を x_n とする。

(1)　極限値 $\lim_{n\to\infty}(x_n-n\pi)$ を求めよ。

(2)　極限値 $\lim_{n\to\infty} n(x_n-n\pi)$を求めよ。

5.4

半径1，$1-2r$ の同心円の間に半径 r の円が n 個，互いに交わらずに入っているという状態を考える。n（$\geqq 2$）を固定した上で，r を変化させる。

(1)　r は $0<r\leqq\dfrac{\sin\dfrac{\pi}{n}}{1+\sin\dfrac{\pi}{n}}$ の範囲になければならないことを示せ。

(2)　これら $n+2$ 個の円の面積の総和が最小となる r の値を求めよ。

5.5

$y=\cos x$ のグラフと x 軸とで囲まれた図形を S とする。S に含まれ x 軸上に1辺をもつ長方形および三角形と，S に含まれ x 軸上に直径をもつ半円との3種の図形について，それぞれの面積の最大値を A，B，C とする。A，B，C の大小関係を調べよ。

5.6

$0<r<1$ となる実数 r に対し，点 $\mathrm{O}=(0,\ 0)$ を中心とし半径が r の円を C とする。円 C' は中心が $\mathrm{O}'=(1,\ 0)$ で円 C と異なる2点P，Qで交わり，$\mathrm{OP}\perp\mathrm{O'P}$ となるものとする。円 C の内部を D，円 C' の内部を D'，四辺形 $\mathrm{OPO'Q}$ の内部を D'' と表す。r を $0<r<1$ の範囲で変化させるとき，D'' から交わり $D\cap D'$ を除いた部分の面積の最大値を求めよ。

5.7

実数 r は $2\pi r\geqq 1$ を満たすとする。半径 r の円の周上に2点P，Qを，弧PQの長さが1になるようにとる。点Rが弧PQ上をPからQまで動くとき，弦PRが動いて通過する部分の面積を $S(r)$ とする。r が変化するとき，面積 $S(r)$ の最大値を求めよ。

5.8

次の不等式を証明せよ。ただし，e は自然対数の底である。

(1)　$0<a\leqq x$ のとき　$\displaystyle\int_a^x e^{-\frac{t^2}{2}}dt\leqq\frac{1}{a}e^{-\frac{a^2}{2}}-\frac{1}{x}e^{-\frac{x^2}{2}}$

(2)　$3<b$ のとき　$\displaystyle\int_3^b e^{-\frac{t^2}{2}+2t}dt<e^{\frac{3}{2}}$

問題編

5.9

座標空間において，平面 $z=1$ 上に 1 辺の長さが 1 の正三角形 ABC がある。点A，B，Cから平面 $z=0$ におろした垂線の足をそれぞれD，E，Fとする。動点PはAからBの方向へ出発し，一定の速さで△ABC の周を一周する。動点Qは同時にEからFの方向へ出発し，Pと同じ一定の速さで△DEF の周を一周する。線分 PQ が通過してできる曲面と△ABC，△DEF によって囲まれる立体を V とする。

(1)　平面 $z=a$ $(0\leqq a\leqq 1)$ による V の切り口はどのような図形か。

(2)　V の体積を求めよ。

5.10

媒介変数表示された曲線

$$C: x=e^{-t}\cos t,\ \ y=e^{-t}\sin t \quad \left(0\leqq t\leqq\frac{\pi}{2}\right)$$

を考える。

(1)　C の長さ L を求めよ。

(2)　C と x 軸，y 軸で囲まれた領域の面積 S を求めよ。

5.11

a は与えられた実数で，$0<a\leqq 1$ を満たすものとする。xyz 空間内に 1 辺の長さ $2a$ の正三角形 △PQR を考える。辺 PQ は xy 平面上にあり，△PQR を含む平面は xy 平面と垂直で，さらに点 R の z 座標は正であるとする。

(1)　辺 PQ が xy 平面の単位円の内部（周を含む）を自由に動くとき，△PQR（内部を含む）が動いてできる立体の体積 V を求めよ。

(2)　a が $0<a\leqq 1$ の範囲を動くとき，体積 V の最大値を求めよ。

第6章　誘導形式の小問

6.1

(1)　底辺の長さ a が一定で，他の2辺の和 m も一定（$m>a$）であるような三角形のうち，面積最大のものは，二等辺三角形であることを示せ。

(2)　周囲の長さが一定な四辺形のうち，面積最大のものは正方形であることを示せ。

6.2

(1)　変数 t が $t>0$ の範囲を動くとき

$$f(t)=\sqrt{t}+\frac{1}{\sqrt{t}}+\sqrt{t+\frac{1}{t}+1}$$

$$g(t)=\sqrt{t}+\frac{1}{\sqrt{t}}-\sqrt{t+\frac{1}{t}+1}$$

について，$f(t)$ の最小値は $2+\sqrt{3}$，$g(t)$ の最大値は $2-\sqrt{3}$ であることを示せ。

(2)　$a=\sqrt{x^2+xy+y^2}$，$b=p\sqrt{xy}$，$c=x+y$ とおく。任意の正数 x，y（>0）に対して a，b，c を3辺の長さとする三角形が常に存在するように，p の値の範囲を定めよ。

6.3

互いに異なる n 個（$n \geqq 3$）の実数の集合 $S=\{a_1, a_2, \cdots\cdots, a_n\}$ が次の性質をもつという。

「S から相異なる要素 a_i，a_j をとれば a_i-a_j，a_j-a_i の
少なくとも一方は必ず S に属する」

このとき

(1) 次の２つのうちのいずれか一方が成り立つことを示せ。

(イ) $a_i \geqq 0$ （$i=1, 2, \cdots\cdots, n$）

(ロ) $a_i \leqq 0$ （$i=1, 2, \cdots\cdots, n$）

(2) a_1，a_2，……，a_n の順序を適当に変えれば等差数列になることを示せ。

6.4

つぼの中に r 個（$r \geqq 1$）の赤球と，s 個（$s \geqq 1$）の白球が入っている。AとBの２人が，交互に球を１個ずつとり出し，先に赤球をとり出した者を勝者とするゲームをする。ただし，とり出した球は，もとにもどさないものとする。

(1) ちょうど i 回目（すなわちA，B２人のとり出した球の合計が，ちょうど i 個になったとき）に勝者が決まる確率を P_i とするとき，$P_i \geqq P_{i+1}$（$i=1, 2, \cdots$）となることを示せ。

(2) このゲームをAからはじめるとする。任意の r，s に対して，Aが勝者となる確率は，$\dfrac{1}{2}$ またはそれ以上であることを示せ。また，Aが勝者となる確率が $\dfrac{1}{2}$ となるための，r と s の条件を求めよ。

6.5

b，c は実数とし，$x^2+2bx+c=0$ の２解を α，β とする。

(1) $b^2-c<0$，$b \neq 0$ とすれば，いかなる複素数 γ に対しても $\gamma=t\alpha+u\beta$ となる実数 t，u が存在することを示せ。

(2) $f(x)=x^2+2(b-1)x+5-c$ とおくとき，次の条件（＊）を満たす点 (b, c) 全体の集合 D を決定し，図示せよ。

（＊）　t，u がともに実数なら，$f(t\alpha+u\beta) \neq 0$

6.6

同一平面上に2つの三角形△ABC，△A′B′C′があり，それぞれの外接円の半径は共に1であるとする。この2つの外接円の中心を結ぶ線分の中点をM，線分AA′，BB′，CC′の中点をそれぞれP，Q，Rとする。

(1) MP≦1，MQ≦1，MR≦1となることを示せ。

(2) もし△PQRが鋭角三角形でその外接円の半径が1となるならば，点Mはこの外接円の中心と一致することを示せ。さらにこのとき△ABC，△A′B′C′，△PQRはすべて合同となることを示せ。

6.7

実数a，bに対し，$f(x)=x^2+ax+b$，$g(x)=f(f(x))$とする。

(1) $g(x)-x$は$f(x)-x$で割り切れることを示せ。

(2) $g(p)=p$かつ$f(p)\neq p$を満たす実数pが存在するような点$(a,\ b)$の範囲を図示せよ。

第7章　説明しにくい論証

7.1

(1)　平行四辺形 ABCD が与えられている。この中に最大面積の三角形 PQR がはいっている。△PQR の位置について，次のことを証明せよ。

(イ)　頂点 P，Q，R は平行四辺形 ABCD の周上にある。

(ロ)　△PQR の少なくとも 1 辺は，平行四辺形 ABCD の 1 辺と一致する。

(2)　面積が 1 の三角形は，面積が 2 より小さい平行四辺形の中には，はいらないことを証明せよ。

7.2

平地に 3 本のテレビ塔がある。ひとりの男がこの平地の異なる 3 地点 A，B，C に立って，その先端を眺めたところ，どの地点でもそのうちの 2 つの先端が重なって見えた。このとき，A，B，C は一直線上になければならない。この理由を述べよ。

7.3

座標平面において，x，y がともに整数であるような点 $(x,\ y)$ を格子点とよぶことにする。この平面上で，

(1)　辺の長さが 1 で，辺が座標軸に平行な正方形（周をこめる）は少なくとも一つの格子点を含むことを証明せよ。

(2)　辺の長さが $\sqrt{2}$ の正方形（周をこめる）は，どんな位置にあっても，少なくとも一つの格子点を含むことを証明せよ。

7.4

三角形 ABC の内部の 1 点 P を頂点とする一つの平行四辺形を PQRS とする。P から Q へ向かう半直線が三角形 ABC の周と交わる点を Q′ とし，R′，S′ も同様の点とする。$\overrightarrow{\mathrm{PQ}}=a\overrightarrow{\mathrm{PQ'}}$，$\overrightarrow{\mathrm{PR}}=b\overrightarrow{\mathrm{PR'}}$，$\overrightarrow{\mathrm{PS}}=c\overrightarrow{\mathrm{PS'}}$ とおくとき，$a+c\geqq b$ が成立することを示せ（$\overrightarrow{\mathrm{PQ}}$ などはベクトルを表す）。

第8章　グローバルな視点

8.1

正の定数 a, b に対し，不等式 $4m<n^2<4m+\dfrac{a}{\sqrt{m}}+\dfrac{b}{m}$ を考え，次の問いに答えよ。

(1)　$m>0$，かつ m, n ともに整数であって，この不等式を満たすような m, n の組は有限個しか存在しないことを証明せよ。

(2)　$a=8$, $b=9$, $m\geqq 9$ であるときは，上の不等式を満たす整数 m, n の組は $n^2=4m+1$ を満たすことを証明せよ。

(3)　(2)の場合の m, n の組のうち，n が最も大きいものを求めよ。

8.2

多項式 $f(x)$ で，等式

$$f(x)f'(x)+\int_1^x f(t)\,dt=\frac{4}{9}x-\frac{4}{9}$$

を満たしているものをすべて求めよ。ただし，$f'(x)$ は $f(x)$ の導関数を表す。

8.3

整数を係数とする3次の多項式 $f(x)$ が次の条件(＊)を満たしている。

(＊)　任意の自然数 n に対し $f(n)$ は $n(n+1)(n+2)$ で割り切れる。

このとき，ある整数 a があって，$f(x)=ax(x+1)(x+2)$ となることを示せ。

8.4

a, b, c, d, e を正の実数として整式

$$f(x)=ax^2+bx+c$$
$$g(x)=dx+e$$

を考える。すべての正の整数 n に対して $\dfrac{f(n)}{g(n)}$ は整数であるとする。このとき，$f(x)$ は $g(x)$ で割り切れることを示せ。

第9章 必要から十分

9.1

a_1, a_2, $\cdots$, a_n, $\cdots$ を数列とし

$$f_n(x)=\cos\left(x+\frac{a_{n+1}+a_n}{2}\right)\sin\frac{a_{n+1}-a_n}{2}\quad (n=1,\ 2,\ \cdots\cdots)$$

とおく。

(1) すべての x の値について，$\displaystyle\sum_{n=1}^{\infty}f_n(x)$ が収束するためには，数列 a_1, a_2, $\cdots$, a_n, $\cdots$ がどのような条件を満たすことが必要十分であるか。

(2) (1)の条件が満たされているときについて，和 $F(x)=\displaystyle\sum_{n=1}^{\infty}f_n(x)$ を求め，$\displaystyle\int_0^{\frac{\pi}{2}}F(x)\,dx$ と級数の和 $\displaystyle\sum_{n=1}^{\infty}\left(\int_0^{\frac{\pi}{2}}f_n(x)\,dx\right)$ とを比較せよ。

9.2

$m \leqq l$ である2数 l, m に対して，不等式 $m \leqq x \leqq l$ を満たすすべての数 x の集合 S が

条件：x が S に属しているときには，x^2 もまた S に属している

を満たすとする。このとき

(1) $0 \leqq l \leqq 1$ であることを示せ。

(2) $m=1$，または $m \leqq 0$ であることを示せ。

(3) $m=1$ であるとき，S はどのような集合か。

(4) $m \neq 1$ であるとき，与えられた数 l $(0 \leqq l \leqq 1)$ に対して，m のとりうる値の範囲を定めよ。

問題編

9.3

$f(x)$ は実数を係数とする x の多項式とする。

(1) すべての整数 k について，$f(k)$ が整数であるための必要十分条件は，$f(0)$ が整数であって，すべての整数 k について，$f(k)-f(k-1)$ が整数となることである。これを証明せよ。

(2) $f(x)=ax^2+bx+c$ のとき，すべての整数 k について，$f(k)$ が整数となるために，係数 a，b，c が満たすべき必要十分条件を求めよ。

9.4

定数 c $(c \neq 0)$ に対して，等式 $f(x+c)=f(x)$ がすべての x について成り立つとき，関数 $f(x)$ は周期関数であるといい，またこの等式を満たすような正の数 c のうちの最小値を $f(x)$ の周期という。

次の関数は周期関数であるか否かを，理由をつけて答えよ。また，周期関数である場合には，その周期を求めよ。

(1) $f(x)=\sin(\sin x)$

(2) $f(x)=\cos(\sin x)$

(3) $f(x)=\sin(x^3)$

第10章 存在条件

10.1

実数x，y，zの間に

$$x^2+y^2+z^2+2xyz=1$$

という関係があるときは，x，y，zの絶対値は同時に1以上であるか，または同時に1以下であることを証明せよ。

10.2

次の6つの条件を満たすx，y，zのうち，zを最小にするx，y，zの値を求めよ。

$$a>2,\ \frac{1}{x}+\frac{1}{y}=1,\ x>1,\ 1<z<2,\ xz\geqq a,\ yz\geqq 2$$

10.3

実数tの値によって定まる点$\mathrm{P}(t+1,\ t)$と$\mathrm{Q}(t-1,\ -t)$がある。

(1) tがすべての実数を動くとき，直線PQが通過する範囲を図示せよ。

(2) tが区間$[0,\ 1]=\{t|0\leqq t\leqq 1\}$を動くとき，線分PQが通過する範囲の面積を求めよ。

第11章　整数問題

11.1

2つの奇数 a, b に対して，$m=11a+b$, $n=3a+b$ とおく。次の(1), (2)を証明せよ。

(1)　m, n の最大公約数は，a, b の最大公約数を d として，$2d$, $4d$, $8d$ のいずれかである。

(2)　m, n がともに平方数であることはない（整数の2乗である数を平方数という）。

11.2

三角形 ABC において，$\angle B=60^\circ$，B の対辺の長さ b は整数，他の2辺の長さ a, c はいずれも素数である。このとき，三角形 ABC は正三角形であることを示せ。

11.3

θ は $0<\theta<\dfrac{\pi}{2}$ の範囲の角とする。

(1)　$\sin 3\theta=\sin 2\theta$ を満たす θ を求めよ。

(2)　m, n を0以上の整数とする。θ についての方程式

$$\sin 3\theta=m\sin 2\theta+n\sin\theta$$

が解をもつときの $(m,\ n)$ と，そのときの解 θ を求めよ。

11.4

p が素数であれば，どんな自然数 n についても n^p-n は p で割り切れる。このことを，n についての数学的帰納法で証明せよ。

第12章　不等式

12.1

すべては0でない n 個の実数 a_1, a_2, ……, a_nがあり,

$$a_1 \leqq a_2 \leqq \cdots\cdots \leqq a_n \quad \text{かつ} \quad a_1 + a_2 + \cdots\cdots + a_n = 0$$

を満たすとき,

$$a_1 + 2a_2 + \cdots\cdots + na_n > 0$$

が成り立つことを証明せよ。

12.2

n 個（$n \geqq 3$）の実数 a_1, a_2, …, a_n があり，各 a_i は他の $n-1$ 個の相加平均より大きくはないという。

このような a_1, a_2, …, a_n の組をすべて求めよ。

第13章　補　遺

13.1

以下は平面内の問題である。O，A，B，Cは定点で，A，B，Cは一直線上にないものとする。

(1) 点Pが直線AB上にあるための必要十分条件は $\overrightarrow{\mathrm{OP}}=a\overrightarrow{\mathrm{OA}}+b\overrightarrow{\mathrm{OB}}$，$a+b=1$（$a$，$b$ は実数）と書けることである。これを証明せよ。

(2) 次の2条件を満たす実数 p，q，r は $p=0$，$q=0$，$r=0$ 以外にないことを示せ。

$p\overrightarrow{\mathrm{OA}}+q\overrightarrow{\mathrm{OB}}+r\overrightarrow{\mathrm{OC}}=\vec{0}$，$p+q+r=0$

(3) Qがこの平面上の点であって，$\overrightarrow{\mathrm{AQ}}=x\overrightarrow{\mathrm{AB}}+y\overrightarrow{\mathrm{AC}}$（$x$，$y$ は実数）であるとき，$\overrightarrow{\mathrm{OQ}}=l\overrightarrow{\mathrm{OA}}+m\overrightarrow{\mathrm{OB}}+n\overrightarrow{\mathrm{OC}}$，$l+m+n=1$ を満たす実数 l，m，n は必ず存在し，しかもおのおのの値はただ一つに定まることを証明せよ。

13.2

次の性質をもつ実数 a は，どのような範囲にあるか。

2次方程式 $t^2-2at+3a-2=0$ は実数解 α，β をもち，$\alpha\geqq\beta$ とするとき，不等式

$$y\leqq x,\quad y\geqq -x,\quad ay\geqq 3(x-\beta)$$

で定まる領域は，三角形になる。

13.3

正 n 角形の頂点を順次 A_1，A_2，…，A_n とする。

(1) これらのうちの任意の3点を結んでできる三角形の総数を求めよ。

(2) 上の三角形のうちで鋭角三角形になるものの総数を求めよ。

$=\frac{1}{2}\Big[-\quad\cos x+\alpha\sin\quad\cos(x+a_1)\Big]_0^{\frac{\pi}{2}}$

$=\frac{1}{2}(\alpha\quad-\sin a_1-\cos$

$\int_0^{\frac{\pi}{2}}f_n(x)\,dx$

$=\int_0^{\frac{\pi}{2}}\frac{1}{2}\{\sin(x+a_{n+1})\quad)-\sin(x+a_n)\}dx$

$=\frac{1}{2}\Big[-\cos(x+a_{n+1})\quad)+\cos(x+a_n)\Big]_0^{\frac{\pi}{2}}$

$=\frac{1}{2}(\sin a_{n+1}-\sin a_n+\cos a_{n+1}-\cos a_n)$

$\sum_{k=1}^{n}\int_0^{\frac{\pi}{2}}f_k(x)\,dx$

$=\sum_{k=1}^{n}\frac{1}{2}(\sin a_{k+1}-\sin a_k+\cos a_{k+1}-\cos a_k)$

$=\frac{1}{2}\{(\sin a_2-\sin a_1\quad+\cos a_2-\cos a_1)$

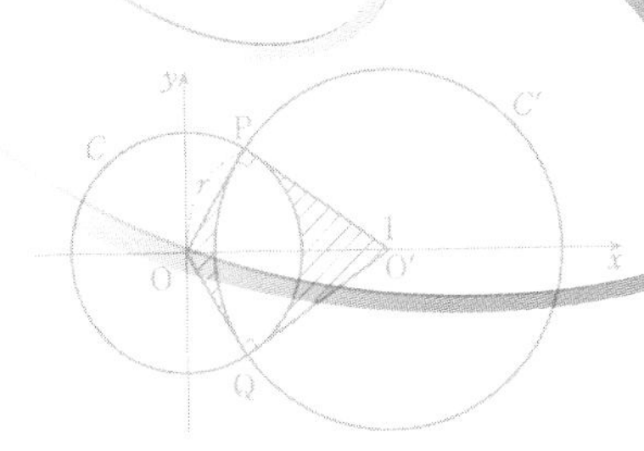

解 答 編

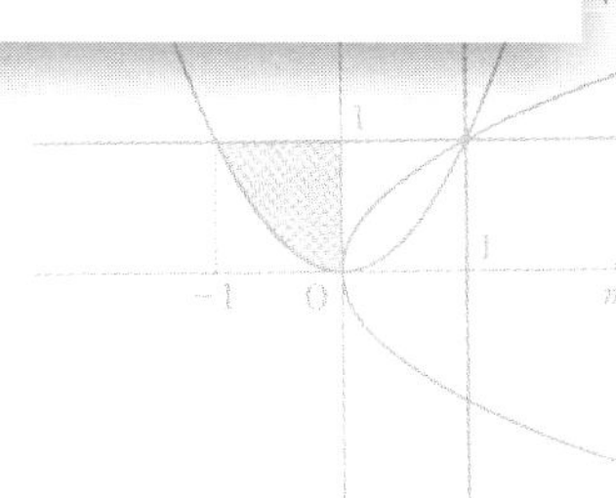

第1章 対称性

京大は対称性のある問題が非常に多い。この対称性というのはさまざまで，この章ではそれを楽しんでもらいたい。

1.1 条件の対称性

四面体OABCは次の2つの条件
(i) OA⊥BC，OB⊥AC，OC⊥AB
(ii) 4つの面の面積がすべて等しい
をみたしている。このとき，この四面体は正四面体であることを示せ。

アプローチ

(i)の垂直条件を表現する道具はベクトルであろう。そこで始点を頂点のいずれかに定め，空間だから3つの基本ベクトルで条件を書きかえていく。△ABCの面積公式は

$$\frac{1}{2}\sqrt{|\overrightarrow{AB}|^2|\overrightarrow{AC}|^2-\left(\overrightarrow{AB}\cdot\overrightarrow{AC}\right)^2}$$

である。これを利用して扱いやすい△OAB＝△OBC＝△OCAの条件から動かすと基本ベクトルに関する条件が現れる。そこから対称性を利用できると解決。

解答

$\overrightarrow{OA}=\vec{a}$，$\overrightarrow{OB}=\vec{b}$，$\overrightarrow{OC}=\vec{c}$ とおくと，条件(i)より

$$\begin{cases}\overrightarrow{OA}\cdot\overrightarrow{BC}=0\\ \overrightarrow{OB}\cdot\overrightarrow{AC}=0\\ \overrightarrow{OC}\cdot\overrightarrow{AB}=0\end{cases}\quad\therefore\quad\begin{cases}\vec{a}\cdot(\vec{c}-\vec{b})=0\\ \vec{b}\cdot(\vec{c}-\vec{a})=0\\ \vec{c}\cdot(\vec{b}-\vec{a})=0\end{cases}$$

$$\therefore\quad \vec{a}\cdot\vec{b}=\vec{b}\cdot\vec{c}=\vec{c}\cdot\vec{a} \qquad \cdots\cdots①$$

条件(ii)より △OAB＝△OBC＝△OCA だから

$$\frac{1}{2}\sqrt{|\vec{a}|^2|\vec{b}|^2-(\vec{a}\cdot\vec{b})^2}=\frac{1}{2}\sqrt{|\vec{b}|^2|\vec{c}|^2-(\vec{b}\cdot\vec{c})^2}$$
$$=\frac{1}{2}\sqrt{|\vec{c}|^2|\vec{a}|^2-(\vec{c}\cdot\vec{a})^2}$$

これと①より

$$|\vec{a}|^2|\vec{b}|^2=|\vec{b}|^2|\vec{c}|^2=|\vec{c}|^2|\vec{a}|^2 \qquad \therefore \quad |\vec{a}|=|\vec{b}|=|\vec{c}|$$

よって，$|\overrightarrow{OA}|=|\overrightarrow{OB}|=|\overrightarrow{OC}|$ であることが分かる。

次に，条件の始点をAにして同様の作業を行うと $|\overrightarrow{AB}|=|\overrightarrow{AC}|=|\overrightarrow{AO}|$ であることが分かる。さらに条件の始点をBにして同様の作業を行うと $|\overrightarrow{BA}|=|\overrightarrow{BC}|=|\overrightarrow{BO}|$ であることが分かる。

したがって，四面体の各面は正三角形になるので，この四面体は正四面体である。　　　　　　　　　　　　　　　　　　　　　　　　　**（証明終わり）**

フォローアップ

〔Ⅰ〕　例えば，$a^3(b-c)+b^3(c-a)+c^3(a-b)$ を因数分解するとしよう。地道にやってもできるが 解答 を理解するために敢えて次のようにやってみる。まず a で整理すると $a^3(b-c)-a(b^3-c^3)+bc(b^2-c^2)$ となり $(b-c)$ が因数であることが分かる。文字に関する対称性から同様に b，c で整理すると $(c-a)$，$(a-b)$ を因数にもつことが分かる。元の式が4次式であることから因数分解の式は $(a-b)(b-c)(c-a)$（a，b，c の1次式）となる。さらに各文字の最高次の係数を比較すると $-(a-b)(b-c)(c-a)(a+b+c)$ と因数分解できることが分かる。解答 はこれと同様の考え方を利用した。条件に対称性がある。始点をOにして分かったことは，始点をA，B，Cに変えても同様に得られるということを使った。

Oを始点にして
分かったこと

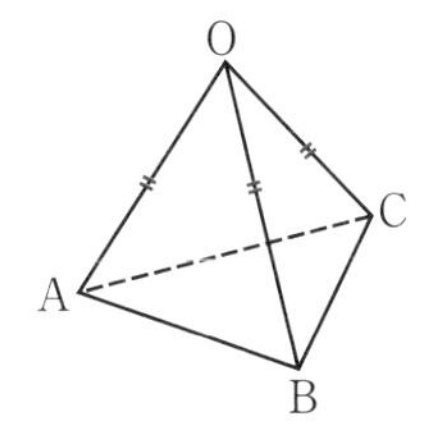

Aを始点にして
分かること

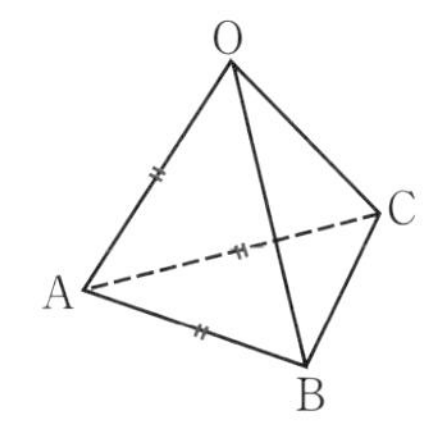

Bを始点にして
分かること

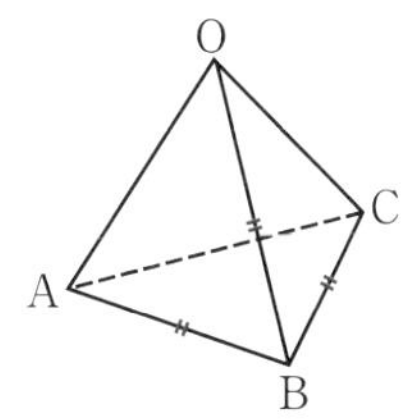

〔Ⅱ〕　対称性を用いないで解答を作るとすれば以下の 別解 のようになる。

このとき

$$\vec{a}\cdot\vec{b}=\vec{b}\cdot\vec{c}=\vec{c}\cdot\vec{a}\ （=s\ とおく）$$

$$|\vec{a}|^2=|\vec{b}|^2=|\vec{c}|^2\ （=t\ とおく）$$

を導くところまでは 解答 に同じ。

別解　上記のように s，t を定めると△OAB，△OBC，△OCA の面積は

$\dfrac{1}{2}\sqrt{t^2-s^2}$ となる。

$$|\overrightarrow{\mathrm{AB}}|^2=|\vec{b}-\vec{a}|^2=|\vec{b}|^2-2\vec{a}\cdot\vec{b}+|\vec{a}|^2=2(t-s)$$

同様に

$$|\overrightarrow{\mathrm{BC}}|^2=|\overrightarrow{\mathrm{CA}}|^2=2(t-s)$$

となる。よって，△ABC は正三角形だからその面積は

$$\frac{1}{2}\cdot2(t-s)\sin60°=\frac{\sqrt{3}}{2}(t-s)$$

これが $\dfrac{1}{2}\sqrt{t^2-s^2}$ と等しいので

$$\frac{1}{2}\sqrt{t^2-s^2}=\frac{\sqrt{3}}{2}(t-s)$$

$$\therefore\quad \sqrt{t+s}=\sqrt{3}(t-s)\qquad(\sqrt{t-s}\ \text{で割った})$$

両辺を 2 乗して整理すると $t=2s$ となるので

$$|\overrightarrow{\mathrm{AB}}|^2=|\overrightarrow{\mathrm{BC}}|^2=|\overrightarrow{\mathrm{CA}}|^2=2t-2s=t$$

以上よりすべての辺の長さが等しいので，四面体 OABC は正四面体である。

（証明終わり）

△ABC の面積を $\dfrac{1}{2}\sqrt{|\overrightarrow{\mathrm{AB}}|^2|\overrightarrow{\mathrm{AC}}|^2-(\overrightarrow{\mathrm{AB}}\cdot\overrightarrow{\mathrm{AC}})^2}$ と立式し，始点をOに変更して s，t でこの面積を表してもよかったが，どうせすべての辺の長さが等しいことを示すので，先に $|\overrightarrow{\mathrm{AB}}|^2$，$|\overrightarrow{\mathrm{BC}}|^2$，$|\overrightarrow{\mathrm{CA}}|^2$ を求めた。すると△ABC が正三角形になることが分かるので，面積も簡単に求まる。

また，底面が正三角形であることがいえ，その一辺を共有する側面がすべて合同な二等辺三角形であることまで分かった。底面の正三角形の面積と側面の二等辺三角形の面積が等しいので，共有する辺を底辺としたときの高さが等しいことになる。正三角形と底辺，高さが等しい二等辺三角形は合同な正三角形といえるので，最後は幾何的に説明することもできる。

1.2　対称式の最大最小

2人の人が1つのさいころを1回ずつ振り，大きい目を出したほうを勝ちとすることにした。ただし，このさいころは必ずしも正しいものではなく，kの目の出る確率はp_kである（$k=1,\ 2,\ 3,\ 4,\ 5,\ 6$）。このとき

(1)　引き分けになる確率Pを求めよ。

(2)　$P \geqq \dfrac{1}{6}$であることを示せ。また，$P=\dfrac{1}{6}$ならば$p_k=\dfrac{1}{6}$である（$k=1,\ 2,\ 3,\ 4,\ 5,\ 6$）ことを示せ。

アプローチ

(1)は問題ないであろう。(2)では和が一定である条件のもとで2乗和の最小値を求めることになる。このとき一文字消去して平方完成を繰り返すというのは現実的な解答ではない。そこで最小となるときのp_kが問題文に与えられていることを利用する。

解答

(1)　2人が共にkの目を出す確率は$p_k{}^2$だから，引き分けとなる確率は

$$\boldsymbol{P=p_1{}^2+p_2{}^2+p_3{}^2+p_4{}^2+p_5{}^2+p_6{}^2} \qquad \cdots\cdots(\textbf{答})$$

(2)　$p_k{}^2=\left(p_k-\dfrac{1}{6}\right)^2+\dfrac{1}{3}p_k-\dfrac{1}{36}$ だから

$$\begin{aligned}
P=\sum_{k=1}^{6}p_k{}^2&=\sum_{k=1}^{6}\left\{\left(p_k-\frac{1}{6}\right)^2+\frac{1}{3}p_k-\frac{1}{36}\right\}\\
&=\sum_{k=1}^{6}\left(p_k-\frac{1}{6}\right)^2+\frac{1}{3}\sum_{k=1}^{6}p_k-\frac{1}{36}\cdot 6\\
&=\sum_{k=1}^{6}\left(p_k-\frac{1}{6}\right)^2+\frac{1}{3}\cdot 1-\frac{1}{6}\quad \left(\sum_{k=1}^{6}p_k=1\text{ より}\right)\\
&=\sum_{k=1}^{6}\left(p_k-\frac{1}{6}\right)^2+\frac{1}{6}\\
&\geqq\frac{1}{6}
\end{aligned}$$

$$\therefore\quad P\geqq\frac{1}{6}$$

等号成立は$p_k=\dfrac{1}{6}$（$k=1,\ 2,\ \cdots,\ 6$）のときである。　　　**（証明終わり）**

フォローアップ

〔I〕 p_k の2次関数が $p_k=\frac{1}{6}$ のとき最小となることが問題文に与えてある。

ということは $\left(p_k-\frac{1}{6}\right)^2+\cdots\cdots$ と平方完成できるのではないかと考えて式を動かし始めた。P は p_1, p_2, ……, p_6 の対称式である。条件も $p_1+p_2+\cdots\cdots+p_6=1$ という対称式である。このような対称性がある場合，すべての変数が等しいときに極値をとることが多い（必ずしも最大または最小であるとは限らない）。本問を一般化すると

$x_1+x_2+\cdots\cdots+x_n=1$ のとき，$x_1{}^2+x_2{}^2+\cdots\cdots+x_n{}^2$ が最小になるのは

$x_1=x_2=\cdots\cdots=x_n=\frac{1}{n}$ のときである。

といえる。実際確かめると以下の通り。

$$\sum_{k=1}^{n}x_k{}^2=\sum_{k=1}^{n}\left(x_k-\frac{1}{n}+\frac{1}{n}\right)^2$$

$$=\sum_{k=1}^{n}\left\{\left(x_k-\frac{1}{n}\right)^2+\frac{2}{n}\left(x_k-\frac{1}{n}\right)+\frac{1}{n^2}\right\}$$

$$=\sum_{k=1}^{n}\left(x_k-\frac{1}{n}\right)^2+\frac{2}{n}\left(1-\frac{1}{n}\cdot n\right)+\frac{1}{n^2}\cdot n$$

$$=\sum_{k=1}^{n}\left(x_k-\frac{1}{n}\right)^2+\frac{1}{n}$$

〔II〕 例えば次のような問題を考える。

例題 x, y, z が任意の実数値をとるとき，不等式 $x+y+z\leqq a\sqrt{x^2+y^2+z^2}$ が常に成り立つ。このとき，定数 a の最小値を求めよ。

これも $x=y=z$ のときに求めたい値が出てくるだろうと予想して解答のスタートを切る。

解答 $x=y=z=1$ のときに成立することが必要だから，代入すると $a\geqq\sqrt{3}$ を得る。$a=\sqrt{3}$ のときに任意の実数 x, y, z について不等式が成立することが示せればこの値が最小値といえる。そこで

$$3(x^2+y^2+z^2)-(x+y+z)^2$$

$$=2x^2+2y^2+2z^2-2xy-2yz-2zx$$

$$=(x-y)^2+(y-z)^2+(z-x)^2\geqq 0$$

$$\therefore\quad 3(x^2+y^2+z^2)\geqq(x+y+z)^2$$

これより

$$\sqrt{3}\sqrt{x^2+y^2+z^2}\geqq|x+y+z|$$

となる。一般に $|a|\geqq a$ が成立するので　$|x+y+z|\geqq x+y+z$

以上より　$\sqrt{3}\sqrt{x^2+y^2+z^2}\geqq x+y+z$

が示せた。よって $a=\sqrt{3}$ のとき成立することがいえたので，求める最小値は

$$a=\sqrt{3} \qquad \cdots\cdots(答)$$

$x^2+y^2+z^2\neq 0$ のとき $a\geqq\dfrac{x+y+z}{\sqrt{x^2+y^2+z^2}}$ と変形し右辺の最大値 M を求めることができるなら，上式が成立するための条件は $a\geqq M$ である。この M は右辺が対称式だから $x=y=z$ のときに得られるのではと考えた。

〔Ⅲ〕 実は次のような公式がある。(コーシー・シュワルツの不等式)

$$(\boldsymbol{a_1}^2+\boldsymbol{a_2}^2+\cdots\cdots+\boldsymbol{a_n}^2)(\boldsymbol{b_1}^2+\boldsymbol{b_2}^2+\cdots\cdots+\boldsymbol{b_n}^2)\geqq(\boldsymbol{a_1b_1}+\boldsymbol{a_2b_2}+\cdots\cdots+\boldsymbol{a_nb_n})^2$$

証明　x の不等式 $\displaystyle\sum_{k=1}^{n}(a_kx-b_k)^2\geqq 0$ は常に成立する。これを展開して整理すると

$$x^2\sum_{k=1}^{n}a_k{}^2-2x\sum_{k=1}^{n}a_kb_k+\sum_{k=1}^{n}b_k{}^2\geqq 0$$

上の x の不等式は常に成立するので，$\displaystyle\sum_{k=1}^{n}a_k{}^2\neq 0$ のとき (左辺)$=0$ の判別式を D とすると

$$\frac{D}{4}=\left(\sum_{k=1}^{n}a_kb_k\right)^2-\left(\sum_{k=1}^{n}a_k{}^2\right)\left(\sum_{k=1}^{n}b_k{}^2\right)\leqq 0$$

$$\therefore\quad\left(\sum_{k=1}^{n}a_kb_k\right)^2\leqq\left(\sum_{k=1}^{n}a_k{}^2\right)\left(\sum_{k=1}^{n}b_k{}^2\right) \qquad \cdots\cdots(*)$$

等号成立は $D=0$ のとき，つまり2次方程式 $\displaystyle\sum_{k=1}^{n}(a_kx-b_k)^2=0$ が実数解をもつときであり，$a_kx-b_k=0$ ($k=1,\ 2,\ \cdots,\ n$) となる x が存在。$k=1,\ 2,\ \cdots,\ n$ に対してこの x が等しい条件は

$$\frac{b_1}{a_1}=\frac{b_2}{a_2}=\cdots=\frac{b_n}{a_n}$$

ただしこの表記は $a_k=0$ のときは $b_k=0$ と定めているとする。

$\displaystyle\sum_{k=1}^{n}a_k{}^2=0$ のとき，$a_k=0$ ($k=1,\ 2,\ \cdots,\ n$) だから(＊)の不等式は成立する。

いずれにしても(＊)の成立が示せた。　**(証明終わり)**

さて，この公式を知っていれば次のように解くこともできる。

別解 (2) （コーシー・シュワルツの不等式より）

$n=6$ として $a_k=p_k$，$b_k=1$ （$k=1$，2，……，6）を代入すると

$$(p_1{}^2+p_2{}^2+\cdots\cdots+p_6{}^2)(1^2+1^2+\cdots\cdots+1^2)\geqq(p_1+p_2+\cdots\cdots+p_6)^2$$

$p_1+p_2+\cdots\cdots+p_6=1$ だから

$$p_1{}^2+p_2{}^2+\cdots\cdots+p_6{}^2=P\geqq\frac{1}{6}$$

等号成立は $\dfrac{p_1}{1}=\dfrac{p_2}{1}=\cdots\cdots=\dfrac{p_6}{1}$ のとき。

つまり $p_k=\dfrac{1}{6}$ （$k=1$，2，…，6）のとき。　　**（証明終わり）**

1.3　結果は対称式

中心がOである定円の周上に相異なる6つの定点 A_1, A_2, A_3, A_4, A_5, A_6 がある。このとき

(1) $\overrightarrow{OA_1}+\overrightarrow{OA_2}+\overrightarrow{OA_3}=\overrightarrow{OH}$ となるように点Hをとれば，点Hは $\triangle A_1A_2A_3$ の垂心であることを示せ。

(2) 6点 A_k $(k=1,\ 2,\ 3,\ 4,\ 5,\ 6)$ のうちから3点を任意に選ぶ。選んだ3点を頂点とする三角形の垂心と，残りの3点を頂点とする三角形の重心とを通る直線は，3点の選び方に無関係な一定の点を通ることを示せ。

アプローチ

i▶ (1) $\overrightarrow{OA_1}$, $\overrightarrow{OA_2}$, $\overrightarrow{OA_3}$ は外心が始点であるベクトルだからすべて大きさが等しい。このことを利用して内積計算を行う。

ii▶ (2) 選び方によらない定点ということは，その点の位置ベクトルは A_k $(k=1,\ 2,\ \cdots\cdots,\ 6)$ に関して対称な式で表されるはずである。このことを考えてその点を求めるのではなく，その点を迎えに行く。

解答

(1)
$$\begin{aligned}
&\overrightarrow{A_1H}\cdot\overrightarrow{A_2A_3}\\
&=(\overrightarrow{OH}-\overrightarrow{OA_1})\cdot(\overrightarrow{OA_3}-\overrightarrow{OA_2})\\
&=(\overrightarrow{OA_2}+\overrightarrow{OA_3})\cdot(\overrightarrow{OA_3}-\overrightarrow{OA_2})\quad(\overrightarrow{OH}=\overrightarrow{OA_1}+\overrightarrow{OA_2}+\overrightarrow{OA_3}\text{ より})\\
&=|\overrightarrow{OA_3}|^2-|\overrightarrow{OA_2}|^2\\
&=0\quad(\text{Oは外心より }|\overrightarrow{OA_2}|=|\overrightarrow{OA_3}|)
\end{aligned}$$

$\therefore\ \ \overrightarrow{A_1H}\cdot\overrightarrow{A_2A_3}=0$

同様に　$\overrightarrow{A_2H}\cdot\overrightarrow{A_1A_3}=0$, $\overrightarrow{A_3H}\cdot\overrightarrow{A_1A_2}=0$

よって，$\overrightarrow{A_1H}\perp\overrightarrow{A_2A_3}$, $\overrightarrow{A_2H}\perp\overrightarrow{A_1A_3}$, $\overrightarrow{A_3H}\perp\overrightarrow{A_1A_2}$ の少なくとも2つは成立するので，点Hは $\triangle A_1A_2A_3$ の垂心である。　**(証明終わり)**

(2) A_1, A_2, $\cdots\cdots$, A_6 から選んだ3点を改めて B_1, B_2, B_3 とし，残りの3点を改めて B_4, B_5, B_6 とする。$\triangle B_1B_2B_3$ の垂心を改めてHとし，$\triangle B_4B_5B_6$ の重心をGとする。

$$\overrightarrow{OH}=\overrightarrow{OB_1}+\overrightarrow{OB_2}+\overrightarrow{OB_3}\quad((1)\text{より}),\quad \overrightarrow{OG}=\frac{\overrightarrow{OB_4}+\overrightarrow{OB_5}+\overrightarrow{OB_6}}{3}$$

ここで，HGを3：1に内分する点をTとすると

$$\overrightarrow{\mathrm{OT}}=\frac{\overrightarrow{\mathrm{OH}}+3\overrightarrow{\mathrm{OG}}}{4}=\frac{\overrightarrow{\mathrm{OB_1}}+\overrightarrow{\mathrm{OB_2}}+\overrightarrow{\mathrm{OB_3}}+3\cdot\frac{\overrightarrow{\mathrm{OB_4}}+\overrightarrow{\mathrm{OB_5}}+\overrightarrow{\mathrm{OB_6}}}{3}}{4}$$

$$=\frac{\overrightarrow{\mathrm{OB_1}}+\overrightarrow{\mathrm{OB_2}}+\overrightarrow{\mathrm{OB_3}}+\overrightarrow{\mathrm{OB_4}}+\overrightarrow{\mathrm{OB_5}}+\overrightarrow{\mathrm{OB_6}}}{4}$$

$$=\frac{\overrightarrow{\mathrm{OA_1}}+\overrightarrow{\mathrm{OA_2}}+\overrightarrow{\mathrm{OA_3}}+\overrightarrow{\mathrm{OA_4}}+\overrightarrow{\mathrm{OA_5}}+\overrightarrow{\mathrm{OA_6}}}{4}$$

これよりTは選び方によらない定点である。よって，HGは選び方によらず定点Tを通る。　**(証明終わり)**

フォローアップ

〔Ⅰ〕 (1)　一般に$\vec{a}\cdot\vec{b}=0$は$\vec{a}\perp\vec{b}$または$\vec{a}=\vec{0}$または$\vec{b}=\vec{0}$である。**解答**の中で『……の少なくとも2つは成立する』といっているのは，可能性として$\overrightarrow{\mathrm{A_1H}}$，$\overrightarrow{\mathrm{A_2H}}$，$\overrightarrow{\mathrm{A_3H}}$のうち1つが$\vec{0}$になる可能性があるからである。それは右図のような直角三角形である。この場合$\mathrm{A_1=H}$となり$\overrightarrow{\mathrm{A_1H}}=\vec{0}$だから，**解答**では「少なくとも2つ」という表現をした。細かい話だから，特に気にする必要はない。

〔Ⅱ〕 (2)　重心の公式を導いた経験はあるだろうか。

> **例題**　△ABCのBC，CA，ABの中点をそれぞれA′，B′，C′とする。3中線AA′，BB′，CC′が1点で交わることを示せ。
>
> 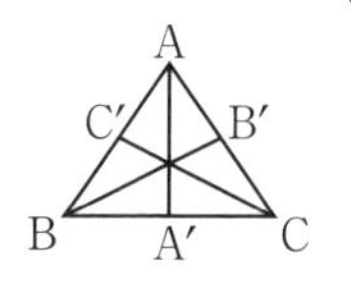
>

解答　A，B，Cの位置ベクトルをそれぞれ$\vec{a}$，$\vec{b}$，$\vec{c}$とすると，A′，B′，C′の位置ベクトルはそれぞれ$\dfrac{\vec{b}+\vec{c}}{2}$，$\dfrac{\vec{c}+\vec{a}}{2}$，$\dfrac{\vec{a}+\vec{b}}{2}$となる。

AA′，BB′，CC′を2：1に内分する点の位置ベクトルはすべて$\dfrac{\vec{a}+\vec{b}+\vec{c}}{3}$

となるので，3直線AA′，BB′，CC′はこの点で交わる。**(証明終わり)**

この証明のポイントは「2：1」の部分である。このようなA，B，Cに関して対称性がある設定や条件のとき，交点の位置ベクトルは$\vec{a}$，$\vec{b}$，$\vec{c}$の対称式で表されるはずだと考える。直線AA′上の交点を求めるときは

$$\frac{\vec{b}+\vec{c}}{2}\times\bigcirc+\vec{a}\times\triangle$$

の係数が等しくなる○，△を考えて内分比を求めた。さらにこれを四面体に拡張すると次のような問題が解ける。

例題　四面体ABCDにおいて，A，B，C，Dの対面の三角形の重心をそれぞれG_A，G_B，G_C，G_Dとし，AB，CD，AC，BD，AD，BCの中点をそれぞれM_1，N_1，M_2，N_2，M_3，N_3とする。線分AG_A，BG_B，CG_C，DG_D，M_1N_1，M_2N_2，M_3N_3は1点で交わることを示せ。

方針　A，B，C，Dの位置ベクトルをそれぞれ$\vec{a}$，$\vec{b}$，$\vec{c}$，$\vec{d}$とする。AG_A，BG_B，CG_C，DG_Dを3：1に内分する点，M_1N_1，M_2N_2，M_3N_3を1：1に内分する点の位置ベクトルはすべて$\dfrac{\vec{a}+\vec{b}+\vec{c}+\vec{d}}{4}$と表されるので，この点で交わる。　　　　**（証明終わり）**

これらの問題と同じ感覚で **解答** でも，HGを3：1に内分する点を考えた。

〔Ⅲ〕　この2つの例題のもう1つのポイントは「ベクトルの問題は始点を多角形の頂点にとり，平面なら2つ，空間なら3つの基本ベクトルで解く」というのが基本であるが，このルールに反して各点の位置ベクトルで解いたことである。というのは，文字に関する対称性を利用したい，保存したい，と思ったからである。最後に分かっているかどうかを確認するために次の類題を考えてもらいたい。

例題　五角形ABCDEの頂点から3点を選びその3点でできる三角形の重心をGとし，残りの2点を結ぶ線分の中点をMとする。線分GMは3点の選び方によらない定点を通ることを示せ。

解答　A，B，C，D，Eの位置ベクトルをそれぞれ$\vec{a}$，$\vec{b}$，$\vec{c}$，$\vec{d}$，$\vec{e}$とおく。選んだ3点の位置ベクトルを改めて$\vec{p}$，$\vec{q}$，$\vec{r}$とし，残りの2点の位置ベクトルを改めて$\vec{s}$，$\vec{t}$とおく。GMを2：3に内分する点の位置ベクトルは

$$\frac{3\overrightarrow{OG}+2\overrightarrow{OM}}{5}=\frac{3\cdot\dfrac{\vec{p}+\vec{q}+\vec{r}}{3}+2\cdot\dfrac{\vec{s}+\vec{t}}{2}}{5}=\frac{\vec{a}+\vec{b}+\vec{c}+\vec{d}+\vec{e}}{5}$$

となりこれは3点の選び方によらない定ベクトルである。よって，線分GMは定点を通る。　　　　**（証明終わり）**

1.4 点対称

平面上に四辺形 ABCD があって，どの頂点も，残りの頂点の作る三角形の外部にある。△BCD の重心を A_1，△CDA の重心を B_1，△DAB の重心を C_1，△ABC の重心を D_1 として，四辺形 $A_1B_1C_1D_1$ を作る。これを 1 回目とし，同様の手続きをくり返して，n 回目に得られる四辺形を $A_nB_nC_nD_n$ とする。

このとき，次のことを示せ。

(1) 線分 AA_1，BB_1，CC_1，DD_1 は 1 点 P を共有する。

(2) 点 A_n ($n=1, 2, 3, \cdots$) は 1 直線上にある。

(3) A_n と P の距離 $\overline{A_nP}$ について，$\displaystyle\lim_{n\to\infty}\overline{A_nP}=0$ である。

アプローチ

(1)は前問と同じ発想で考える。(2)は A を A_0 と考えれば A_0A_1 を 3：1 に内分する点が P である。これを繰り返すと

A_1A_2 を 3：1 に内分する点が P
A_2A_3 を 3：1 に内分する点が P
A_3A_4 を 3：1 に内分する点が P
⋮

であろうと予想できる。これを示せば A_n がすべて直線 AP 上にあることが分かり題意が示せる。そこで $\overrightarrow{a_n}$，$\overrightarrow{b_n}$，$\overrightarrow{c_n}$，$\overrightarrow{d_n}$ の漸化式を立式して A_nA_{n+1} を 3：1 に内分する点を求めると $\overrightarrow{a_n}+\overrightarrow{b_n}+\overrightarrow{c_n}+\overrightarrow{d_n}$ となる。これが P の位置ベクトルになることを示す。そのためには，求めたいカタマリの漸化式に書きかえるのが鉄則である。つまり $\overrightarrow{a_{n+1}}+\overrightarrow{b_{n+1}}+\overrightarrow{c_{n+1}}+\overrightarrow{d_{n+1}}$ と $\overrightarrow{a_n}+\overrightarrow{b_n}+\overrightarrow{c_n}+\overrightarrow{d_n}$ の関係式（漸化式）を作ろうとする。

解答

A，B，… の位置ベクトルを $\vec{a}$，$\vec{b}$，… と表記する。

(1) △BCD の重心が A_1 などの条件より

$$\overrightarrow{a_1}=\frac{\vec{b}+\vec{c}+\vec{d}}{3},\quad \overrightarrow{b_1}=\frac{\vec{a}+\vec{c}+\vec{d}}{3}$$

$$\overrightarrow{c_1}=\frac{\vec{a}+\vec{b}+\vec{d}}{3},\quad \overrightarrow{d_1}=\frac{\vec{a}+\vec{b}+\vec{c}}{3}$$

AA_1，BB_1，CC_1，DD_1 を 3：1 に内分する点の位置ベクトルはすべて

$$\frac{\vec{a}+\vec{b}+\vec{c}+\vec{d}}{4}$$

となる。よって，線分 AA_1，BB_1，CC_1，DD_1 は

$$\vec{p}=\frac{\vec{a}+\vec{b}+\vec{c}+\vec{d}}{4} \qquad \cdots\cdots①$$

と表される点Pを共有する。　　　　　　　　　　　　　　　　**（証明終わり）**

(2)　$\triangle B_nC_nD_n$ の重心が A_{n+1} などの条件より

$$\overrightarrow{a_{n+1}}=\frac{\overrightarrow{b_n}+\overrightarrow{c_n}+\overrightarrow{d_n}}{3} \qquad \cdots\cdots②$$

$$\overrightarrow{b_{n+1}}=\frac{\overrightarrow{a_n}+\overrightarrow{c_n}+\overrightarrow{d_n}}{3}$$

$$\overrightarrow{c_{n+1}}=\frac{\overrightarrow{a_n}+\overrightarrow{b_n}+\overrightarrow{d_n}}{3}$$

$$\overrightarrow{d_{n+1}}=\frac{\overrightarrow{a_n}+\overrightarrow{b_n}+\overrightarrow{c_n}}{3}$$

これらを辺々加えると

$$\overrightarrow{a_{n+1}}+\overrightarrow{b_{n+1}}+\overrightarrow{c_{n+1}}+\overrightarrow{d_{n+1}}=\overrightarrow{a_n}+\overrightarrow{b_n}+\overrightarrow{c_n}+\overrightarrow{d_n}$$

$A=A_0$，$B=B_0$，$C=C_0$，$D=D_0$ と定義し，上式を繰り返し用いると

$$\overrightarrow{a_n}+\overrightarrow{b_n}+\overrightarrow{c_n}+\overrightarrow{d_n}=\vec{a}+\vec{b}+\vec{c}+\vec{d} \qquad \cdots\cdots③$$

となる。A_nA_{n+1} を $3:1$ に内分する点の位置ベクトルは

$$\frac{3\overrightarrow{a_{n+1}}+\overrightarrow{a_n}}{4}=\frac{\overrightarrow{a_n}+\overrightarrow{b_n}+\overrightarrow{c_n}+\overrightarrow{d_n}}{4} \quad (②より)$$

$$=\frac{\vec{a}+\vec{b}+\vec{c}+\vec{d}}{4} \quad (③より)$$

これは①より $\vec{p}$ であるから

$$\frac{3\overrightarrow{a_{n+1}}+\overrightarrow{a_n}}{4}=\vec{p} \qquad \therefore\ \overrightarrow{a_{n+1}}=-\frac{1}{3}\overrightarrow{a_n}+\frac{4}{3}\vec{p}$$

$$\overrightarrow{a_{n+1}}-\vec{p}=-\frac{1}{3}\left(\overrightarrow{a_n}-\vec{p}\right)$$

よって

$$\overrightarrow{a_n}-\vec{p}=\left(-\frac{1}{3}\right)^n\left(\overrightarrow{a_0}-\vec{p}\right)$$

$$\therefore\ \overrightarrow{PA_n}=\left(-\frac{1}{3}\right)^n\overrightarrow{PA} \qquad \cdots\cdots④$$

これより A_n ($n=1$, 2, …) が線分 AP 上の点であることがいえる。よって題意は証明できた。　　**(証明終わり)**

(3)　④より $n\to\infty$ のとき $\overrightarrow{PA_n}\to\vec{0}$ だから $\lim_{n\to\infty}\overline{A_nP}=0$ である。

(証明終わり)

フォローアップ

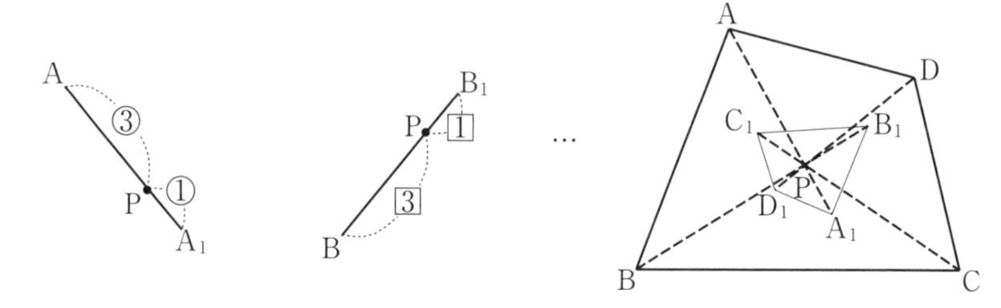

(1)のテーマは前問で強調したのでここでは割愛する。(1)よりこの「手続き」は四辺形をPに関して対称移動し$\frac{1}{3}$に縮小する作業である。だから〔アプローチ〕で述べたような「A_nA_{n+1} を 3：1 に内分する点がP」というのも納得できるだろう。このPはこの「手続き」に関して不動点である。

1.5　中央に関して対称

n を自然数とする。さいころを $2n$ 回投げて n 回以上偶数の目が出る確率を p_n とするとき，$p_n \geqq \dfrac{1}{2}+\dfrac{1}{4n}$ であることを示せ。

アプローチ

偶数奇数の目が出る回数は下の表の通り。

偶数の回数	0	1	2	…	$n-1$	n	$n+1$	…	$2n-2$	$2n-1$	$2n$
奇数の回数	$2n$	$2n-1$	$2n-2$	…	$n+1$	n	$n-1$	…	2	1	0

偶数奇数の目が出る確率は同じだから，この表の一番左の確率と一番右の確率は等しい。左から 2 番目と右から 2 番目の確率も等しい。以下繰り返すと左から n 個の確率合計と右から n 個の確率合計は等しい。ということはちょうど真ん中にある確率を全体の確率 1 から引いて 2 で割ると右 n 個の確率合計が求まる。これに真ん中の確率をもう一度加えると求めたい確率 p_n となる。これは対称性であり，確率に関する対等性を利用した。

解答

$2n$ 回投げて k 回偶数の目が出る確率を q_k とおく。偶数と奇数が出る確率はともに $\dfrac{1}{2}$ だから偶数が k 回出る確率と奇数が k 回出る確率は等しい。よって $q_k=q_{2n-k}$ だから

$$q_0=q_{2n},\quad q_1=q_{2n-1},\quad \cdots,\quad q_{n-1}=q_{n+1}$$

である。

$$q_0+q_1+\cdots+q_{n-1}+q_n+q_{n+1}+\cdots+q_{2n-1}+q_{2n}=1$$

であり

$$p_n=q_n+q_{n+1}+\cdots+q_{2n-1}+q_{2n}$$

だから

$$p_n=\frac{1-q_n}{2}+q_n=\frac{1+q_n}{2}$$

したがって，示すべき不等式は

$$p_n \geqq \frac{1}{2}+\frac{1}{4n} \iff \frac{1+q_n}{2} \geqq \frac{1}{2}+\frac{1}{4n}$$

$$\Longleftrightarrow q_n \geqq \frac{1}{2n}$$

となる。さらに

$$q_n = {}_{2n}\mathrm{C}_n\left(\frac{1}{2}\right)^n\left(\frac{1}{2}\right)^n = \frac{{}_{2n}\mathrm{C}_n}{2^{2n}}$$

だから示すべき不等式は

$$\frac{{}_{2n}\mathrm{C}_n}{2^{2n}} \geqq \frac{1}{2n} \Longleftrightarrow \frac{(2n)!}{2^{2n}\cdot n!\cdot n!} \geqq \frac{1}{2n}$$

$$\Longleftrightarrow \frac{n\cdot(2n)!}{2^{2n-1}\cdot n!\cdot n!} \geqq 1 \qquad \cdots\cdots(*)$$

となるので(＊)の成立を示す。(＊)の左辺を a_n とおく。

(i) $a_1 = \dfrac{1\cdot 2}{2\cdot 1\cdot 1} = 1$ だから $n=1$ のとき(＊)は成立する。

(ii) $n=k$ のとき(＊)が成立すると仮定する。

$$\frac{a_{k+1}}{a_k} = \frac{(k+1)\cdot(2k+2)!}{2^{2k+1}\cdot(k+1)!\cdot(k+1)!}\cdot\frac{2^{2k-1}\cdot k!\cdot k!}{k\cdot(2k)!}$$

$$= \frac{(k+1)(2k+2)(2k+1)}{2^2 k(k+1)^2}$$

$$= \frac{2k+1}{2k}$$

$$>1 \quad (2k+1>2k \text{ より}) \qquad \therefore \quad a_{k+1}>a_k$$

これと仮定より　$a_{k+1}>a_k \geqq 1$

したがって，$n=k+1$ のときも(＊)は成立する。

(i)，(ii)をあわせて数学的帰納法より(＊)（$n=1,\ 2,\ 3,\ \cdots$）の成立が示せた。　**(証明終わり)**

フォローアップ

〔I〕 n を自然数として不等式 $2^n \leqq {}_{2n}\mathrm{C}_n$ が成り立つことを示したいとする。差や商をとって直接示すことは困難であろう。感覚的には左辺と右辺が混ざりあって因数分解などの式変形ができそうにない。そこで帰納法を利用しようと考えるのである。それはなぜか。帰納法のメリットの1つは仮定した式がその解答の中では条件式として利用できる点である。具体的には $2^k \leqq {}_{2k}\mathrm{C}_k$ ……① の成立を仮定して $2^{k+1} \leqq {}_{2k+2}\mathrm{C}_{k+1}$ ……② の成立を示す場面である。例えば①の両辺に2をかけた $2^{k+1} \leqq 2\cdot{}_{2k}\mathrm{C}_k$ が条件式になり②の成立を示すことになる。そこで $2\cdot{}_{2k}\mathrm{C}_k \leqq {}_{2k+2}\mathrm{C}_{k+1}$ の成立が示せたら②の成立がいえる。こ

れは差をとれば簡単に示すことができる。これらは混ざりあって因数分解できる感覚である。また

$$ {}_{2k+2}\mathrm{C}_{k+1}=\frac{(2k+2)!}{(k+1)!(k+1)!}=\frac{(2k+2)(2k+1)}{(k+1)(k+1)}\cdot\frac{(2k)!}{k!k!} $$

より ${}_{2k+2}\mathrm{C}_{k+1}=\dfrac{2(2k+1)}{k+1}\cdot{}_{2k}\mathrm{C}_k$ だから①の両辺に $\dfrac{2(2k+1)}{k+1}$ をかけると

$\dfrac{2^{k+1}(2k+1)}{k+1}\leqq{}_{2k+2}\mathrm{C}_{k+1}$ となる。これが条件になって②の成立を示すなら

$2^{k+1}\leqq\dfrac{2^{k+1}(2k+1)}{k+1}$ の成立を示すことになる。これも差をとれば 2^{k+1} でくくれて簡単に示すことができる。どちらも $2^{k+1}\leqq\bigcirc\leqq{}_{2k+2}\mathrm{C}_{k+1}$ のような②の左辺と右辺の間に両辺を結びつける式○を①から作るのである。この不等式の右半分または左半分を帰納法の仮定，残り半分を改めて式変形などで示すのである。

〔Ⅱ〕　大小比較は，「差をとって符号を調べる」または各々正なら「商をとって1より大きいかどうか調べる」のいずれかである。商をとる方がよいのは，式の中に $\bigcirc^n$ や $n!$ などが含まれるときである。なぜならこのような式は割り算すると約分ができて大小比較すべき本質が残るからである。

〔Ⅲ〕　確率が求まれば証明の主題は $\dfrac{(2n)!}{2^{2n}\cdot n!\cdot n!}\geqq\dfrac{1}{2n}$　……(★) の成立を示すところである。(★)を証明しやすい形に書きかえて示すのであるが，分母をはらい差をとろうとするかもしれない。しかし直接示すのは難しく諦めるだろう。そこで自然数に関する証明だから帰納法を利用する。(★)に $\bigcirc^n$ や $n!$ が含まれることと帰納法を利用することを考えると，n の式を和や差の形ではなく，積や商で左辺にまとめようとして(＊)の形にした。それはなぜか。最終的に大小比較は商をとることを念頭においているからである。

〔Ⅳ〕　**解答** の中で $a_{k+1}>a_k$ を証明したが，これから $\{a_n\}$ が増加数列であることが分かるので，帰納法を用いずに $a_n\geqq a_1=1$ として証明してもよい。また次のように直接示すこともできる。$n\geqq2$ のとき

$$ a_n=\frac{n\cdot(2n)!}{2^{2n-1}\cdot n!\cdot n!} $$

$$ =\frac{n\cdot(2n)\cdot(2n-1)\cdot\cdots\cdot2\cdot1}{2^{2n-1}\cdot n\cdot(n-1)\cdot\cdots\cdot2\cdot1\cdot n\cdot(n-1)\cdot\cdots\cdot2\cdot1} $$

$$=\frac{(2n)\cdot(2n-1)\cdot\cdots\cdot2\cdot1}{2^{2n-1}\cdot\underline{(n-1)\cdot\cdots\cdot2\cdot1}\cdot n\cdot(n-1)\cdot\cdots\cdot2\cdot1}$$

(分母分子を n で約分した)

$$=\frac{(2n)\cdot(2n-1)\cdot(2n-2)\cdot(2n-3)\cdot\cdots\cdot4\cdot3\cdot2\cdot1}{(2n-2)\cdot(2n-4)\cdot\cdots\cdot4\cdot2\cdot2n\cdot(2n-2)\cdot\cdots\cdot4\cdot2}$$

(分母の $2n-1$ 個の 2 を $\underline{(n-1)\cdot\cdots\cdot2\cdot1}$ の $2n-1$ 個にかけた)

$$=\frac{(2n-1)\cdot(2n-3)\cdot\cdots\cdot5\cdot3\cdot1}{(2n-2)\cdot(2n-4)\cdot\cdots\cdot4\cdot2}$$

(分母分子を $2n\cdot(2n-2)\cdot\cdots\cdot4\cdot2$ で約分した)

$$=\frac{2n-1}{2n-2}\cdot\frac{2n-3}{2n-4}\cdot\cdots\cdot\frac{5}{4}\cdot\frac{3}{2}$$

>1 (各項は 1 より大きいので)

$\therefore\ a_n>1$

$a_1=1$ とあわせて $a_n\geqq1$ の成立が示せる。このような証明ができるのも(*)の形にしておいたことが勝因である。

〔V〕 また偶数の目が k 回出る確率 q_k は

$$q_k={}_{2n}\mathrm{C}_k\left(\frac{1}{2}\right)^k\left(\frac{1}{2}\right)^{2n-k}=\frac{{}_{2n}\mathrm{C}_k}{2^{2n}}$$

だから

$$p_n=\sum_{k=n}^{2n}q_k=\frac{1}{2^{2n}}\sum_{k=n}^{2n}{}_{2n}\mathrm{C}_k$$

となる。$\sum_{k=n}^{2n}{}_{2n}\mathrm{C}_k=S$ とおくと，二項定理より

$$(1+1)^{2n}={}_{2n}\mathrm{C}_0+{}_{2n}\mathrm{C}_1+\cdots+{}_{2n}\mathrm{C}_{n-1}+{}_{2n}\mathrm{C}_n+{}_{2n}\mathrm{C}_{n+1}+\cdots+{}_{2n}\mathrm{C}_{2n-1}+{}_{2n}\mathrm{C}_{2n}$$

$$\therefore\ 2^{2n}={}_{2n}\mathrm{C}_{2n}+{}_{2n}\mathrm{C}_{2n-1}+\cdots+{}_{2n}\mathrm{C}_{n+1}+{}_{2n}\mathrm{C}_n+{}_{2n}\mathrm{C}_{n+1}+\cdots+{}_{2n}\mathrm{C}_{2n-1}+{}_{2n}\mathrm{C}_{2n}$$

(${}_{2n}\mathrm{C}_r={}_{2n}\mathrm{C}_{2n-r}$ を前半に用いた)

$$\therefore\ {}_{2n}\mathrm{C}_{n+1}+\cdots+{}_{2n}\mathrm{C}_{2n-1}+{}_{2n}\mathrm{C}_{2n}=\frac{2^{2n}-{}_{2n}\mathrm{C}_n}{2}$$

$$\therefore\ S=\frac{2^{2n}-{}_{2n}\mathrm{C}_n}{2}+{}_{2n}\mathrm{C}_n=\frac{2^{2n}+{}_{2n}\mathrm{C}_n}{2}$$

よって　$p_n=\dfrac{1}{2^{2n}}\cdot\dfrac{2^{2n}+{}_{2n}\mathrm{C}_n}{2}$

これを利用して(*)を得ることができるので以下同様である。これは二項係数の対称性を利用している。

1.6　対称性を保存する

実数 r $(r>0)$ に対して，下の方程式①の定める球面と，②の定める平面の共通部分を D とする。

① $x^2+y^2+z^2=\frac{1}{3}(r^2+2)$

② $x+y+z=r$

(1)　点 P，Q がともに D に属すれば，$|\overrightarrow{\mathrm{PQ}}|\leqq 2\sqrt{\frac{2}{3}}$ が成り立つことを示せ。

(2)　r が自然数のとき，連立方程式①，②の整数解を決定せよ。

アプローチ

i▶ A $(p,\ q,\ r)$ を通り $\vec{n}=(a,\ b,\ c)$ に垂直な平面上の点 P $(x,\ y,\ z)$ の満たすべき式は

$$\overrightarrow{\mathrm{AP}}\cdot\vec{n}=0$$

$$\therefore\quad (x-p,\ y-q,\ z-r)\cdot(a,\ b,\ c)=0$$

$$\therefore\quad a(x-p)+b(y-q)+c(z-r)=0$$

この定数項を d とおいた $ax+by+cz+d=0$ が平面の方程式の一般式である。x，y，z の係数が平面に垂直なベクトルの成分になり，そのベクトルを法線ベクトルという。さらに点と直線の距離公式と同様に，点と平面の距離公式がある。証明の仕方は点と直線の距離公式と同様である。

> 点 $(x_0,\ y_0,\ z_0)$ から平面 $ax+by+cz+d=0$ までの距離は
> $$\boldsymbol{\frac{|ax_0+by_0+cz_0+d|}{\sqrt{a^2+b^2+c^2}}}$$

ii▶ ①②の共通部分というのは，球面を平面で切ったときの交円である。(1)の証明の主題は，この交円上にある 2 点 P，Q 間の距離が $2\sqrt{\frac{2}{3}}$ 以下ということ，つまりこの交円の直径が $2\sqrt{\frac{2}{3}}$ ということである。だから中心から平面までの距離と半径を用いて三平方の定理で解決できる。(2)は x，y，z の連立方程式だから普通は x，y，z のいずれかを消去するのが基本であるが，バランスが崩れて扱いにくくなると予

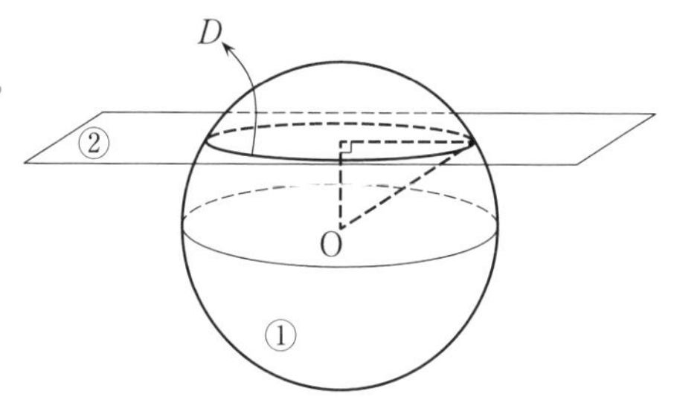

想できる。そこで(1)の誘導の意味を考えるか，バランスよく式を扱いたいと考え r の消去を考える。そうすると一度は経験あるだろう式が現れる。おそらく次のような問題を解いた経験があるはずだ。

例題　x，y，z が実数のとき $x^2+y^2+z^2 \geqq xy+yz+zx$ が成立することを示せ。

解答　$(\text{左辺})-(\text{右辺})=\dfrac{(x-y)^2+(y-z)^2+(z-x)^2}{2} \geqq 0$

$\therefore$　(左辺)≧(右辺)　**(証明終わり)**

このときの工夫（両辺を 2 倍して（　）^{2} を 3 つ作る）を覚えていれば糸口が見えてくるだろう。最後は r を含む連立方程式だから求める x，y，z は r を用いて表すが，それが整数であるかどうか注意すること。

解 答

(1)　球①の中心から平面②までの距離は

$$\frac{r}{\sqrt{1^2+1^2+1^2}}=\frac{r}{\sqrt{3}}$$

だから，①と②の交円 D の半径は

$$\sqrt{\frac{r^2+2}{3}-\frac{r^2}{3}}=\sqrt{\frac{2}{3}}$$

である。よって，P，Q が D 上にあるとき

$$|\overrightarrow{\mathrm{PQ}}| \leqq (\text{直径})=2\sqrt{\frac{2}{3}}$$

(証明終わり)

(2)　①，②より r を消去すると

$$3(x^2+y^2+z^2)=(x+y+z)^2+2$$

$$2x^2+2y^2+2z^2-2xy-2yz-2zx=2$$

$$(x-y)^2+(y-z)^2+(z-x)^2=2 \quad \cdots\cdots③$$

$(x-y)+(y-z)+(z-x)=0$ であることを考えると，③を満たす 3 整数 $x-y$，$y-z$，$z-x$ の集合は

$$\{x-y,\ y-z,\ z-x\}=\{1,\ -1,\ 0\}$$

となる。例えば，$x-y=1$，$y-z=-1$，$z-x=0$ とすると

$$x=z=y+1$$

これを②に代入すると　$(y+1)+y+(y+1)=r$　$\therefore$　$y=\dfrac{r-2}{3}$

$$\therefore \quad x=\frac{r+1}{3},\ y=\frac{r-2}{3},\ z=\frac{r+1}{3}$$

また，$x-y=1$，$y-z=0$，$z-x=-1$ とすると

$x=y+1,\ y=z$

これを②に代入すると　$(y+1)+y+y=r$　$\therefore\ y=\dfrac{r-1}{3}$

$\therefore\ x=\dfrac{r+2}{3},\ y=\dfrac{r-1}{3},\ z=\dfrac{r-1}{3}$

③がサイクリックな条件だから求める整数解は集合として表記すると

rが3で割って1余るとき

$\{x,\ y,\ z\}=\left\{\dfrac{\boldsymbol{r+2}}{\boldsymbol{3}},\ \dfrac{\boldsymbol{r-1}}{\boldsymbol{3}},\ \dfrac{\boldsymbol{r-1}}{\boldsymbol{3}}\right\}$

rが3で割って2余るとき

$\{x,\ y,\ z\}=\left\{\dfrac{\boldsymbol{r+1}}{\boldsymbol{3}},\ \dfrac{\boldsymbol{r+1}}{\boldsymbol{3}},\ \dfrac{\boldsymbol{r-2}}{\boldsymbol{3}}\right\}$

rが3で割り切れるとき

解なし

……**(答)**

フォローアップ

〔Ⅰ〕 (2)でrを消去したのは文字に関する対称性を保存したいという意識が働いたからである。すると $(x-y)^2+(y-z)^2+(z-x)^2=2$ という式が得られ解決できた。3整数の2乗和が2だから$1^2+1^2+0,\ 1^2+(-1)^2+0,\ (-1)^2+(-1)^2+0$などが考えられるが，$x-y,\ y-z,\ z-x$の和が0であることから$\{1,\ -1,\ 0\}$に定まる。ここから考えられる可能性は1，$-1$，0の順列を考えて

(i) $\begin{cases}x-y=1\\y-z=-1\\z-x=0\end{cases}$　(ii) $\begin{cases}x-y=0\\y-z=1\\z-x=-1\end{cases}$　(iii) $\begin{cases}x-y=-1\\y-z=0\\z-x=1\end{cases}$

(iv) $\begin{cases}x-y=0\\y-z=-1\\z-x=1\end{cases}$　(v) $\begin{cases}x-y=1\\y-z=0\\z-x=-1\end{cases}$　(vi) $\begin{cases}x-y=-1\\y-z=1\\z-x=0\end{cases}$

である。しかし，これをすべて吟味する必要があるかというとそうではない。得られる値の集合は，(i)(ii)(iii)が一致し，(iv)(v)(vi)が一致する。どのように判断したかというと$x-y,\ y-z,\ z-x$は図1のようなサイクリックだから図2のようにこの値を循環させても得ら

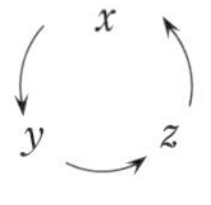

図1

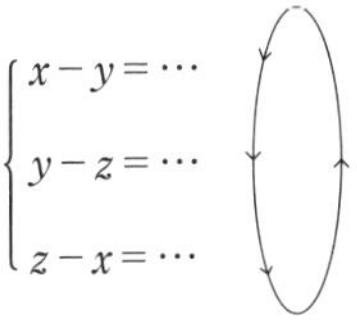

$\begin{cases}x-y=\cdots\\y-z=\cdots\\z-x=\cdots\end{cases}$

図2

れる x，y，z の組み合わせは変わらない。だから **解答** では2タイプだけを「例えば」と断って求めている。よく受験生になぜ「同様に」とできるのかと質問をうけることがある。これは「同様に」作業をした経験のない人には実感できないのである。もしこのことが実感できない場合は(i)から(vi)のすべてをやってみることである。やっているうちに「これは同様にできる」と実感できてくるはずである。

〔II〕　②を①に代入して③を作ったということは

「①かつ②」$\Longleftrightarrow$「②かつ③」

である。③から得られた条件式を②に代入して答えを得る。

〔III〕　せっかく(1)があるのでその誘導に乗ってみる。(1)で得られることは交円の半径である。後は中心が分かれば球面の方程式が得られる。そこで次の解法は①②の交円を，(1)で得られる球面と②の交円と考え直すところがポイントである。

別解 1　(2)　平面②の法線ベクトルの1つが $\vec{n}=(1,\ 1,\ 1)$ だから，Oからこの平面に下ろした垂線の足をHとすると

$$\overrightarrow{\mathrm{OH}}=k\vec{n}=(k,\ k,\ k)$$

とおける。Hは平面②上の点だから

$$k+k+k=r \qquad \therefore\ k=\frac{r}{3} \qquad \therefore\ \overrightarrow{\mathrm{OH}}=\left(\frac{r}{3},\ \frac{r}{3},\ \frac{r}{3}\right)$$

したがって D 上の点 $(x,\ y,\ z)$ はHを中心とし半径 $\sqrt{\dfrac{2}{3}}$ の球面上にもあるので

$$\left(x-\frac{r}{3}\right)^2+\left(y-\frac{r}{3}\right)^2+\left(z-\frac{r}{3}\right)^2=\frac{2}{3}$$

を満たす。これより

$$(3x-r)^2+(3y-r)^2+(3z-r)^2=6$$

3整数 $3x-r$，$3y-r$，$3z-r$ の2乗和が6であり，②より

$$(3x-r)+(3y-r)+(3z-r)=3(x+y+z)-3r=0$$

であることから

$$\{3x-r,\ 3y-r,\ 3z-r\}=\{-1,\ -1,\ 2\},\ \{1,\ 1,\ -2\}$$

が考えられる。つまり

$$\{x,\ y,\ z\}=\left\{\frac{r-1}{3},\ \frac{r-1}{3},\ \frac{r+2}{3}\right\},\ \left\{\frac{r+1}{3},\ \frac{r+1}{3},\ \frac{r-2}{3}\right\}$$

以下これが整数になるかどうかの場合分けは **解答** と同じ。

〔Ⅳ〕 また，3次方程式の解と係数の関係を用いて3次方程式を立式する解法もある。この解法のテーマは次の問題で扱う「対称式は基本対称式で表す」ということである。このときに慣れておいてほしい作業がある。
$f(x)=ax^3+bx^2+\cdots$ が α を重解にもつとき，残りの解 β は解と係数の関係で

$$\alpha+\alpha+\beta=-\frac{b}{a} \qquad \therefore \quad \beta=-2\alpha-\frac{b}{a}$$

と求められる。この使い方の一例は次の通り。

例題　$y=ax^3+bx^2+cx+d$ の $x=\alpha$ における接線がもとの曲線と接点以外の共有点をもつとする。このとき共有点の x 座標 β を α，a，b を用いて表せ。

方針　接線の方程式を $y=mx+n$ とする。$y=ax^3+bx^2+cx+d$ と $y=mx+n$ から y を消去した方程式の x^3，x^2 の係数は a，b であり，この方程式の3解が α，α，β だから，解と係数の関係より

$$\alpha+\alpha+\beta=-\frac{b}{a} \qquad \therefore \quad \boldsymbol{\beta=-\frac{b}{a}-2\alpha}$$

これを次の解法で利用する。

別解2　(2)　①，②より

$$xy+yz+zx=\frac{(x+y+z)^2-(x^2+y^2+z^2)}{2}=\frac{r^2-1}{3}$$

よって，$xyz=k$ とおくと x，y，z は次式の3解である。

$$t^3-rt^2+\frac{r^2-1}{3}t-k=0 \qquad \therefore \quad k=t^3-rt^2+\frac{r^2-1}{3}t$$

右辺を $f(t)$ とおくと $Y=f(t)$，$Y=k$ の共有点の t 座標が x，y，z となる。そこで

$$f'(t)=3\left(t-\frac{r-1}{3}\right)\left(t-\frac{r+1}{3}\right)$$

だから $Y=f(t)$ のグラフの概形は次の通り。

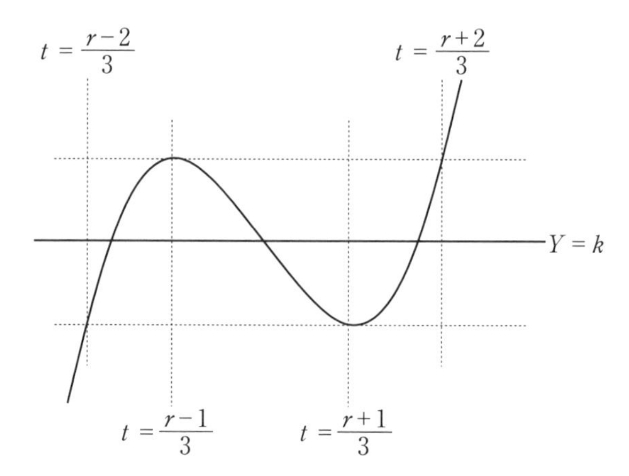

グラフにある $t=\dfrac{r-2}{3}$ は $f(t)=k$ が $t=\dfrac{r+1}{3}$ を重解にもつとき，残りの解を α とすると，解と係数の関係から

$$\frac{r+1}{3}+\frac{r+1}{3}+\alpha=r \qquad \therefore\quad \alpha=\frac{r-2}{3}$$

として求めた。$t=\dfrac{r+2}{3}$ も同様である。このグラフから $f(t)=k$ が 3 実数解をもつとき，その解は $\dfrac{r-2}{3}\leqq t\leqq\dfrac{r+2}{3}$ に含まれる。この区間の幅は $\dfrac{4}{3}$ だからこの中に 3 整数が含まれるとき，そのうち 2 つは等しい。よって，$f(t)=k$ が 2 重解をもつのでその解は

$$\boldsymbol{\frac{r+1}{3},\ \frac{r+1}{3},\ \frac{r-2}{3}} \quad \textbf{または} \quad \boldsymbol{\frac{r-1}{3},\ \frac{r-1}{3},\ \frac{r+2}{3}}$$

のいずれか。これらが整数になるときを考えれば 解答 と同じ結論を得る。

1.7　基本対称式

α, β, γ は相異なる複素数で，$\alpha+\beta+\gamma=\alpha^2+\beta^2+\gamma^2=0$ を満たすとする。このとき，α, β, γ の表す複素平面上の3点を結んで得られる三角形はどのような三角形か。（ただし，複素平面を複素数平面ともいう。）

アプローチ

i▶ 対称式は基本対称式で表される。x, y の基本対称式は $x+y$, xy である。x, y, z の基本対称式は $x+y+z$, $xy+yz+zx$, xyz である。本問の条件式は対称式で，基本対称式の中で $\alpha\beta\gamma$ だけが与えられていない。だからこれを補ってバランスを整えると3次方程式の解と係数の関係が利用できる。この考え方を前問 **1.6** の 別解2 にも利用した。

ii▶ 一般に w の n 乗根である $z^n=w$ の解は，両辺の絶対値を比較して

$$|z^n|=|w| \qquad \therefore \quad |z|=\sqrt[n]{|w|} \quad (=r \text{ とおく})$$

$\arg w=\theta$ とおいて両辺の偏角を比較すると

$$\arg z^n=\theta+2k\pi \quad (k\text{：整数})$$

$$\therefore \quad n\arg z=\theta+2k\pi$$

$$\therefore \quad \arg z=\frac{\theta}{n}+\frac{2k\pi}{n}$$

となるので原点を中心とする半径 r の円周上で，偏角 $\dfrac{\theta}{n}$ である点を1つの頂点とする正 n 角形の頂点になる。

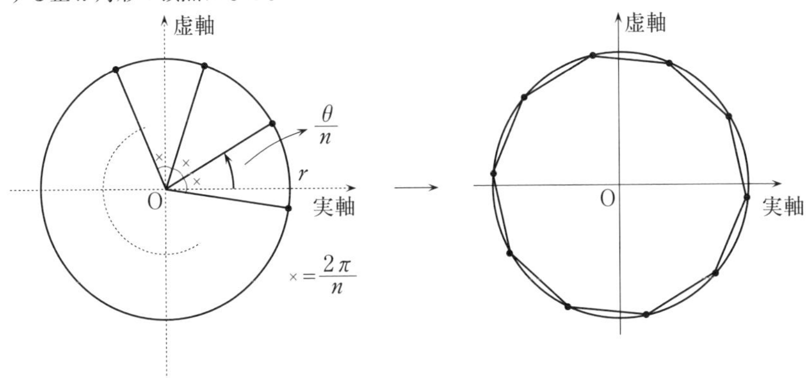

解 答

$$\begin{cases} \alpha+\beta+\gamma=0 & \cdots\cdots① \\ \alpha^2+\beta^2+\gamma^2=0 & \cdots\cdots② \end{cases}$$

②より

$$(\alpha+\beta+\gamma)^2-2(\alpha\beta+\beta\gamma+\gamma\alpha)=0$$

$$\therefore\quad \alpha\beta+\beta\gamma+\gamma\alpha=0\quad(①より)\qquad\cdots\cdots③$$

$\alpha\beta\gamma=w$ とおくと，これと①，③より解と係数の関係から α，β，γ は次式の3解である。

$$x^3-w=0\qquad\therefore\quad x^3=w$$

よって，α，β，γ は w の3乗根である。

$w=0$ とすると $\alpha=\beta=\gamma=0$ となるので条件に反す。よって $w\neq0$ である。一般的に0以外の複素数の3乗根は原点を中心とする円に内接する正三角形になるので，題意の三角形は

原点を重心とする正三角形　……(答)

フォローアップ

〔Ⅰ〕　一文字消去の方針もある。γ を消去すれば α，β の関係式ができる。このときの目標は例えば

　　α を原点を中心に θ 回転し r 倍に拡大した点が β

ということが分かれば三角形の形状が分かる。それは式で表現すると

$$\beta=\alpha\cdot r(\cos\theta+i\sin\theta)$$

$$\therefore\quad \frac{\beta}{\alpha}=r(\cos\theta+i\sin\theta)$$

である。ということは $\dfrac{\beta}{\alpha}$ の値を求めることが目標である。

別 解　条件式から γ を消去して整理すると

$$\alpha^2+\alpha\beta+\beta^2=0$$

$\alpha=0$ とすると $\beta=0$ となり条件に反す。よって $\alpha\neq0$ としてよく，上式の両辺を α^2 で割ると

$$\left(\frac{\beta}{\alpha}\right)^2+\frac{\beta}{\alpha}+1=0$$

$$\therefore\quad \frac{\beta}{\alpha}=\frac{-1\pm\sqrt{3}i}{2}=\cos\left(\pm\frac{2}{3}\pi\right)+i\sin\left(\pm\frac{2}{3}\pi\right)$$

これよりαを原点を中心に$\pm\dfrac{2}{3}\pi$回転させた点がβである。条件式の対称性から同様にβを原点を中心に$\pm\dfrac{2}{3}\pi$回転させた点がγとなる。

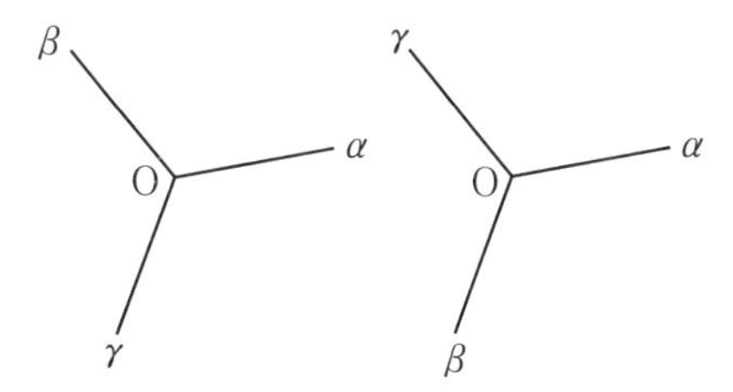

ということはα, β, γは**原点を重心とする正三角形**の3頂点をなす。

……(答)

この 別解 の最後にも対称性を用いた。

〔Ⅱ〕　本問は一文字消去ができ2つの複素数の位置関係をつかむだけでよかった。次のようなときはどうすればよいか。

例題　複素数平面上において三角形の3頂点を表す複素数α, β, γが

$$\alpha^2+\beta^2+\gamma^2-\alpha\beta-\beta\gamma-\gamma\alpha=0$$

を満たすとき，この三角形はどのような形か。

解答　$\alpha-\gamma=z$, $\beta-\gamma=w$とおく。$\alpha=\gamma+z$, $\beta=\gamma+w$を条件式に代入すると

$$(\gamma+z)^2+(\gamma+w)^2+\gamma^2-(\gamma+z)(\gamma+w)-(\gamma+w)\gamma-\gamma(\gamma+z)=0$$

これを整理すると$z^2-zw+w^2=0$となる。$\beta\neq\gamma$より$w\neq0$だから

$$\left(\frac{z}{w}\right)^2-\frac{z}{w}+1=0$$

$$\therefore\quad \frac{z}{w}=\frac{1\pm\sqrt{3}i}{2}=\cos\left(\pm\frac{\pi}{3}\right)+i\sin\left(\pm\frac{\pi}{3}\right)$$

よって，$\alpha-\gamma=z$, $\beta-\gamma=w$を代入して整理すると

$$\alpha-\gamma=(\beta-\gamma)\left\{\cos\left(\pm\frac{\pi}{3}\right)+i\sin\left(\pm\frac{\pi}{3}\right)\right\}$$

これよりγを中心にβを$\pm\dfrac{\pi}{3}$回転した点がαであるから

正三角形　……(答)

ベクトルでいえば元の式の始点はOである。始点をγに変更することが$\alpha-\gamma=z$, $\beta-\gamma=w$の置き換えである。ベクトルでいえば$\overrightarrow{OA}=\overrightarrow{CA}-\overrightarrow{CO}$, $\overrightarrow{OB}=\overrightarrow{CB}-\overrightarrow{CO}$と変形して計算すると等式から$\overrightarrow{CO}$が消えて$\overrightarrow{CA}$, $\overrightarrow{CB}$だけの関係式が残ったという感覚と同じである。

1.8 点対称

関数 $f(x)=x^3+ax^2+bx+c$ は次の条件(イ), (ロ)を満たしている。

(イ) $y=f(x)$ のグラフは，点 $(0,\ 1)$ に関して点対称である。

(ロ) $y=f(x)$ は相異なる 2 つの極値をもち，2 つの極値の差の絶対値は 4 に等しい。

このとき

(1) $y=f(x)$ のグラフは x 軸と相異なる 3 点で交わることを示せ。

(2) (1)における 3 点の x 座標を $\alpha,\ \beta,\ \gamma$（ただし $\alpha<\beta<\gamma$ とする）とおくとき，$f\left(\dfrac{-\beta-\gamma}{2}\right)>2$ を示せ。

アプローチ

i▶ 点対称に注意してグラフをかけば，すべて解決する。ちなみにこの点は 3 次関数の変曲点である。

ii▶ 3 次関数 $f(x)=ax^3+bx^2+cx+d$ $(a\neq 0)$ の変曲点は $f''(x)=2(3ax+b)=0$ より $\left(-\dfrac{b}{3a},\ f\left(-\dfrac{b}{3a}\right)\right)$ である。この点に関して対称であることを示す。まず，$\alpha=-\dfrac{b}{3a}$ とおき変曲点が原点にくるように元のグラフを平行移動する。$y=f(x)$ を x 方向に $-\alpha$, y 方向に $-f(\alpha)$ だけ平行移動したグラフの方程式は $y=f(x+\alpha)-f(\alpha)$ である。これが原点対称であることが分かれば元のグラフが変曲点に関して対称であることがいえる。つまり $g(x)=f(x+\alpha)-f(\alpha)$ が奇関数であることを示せばよい。

$$g(0)=f(\alpha)-f(\alpha)=0$$

だから $g(x)$ の定数項は 0 である。$g''(x)=f''(x+\alpha)$ なので

$$g''(0)=f''(\alpha)=0$$

だから $g(x)$ の x^2 の係数は 0 である。ということは $g(x)$ は x^3, x だけで構成される 3 次関数だから $g(x)$ が奇関数であることがいえた。よって，$y=f(x)$ のグラフは変曲点に関して対称である。 **(証明終わり)**

$g(x)=f\left(x-\dfrac{b}{3a}\right)-f\left(-\dfrac{b}{3a}\right)$ を具体的に計算して x^2 と定数項が消えることを示してもよい。これを証明してからなら(イ)より $(0,\ 1)$ が $f(x)$ の変曲点であるとして，$f(0)=1$, $f''(0)=0$ より $a=0$, $c=1$ とし，後は(ロ)の条件から b を決定することができる。ただ $f(x)$ を決定しなくても題意は示せるので，**解答** では大層なことはしなかった。

解答

(1)　$(0,\ 1)$ に関して対称で極値の差が4だから，極大値が3，極小値が-1である。よって極値が異符号だから$f(x)=0$は異なる3実数解をもつ。

（証明終わり）

(2)　$f(\beta)=0$，$f(\gamma)=0$と$(0,\ 1)$に関する対称性から

$$f(-\beta)=f(-\gamma)=2$$

以上に注意して$y=f(x)$のグラフをかくと

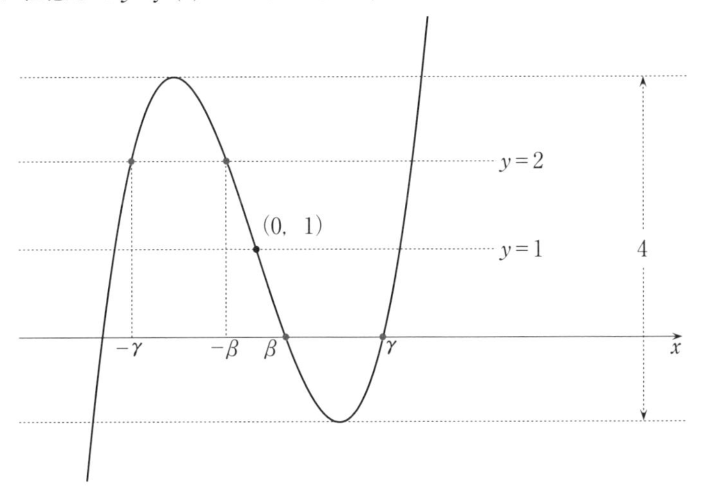

となる。このグラフから$x=\dfrac{-\beta-\gamma}{2}$のときの$y$座標は2より大きいことがいえる。

（証明終わり）

フォローアップ

〔I〕　この解答で終わらせると勉強するところがないので，愚直に関数を求めてみよう。そのためにいろいろ準備する。

$f(-x)=-f(x)$が常に成り立つ関数$f(x)$を奇関数といい，$y=f(x)$のグラフは原点対称である。$f(-x)=f(x)$が常に成り立つ関数$f(x)$を偶関数といい，$y=f(x)$のグラフはy軸対称である。

$y=f(x)$がA$(a,\ b)$に関して対称であるというのは，Aが原点にくるようにx方向に$-a$，y方向に$-b$だけ平行移動すると原点対称である。つまり$f(x+a)-b$が奇関数である。$y=f(x)$が$l：x=a$に関して対称であるというのは，lがy軸にくるようにx方向に$-a$だけ平行移動するとy軸対称で

ある。つまり $f(x+a)$ が偶関数である。

〔II〕 3次関数の極値の差というのは，簡単に極値計算ができるときはよいが，そうでないときは定積分を利用するとよい。例えば
$f'(x)=(x-\alpha)(x-\beta)$（ただし $\alpha<\beta$）のとき極大値は $f(\alpha)$，極小値は $f(\beta)$ である。このとき極値の差は

$$\begin{aligned} f(\alpha)-f(\beta) &= -\{f(\beta)-f(\alpha)\} \\ &= -\int_{\alpha}^{\beta} f'(x)\,dx = -\int_{\alpha}^{\beta}(x-\alpha)(x-\beta)\,dx \\ &= \frac{1}{6}(\beta-\alpha)^3 \end{aligned}$$

と計算する。

別解 (1) (イ)より $f(x)-1=x^3+ax^2+bx+c-1$ は奇関数である。よって

$$a=0,\ c-1=0 \qquad \therefore \quad a=0,\ c=1$$

これより

$$f(x)=x^3+bx+1,\ f'(x)=3x^2+b$$

極値をもつので $f'(x)=0 \Longleftrightarrow x^2=-\dfrac{b}{3}$ は異なる2実数解をもつ。よって $b<0$ であり，極値をとる x の値は $\pm\sqrt{-\dfrac{b}{3}}$ である。これを $\pm p$ とおくと極値の差は

$$\begin{aligned} f(-p)-f(p) &= -\int_{-p}^{p}(3x^2+b)\,dx \\ &= -\int_{-p}^{p}3(x+p)(x-p)\,dx \\ &= 3\cdot\frac{1}{6}(p+p)^3=4p^3 \end{aligned}$$

となる。これが4に等しいので

$$p=1 \qquad \therefore \quad \sqrt{-\frac{b}{3}}=1 \qquad \therefore \quad b=-3$$

よって $f(x)=x^3-3x+1$ となる。$f(x)$ の増減とグラフは
$f'(x)=3(x-1)(x+1)$ より次のようになる。

x	$\cdots$	-1	$\cdots$	1	$\cdots$
$f'(x)$	$+$	0	$-$	0	$+$
$f(x)$	↗	3	↘	-1	↗

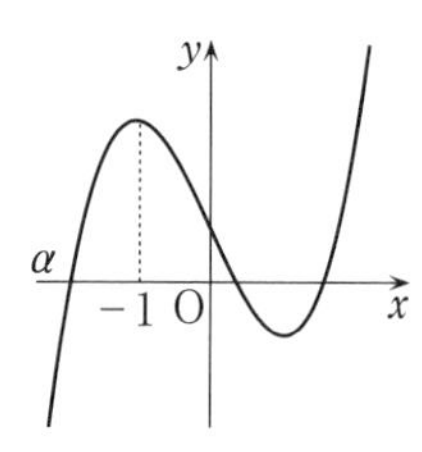

よって $y=f(x)$ は x 軸と相異なる3点で交わる。　**（証明終わり）**

(2)　解と係数の関係より

$$\alpha+\beta+\gamma=0 \qquad \therefore \quad -\beta-\gamma=\alpha$$

これより

$$f\left(\frac{-\beta-\gamma}{2}\right)=f\left(\frac{\alpha}{2}\right)=\frac{\alpha^3}{8}-\frac{3}{2}\alpha+1$$

よって

$$f\left(\frac{-\beta-\gamma}{2}\right)-2$$

$$=\frac{\alpha^3-12\alpha-8}{8}$$

$$=\frac{(3\alpha-1)-12\alpha-8}{8} \quad (f(\alpha)=0 \Longleftrightarrow \alpha^3=3\alpha-1 \text{ を用いた})$$

$$=-\frac{9}{8}(\alpha+1)$$

>0　（グラフから $\alpha<-1$ であることより）

$$\therefore \quad f\left(\frac{-\beta-\gamma}{2}\right)>2$$

（証明終わり）

〔Ⅲ〕　極値の差は定積分を利用したが，本問の程度なら直接求めてもよい。

$$f\left(\sqrt{-\frac{b}{3}}\right)=\frac{2}{3}b\sqrt{-\frac{b}{3}}+1,\ f\left(-\sqrt{-\frac{b}{3}}\right)=-\frac{2}{3}b\sqrt{-\frac{b}{3}}+1$$

だから極値の差は

$$f\left(-\sqrt{-\frac{b}{3}}\right)-f\left(\sqrt{-\frac{b}{3}}\right)=-\frac{4}{3}b\sqrt{-\frac{b}{3}}$$

これが4だから

$$-\frac{4}{3}b\sqrt{-\frac{b}{3}}=4$$

辺々2乗して整理すると

$$b^3=-27 \qquad \therefore \quad b=-3$$

1.9 対称面

四面体 ABCD が，AB＝BC＝CD＝DA＝a（定数）を満たすとき，このような四面体の体積の最大値を求めよ。

アプローチ

i▶ 本問の立体は2つの対称面（図1の斜線部）をもっている。この対称面で立体を切ることで，体積計算で一番面倒な高さが解決できる。また，本問は図2のように2つの独立な動きがある。こういうときの最大・最小は，一方の動きを止めておいて他方を動かし最大・最小となる状況を捉える。その状況のもとで残りを動かして求めたい最大値・最小値を求める。通称，受験数学用語で「予選決勝法」という。

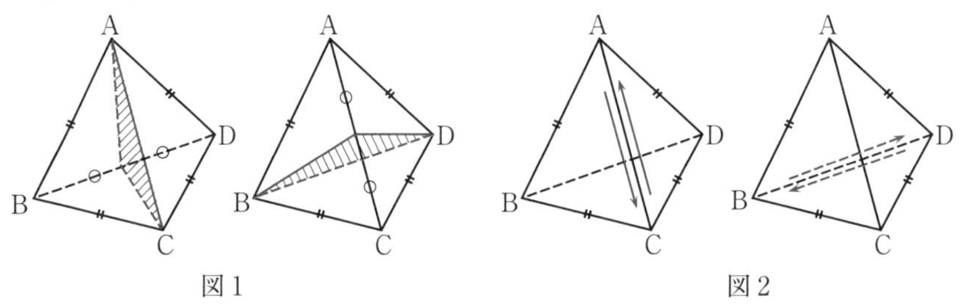

図1　図2

ii▶ 図形の計量の変数は，大きく分けて辺か角である。本問の2つの動きは図2の左なら辺 BD を折り目として△ABD と△BCD の2枚の三角形を閉じたり開いたり，図2の右なら辺 AC を折り目として△ABC と△ACD の2枚の三角形を閉じたり開いたりする動きである。ということは変数として角が最適であろう。

解答

AC の中点をMとすると，四面体 ABCD は平面 BMD に関して対称である（図2）。ということはこの対称面 BMD と辺 AC は垂直である。四面体 ABCD をこの対称面 BMD で切ると図3の立体が2つできる。

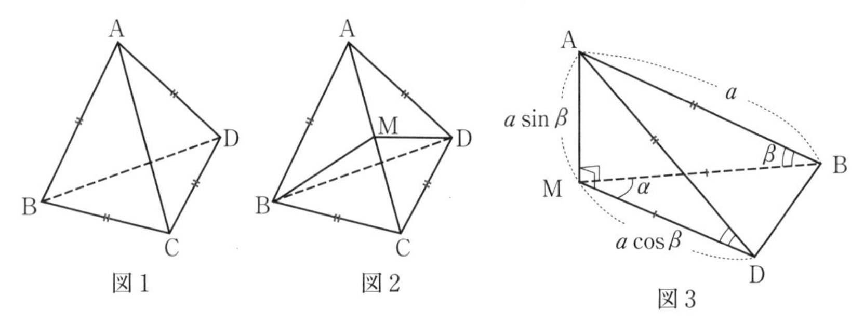

図1　図2　図3

そこで$\angle \mathrm{BMD}=\alpha$，$\angle \mathrm{ABM}=\beta$　$\left(0<\alpha<\pi,\ 0<\beta<\dfrac{\pi}{2}\right)$とおいて，四面体ABCDの体積を$V$とすると

$$V=2\cdot\frac{1}{3}\cdot\frac{1}{2}(a\cos\beta)^2\sin\alpha\cdot a\sin\beta$$
$$=\frac{1}{3}a^3\sin\alpha\cos^2\beta\sin\beta$$
$$\leqq\frac{a^3}{3}\cos^2\beta\sin\beta\quad\left(\text{等号は}\ \alpha=\frac{\pi}{2}\ \text{のとき成立する}\right)$$
$$=\frac{a^3}{3}\sin\beta(1-\sin^2\beta)$$

$\sin\beta=t$ $(0<t<1)$ とおくと

$$V\leqq\frac{a^3}{3}(t-t^3)\quad(=f(t)\ \text{とおく})$$

となる。

$$f'(t)=\frac{a^3}{3}(1-3t^2)$$

t	0	…	$\frac{1}{\sqrt{3}}$	…	1
$f'(t)$	…	+	0	−	…
$f(t)$	…	↗	max	↘	…

したがって，$\alpha=\dfrac{\pi}{2}$，$\sin\beta=\dfrac{1}{\sqrt{3}}$のとき$V$は最大となり，最大値は

$$f\left(\frac{1}{\sqrt{3}}\right)=\boldsymbol{\frac{2\sqrt{3}}{27}a^3}\qquad\cdots\cdots(\text{答})$$

フォローアップ

本問のような対称面をもつ立体は外接球の半径を求める設問がつくこともある。外接球の中心Oはこの2つの対称面上にあるので，これら2平面の交線上にある。つまりAC，BDの中点をそれぞれM，Nとすると線分MN上に中心Oがある。半径は三平方の定理だけで求まる。

例題　$\mathrm{AB}=\mathrm{CD}=\sqrt{2}$，$\mathrm{AC}=\mathrm{AD}=\mathrm{BC}=\mathrm{BD}=\sqrt{5}$である四面体ABCDの外接球の半径を求めよ。

解答

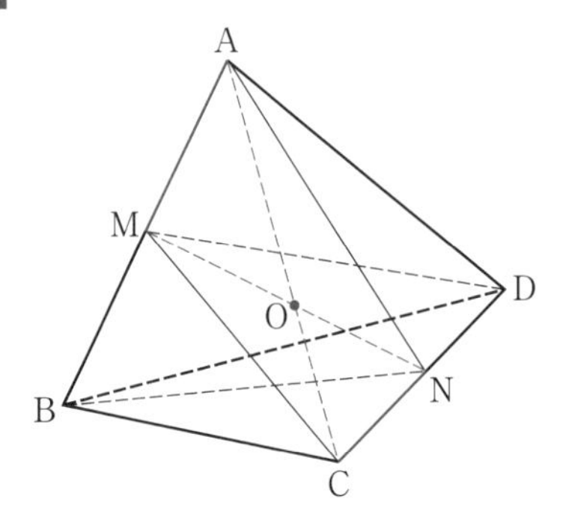

図1

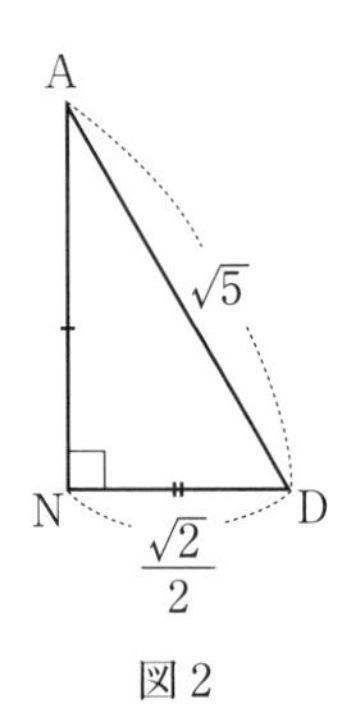

図2

AB，CD の中点をそれぞれM，Nとし，外接球の中心をO，半径を r とする。この四面体は平面 ABN，CDM に関して対称だからOはこの2平面の交線 MN 上にある。図2より

$$\mathrm{AN}=\sqrt{\mathrm{AD}^2-\mathrm{ND}^2}=\frac{3}{\sqrt{2}}$$

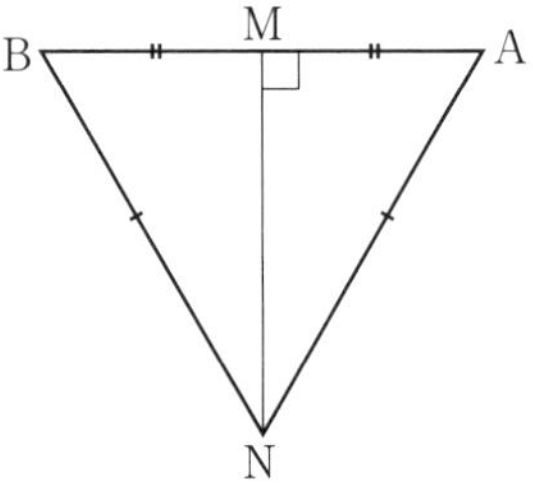

図3

同様に $\mathrm{BN}=\dfrac{3}{\sqrt{2}}$ である。図3より

$$\mathrm{MN}=\sqrt{\mathrm{AN}^2-\mathrm{AM}^2}=2$$

$\mathrm{OA}=\mathrm{OC}=r$ だから図4，図5の斜線部の三角形に注目して

$$\mathrm{OM}=\mathrm{ON}=\sqrt{r^2-\frac{1}{2}}$$

$\mathrm{OM}+\mathrm{ON}=\mathrm{MN}$ より

$$2\sqrt{r^2-\frac{1}{2}}=2$$

$$\therefore\quad r=\frac{\sqrt{6}}{2}\qquad\cdots\cdots(\text{答})$$

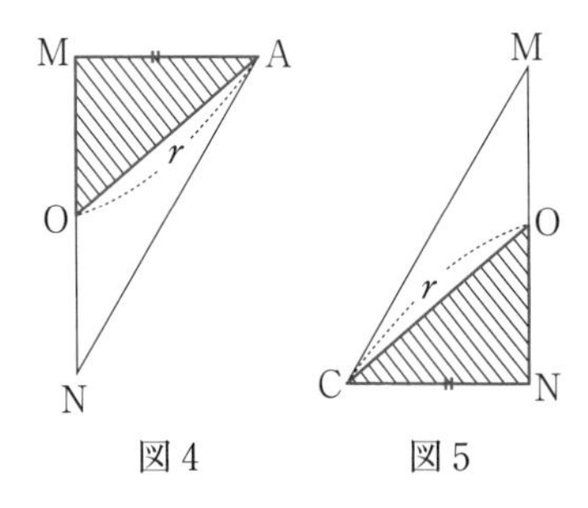

図4　図5

第2章　逆なら簡単な問題

「正三角形なら～」,「正四面体なら～」というのは簡単だが，これを逆にすると難しいという問題が，京大ではよく出題される。「逆なら簡単なのになぁ」とつぶやきながら楽しんでほしい。

2.1　正三角形の性質の逆

△ABC の内心を P とする。$\overrightarrow{PA}+\overrightarrow{PB}+\overrightarrow{PC}=\vec{0}$ が成り立っているとき，この三角形は正三角形であることを示せ。

アプローチ

i▶ 一般的には，ベクトルの始点を A にして $\overrightarrow{AP}$ を $\overrightarrow{AB}$，$\overrightarrow{AC}$ で表して P の位置を把握する。しかし辺々を 3 で割ると P が重心と一致することが分かるので，定石からは外れるが始点変更せずこのまま扱う。

ii▶ 正三角形の場合，内心，外心，重心，垂心は一致する。逆に内心，外心，重心，垂心のうち 2 つが一致すれば正三角形になる。これを大きな解答の流れの一部として利用するときは問題ないが，これ自体が証明の主題である場合は自明にしてはいけない。

解答

△ABC の重心を G とすると $\overrightarrow{PA}+\overrightarrow{PB}+\overrightarrow{PC}=\vec{0}$ の両辺を 3 で割って

$$\frac{\overrightarrow{PA}+\overrightarrow{PB}+\overrightarrow{PC}}{3}=\vec{0} \qquad \therefore \quad \overrightarrow{PG}=\vec{0} \qquad \therefore \quad \mathrm{P}=\mathrm{G}$$

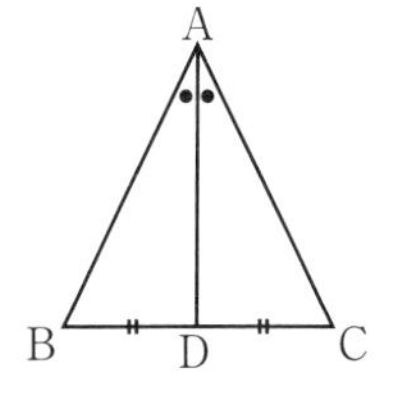

AP の延長と BC との交点を D とすると P は内心だから AD は∠BAC の二等分線である。角の二等分線の性質より

$$\mathrm{AB}:\mathrm{AC}=\mathrm{BD}:\mathrm{CD} \qquad \cdots\cdots ①$$

また，P は重心でもあるから D は BC の中点である。これと①より

$$\mathrm{AB}:\mathrm{AC}=1:1 \qquad \therefore \quad \mathrm{AB}=\mathrm{AC}$$

同様にして BA＝BC もいえる。

よって△ABC は正三角形である。 **(証明終わり)**

フォローアップ

内心，外心，重心，垂心のうち 2 つが一致すれば正三角形になることを簡単に証明しておく。△ABC の重心を G，外心を O とする。

(i) 重心＝外心

直線 AG と BC との交点を D とする。直線 AD は中線だから

BD＝CD

また G＝O より GB＝GC（＝外接円の半径）だから△GBD≡△GCD

よって，$\angle ADB = \angle ADC = \dfrac{\pi}{2}$ と AD 共通，BD＝CD より

△ABD≡△ACD

よって　AB＝AC

同様に BC＝BA となる。

(ii) 重心＝垂心

中線と垂線が一致するので，これは(i)と同じ。

(iii) 内心＝外心

OA＝OB だから　∠OAB＝∠OBA

また O は内心でもあるので OA，OB は内角の二等分線である。

よって　∠A＝∠B

同様に　∠B＝∠C

(iv) 内心＝垂心

A から BC に下ろした垂線 AD が，∠A の二等分線である。AD の両端角が等しいので

△ABD≡△ACD

よって　AB＝AC

同様に BC＝BA となる。

(v) 外心＝垂心

BC の垂直二等分線が A を通ることになるので，(i)と同じ。

2.2　正四面体の性質の逆

四面体 OABC が次の条件を満たすならば，それは正四面体であることを示せ。

条件：頂点A，B，Cからそれぞれの対面を含む平面へ下ろした垂線は対面の重心を通る。

ただし，四面体のある頂点の対面とは，その頂点を除く他の3つの頂点がなす三角形のことをいう。

アプローチ

正四面体の頂点から対面に下ろした垂線の足は対面の三角形の重心であるという性質を逆にした問題。最初のポイントは，重心の表現，直線と平面の垂直条件の表現を考えると，まずベクトルを導入するところである。一般に△ABC を含む平面と $\vec{n}$ が垂直である条件は，$\overrightarrow{AB}\cdot\vec{n}=\overrightarrow{AC}\cdot\vec{n}=0$ である。後は前章のテーマであった対称性を用いると少し計算が楽である。

解答

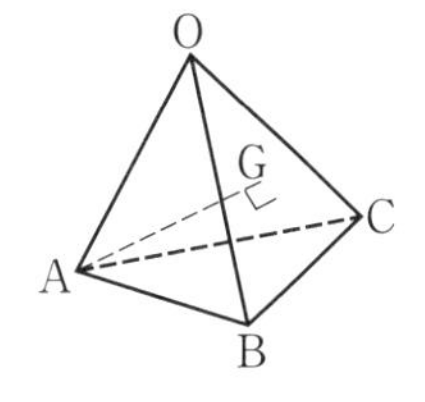

$\overrightarrow{OA}=\vec{a}$，$\overrightarrow{OB}=\vec{b}$，$\overrightarrow{OC}=\vec{c}$ とおく。三角形 OBC の重心をGとすると条件より　$\overrightarrow{AG}\cdot\vec{b}=0$，$\overrightarrow{AG}\cdot\vec{c}=0$

ここに $\overrightarrow{AG}=\overrightarrow{OG}-\vec{a}=\dfrac{\vec{b}+\vec{c}}{3}-\vec{a}$ を代入して整理すると

$$\begin{cases} |\vec{b}|^2=3\vec{a}\cdot\vec{b}-\vec{b}\cdot\vec{c} & \cdots\cdots① \\ |\vec{c}|^2=3\vec{a}\cdot\vec{c}-\vec{b}\cdot\vec{c} & \cdots\cdots② \end{cases}$$

同様に

$$\begin{cases} |\vec{a}|^2=3\vec{a}\cdot\vec{b}-\vec{a}\cdot\vec{c} & \cdots\cdots③ \\ |\vec{c}|^2=3\vec{b}\cdot\vec{c}-\vec{a}\cdot\vec{c} & \\ |\vec{a}|^2=3\vec{a}\cdot\vec{c}-\vec{a}\cdot\vec{b} & \cdots\cdots④ \\ |\vec{b}|^2=3\vec{b}\cdot\vec{c}-\vec{a}\cdot\vec{b} & \cdots\cdots⑤ \end{cases}$$

①，⑤より

$$3\vec{a}\cdot\vec{b}-\vec{b}\cdot\vec{c}=3\vec{b}\cdot\vec{c}-\vec{a}\cdot\vec{b} \qquad \therefore \quad \vec{b}\cdot\vec{c}=\vec{a}\cdot\vec{b}$$

③，④についても同様にし，上式とあわせると

$$\vec{a}\cdot\vec{b}=\vec{b}\cdot\vec{c}=\vec{c}\cdot\vec{a} \quad (=t\text{ とおく}) \qquad \cdots\cdots⑥$$

これと①，②，③より

$$|\vec{a}|^2=|\vec{b}|^2=|\vec{c}|^2=2\vec{a}\cdot\vec{b}=2\vec{b}\cdot\vec{c}=2\vec{c}\cdot\vec{a}=2t \qquad \cdots\cdots(*)$$

（＊）の前半3式から OA＝OB＝OC がいえ，上式と内積の定義を用いて⑥を書きかえると

$$|\vec{a}||\vec{b}|\cos\angle\mathrm{AOB}=|\vec{b}||\vec{c}|\cos\angle\mathrm{BOC}=|\vec{c}||\vec{a}|\cos\angle\mathrm{COA}=t$$

$$\therefore\quad 2t\cos\angle\mathrm{AOB}=2t\cos\angle\mathrm{BOC}=2t\cos\angle\mathrm{COA}=t$$

$$\therefore\quad \cos\angle\mathrm{AOB}=\cos\angle\mathrm{BOC}=\cos\angle\mathrm{COA}=\frac{1}{2}$$

$$\therefore\quad \angle\mathrm{AOB}=\angle\mathrm{BOC}=\angle\mathrm{COA}=60^\circ$$

したがって，三角形 OAB，OBC，OCA は合同な正三角形になり，AB＝BC＝CA より三角形 ABC もこれらと合同な正三角形になる。よって四面体 OABC は正四面体である。 **（証明終わり）**

フォローアップ

〔Ⅰ〕「頂点A，B，Cから…」とあるのでA，B，Cに関して対称性があり，それらに対し「同様に」という作業はよいが，頂点Oに関しては対称性がないことに注意すること。

〔Ⅱ〕 また，（＊）から次のように説明してもよい。

$$|\overrightarrow{\mathrm{AB}}|^2=|\vec{b}-\vec{a}|^2=|\vec{b}|^2-2\vec{a}\cdot\vec{b}+|\vec{a}|^2=2t-2t+2t=2t$$

同様に $|\overrightarrow{\mathrm{BC}}|^2=|\overrightarrow{\mathrm{CA}}|^2=2t$ がいえる。以上より

$$|\vec{a}|^2=|\vec{b}|^2=|\vec{c}|^2=|\overrightarrow{\mathrm{AB}}|^2=|\overrightarrow{\mathrm{BC}}|^2=|\overrightarrow{\mathrm{CA}}|^2=2t$$

となるので正四面体になる。

〔Ⅲ〕 さらに図形的に処理することもできる。

別解　△OBC，△OAC の重心をそれぞれ G，H とし，OC の中点をMとする。H，G はそれぞれ中線 AM，BM 上にある。また条件より

AG⊥(平面 OBC)，BH⊥(平面 OAC)

だから　AG⊥OC，BH⊥OC

よって，(平面 ABM)⊥OC となるので，平面 ABM は OC の垂直二等分面となる。したがって，O，C はこの面に関して対称だから　OA＝AC，OB＝BC

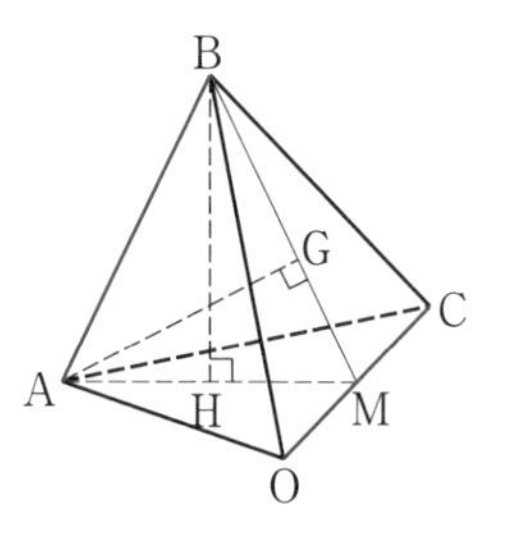

同様に OB，OA の垂直二等分面を考えることにより

OA＝BA，OC＝BC，OB＝AB，OC＝AC

これらより各辺が等しいことがいえる。

以上より，題意は示せた。 **（証明終わり）**

2.3　正四面体の逆

四面体 OABC が次の条件を満たすならば，それは正四面体であることを示せ。

条件：頂点A，B，Cからそれぞれの対面を含む平面へ下ろした垂線は対面の外心を通る。

ただし，四面体のある頂点の対面とは，その頂点を除く他の3つの頂点がなす三角形のことをいう。

アプローチ

1つの頂点を共有する3辺が等しい四面体において，「その頂点から対面に下ろした垂線の足は外心と一致する」という有名な事実を逆にしたような問題である。まず，そちらの事実を確認しよう。

例題　OA＝OB＝OC である四面体 OABC のOから平面 ABC に下ろした垂線の足Hは△ABC の外心になることを示せ。

直感的な理解では OA＝OB＝OC だからOを中心とする球面上にA，B，Cがあることがいえ，Oから平面 ABC に垂線を下ろすと，その足は球面と平面の交円の中心になるということ。

解答　△OHA，△OHB，△OHC において

OH 共通，∠OHA＝∠OHB＝∠OHC＝90°，OA＝OB＝OC

だから，直角に対する斜辺と他の1辺が等しいので

△OHA≡△OHB≡△OHC

よって AH＝BH＝CH となるので，Hは△ABC の外心である。**(証明終わり)**

このような証明の経験があれば，本問を初等幾何を用いてどの三角形に注目して議論すべきかが分かるであろう。これも最後は対称性を利用する。

解答

頂点Aから対面を含む平面に下ろした垂線の足をHとする。Hは三角形OBCの外心だからその半径をRとすると

$$\mathrm{OH}=\mathrm{BH}=\mathrm{CH}=R$$

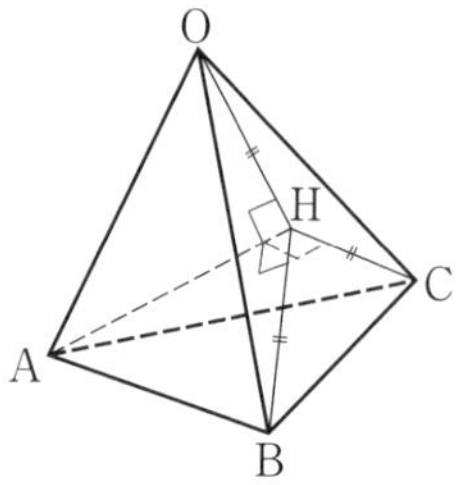

$\mathrm{AH}=h$とおき，△AOH，△ABH，△ACHに三平方の定理を用いると

$$\mathrm{AO}=\mathrm{AB}=\mathrm{AC}=\sqrt{h^2+R^2}$$

同様に，頂点B，Cから対面を含む平面に下ろした垂線を考えることで

$$\mathrm{BO}=\mathrm{BC}=\mathrm{BA},\quad \mathrm{CO}=\mathrm{CA}=\mathrm{CB}$$

がいえる。以上から四面体すべての辺の長さが等しいので，正四面体である。

（証明終わり）

フォローアップ

〔Ⅰ〕△AOH≡△ABH≡△ACHを説明しAO＝AB＝ACを示してもよい。

また，ベクトルを用いて説明することもできる。

別解　$\overrightarrow{\mathrm{OA}}=\vec{a}$，$\overrightarrow{\mathrm{OB}}=\vec{b}$，$\overrightarrow{\mathrm{OC}}=\vec{c}$とおく。

△OBCの外心をHとすると

$$|\overrightarrow{\mathrm{OH}}|^2=|\overrightarrow{\mathrm{BH}}|^2=|\overrightarrow{\mathrm{CH}}|^2 \qquad \therefore\ |\overrightarrow{\mathrm{OH}}|^2=|\overrightarrow{\mathrm{OH}}-\vec{b}|^2=|\overrightarrow{\mathrm{OH}}-\vec{c}|^2$$

$$\therefore\ |\overrightarrow{\mathrm{OH}}|^2=|\overrightarrow{\mathrm{OH}}|^2-2\vec{b}\cdot\overrightarrow{\mathrm{OH}}+|\vec{b}|^2=|\overrightarrow{\mathrm{OH}}|^2-2\vec{c}\cdot\overrightarrow{\mathrm{OH}}+|\vec{c}|^2$$

$$\therefore\ |\vec{b}|^2=2\vec{b}\cdot\overrightarrow{\mathrm{OH}},\quad |\vec{c}|^2=2\vec{c}\cdot\overrightarrow{\mathrm{OH}} \qquad \cdots\cdots(\mathrm{i})$$

また，$\overrightarrow{\mathrm{AH}}\perp$（平面OBC）より

$$\overrightarrow{\mathrm{AH}}\cdot\vec{b}=0,\quad \overrightarrow{\mathrm{AH}}\cdot\vec{c}=0$$

$$\therefore\ (\overrightarrow{\mathrm{OH}}-\vec{a})\cdot\vec{b}=0,\quad (\overrightarrow{\mathrm{OH}}-\vec{a})\cdot\vec{c}=0$$

$$\therefore\ \overrightarrow{\mathrm{OH}}\cdot\vec{b}=\vec{a}\cdot\vec{b},\quad \overrightarrow{\mathrm{OH}}\cdot\vec{c}=\vec{a}\cdot\vec{c} \qquad \cdots\cdots(\mathrm{ii})$$

(i)，(ii)より

$$|\vec{b}|^2=2\vec{a}\cdot\vec{b},\quad |\vec{c}|^2=2\vec{a}\cdot\vec{c} \qquad \cdots\cdots(\mathrm{iii})$$

同様にB，Cからの垂線の足を考えると次のことが得られる。

$$|\vec{c}|^2=2\vec{b}\cdot\vec{c},\quad |\vec{a}|^2=2\vec{a}\cdot\vec{b} \qquad \cdots\cdots(\mathrm{iv})$$

$$|\vec{b}|^2=2\vec{b}\cdot\vec{c},\quad |\vec{a}|^2=2\vec{a}\cdot\vec{c} \qquad \cdots\cdots(\mathrm{v})$$

(iii)，(iv)，(v)をあわせて

$$|\vec{a}|^2=|\vec{b}|^2=|\vec{c}|^2=2\vec{a}\cdot\vec{b}=2\vec{b}\cdot\vec{c}=2\vec{c}\cdot\vec{a} \quad (=l\ とおく)$$

これらより

$$|\overrightarrow{AB}|^2=|\vec{b}-\vec{a}|^2=|\vec{b}|^2-2\vec{a}\cdot\vec{b}+|\vec{a}|^2=l-l+l=l$$

同様に $|\overrightarrow{BC}|^2=|\overrightarrow{CA}|^2=l$ がいえる。以上より

$$|\vec{a}|^2=|\vec{b}|^2=|\vec{c}|^2=|\overrightarrow{AB}|^2=|\overrightarrow{BC}|^2=|\overrightarrow{CA}|^2=l$$

となるので四面体OABCは正四面体である。　　　　　**(証明終わり)**

〔II〕　このような四面体を等稜四面体という。次の例題で確認してほしい。

> **例題**　$OA=OB=OC=AB=3$，$BC=\sqrt{13}$，$AC=4$ である四面体OABCの体積を求めよ。

解答　Oから平面ABCに下ろした垂線の足HはOA=OB=OCより△ABCの外心と一致する。△ABCについて余弦定理を用いると

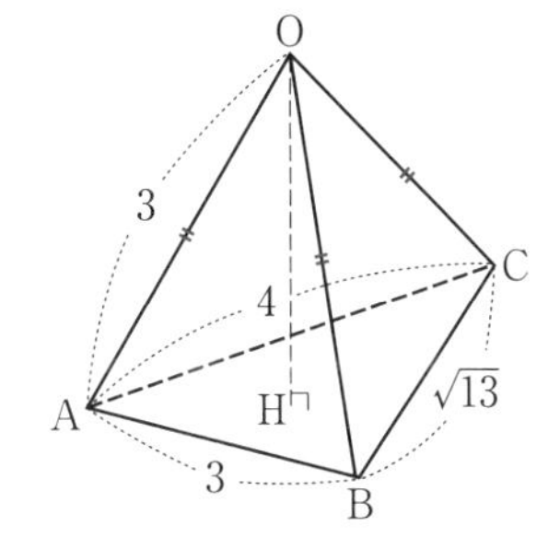

$$\cos\angle BAC=\frac{3^2+4^2-(\sqrt{13})^2}{2\cdot3\cdot4}=\frac{1}{2}$$

$$\therefore\quad \angle BAC=60^\circ$$

正弦定理より

$$\frac{BC}{\sin\angle BAC}=2AH\qquad\therefore\quad AH=\sqrt{\frac{13}{3}}$$

△OAHについて三平方の定理より

$$OH=\sqrt{3^2-\left(\sqrt{\frac{13}{3}}\right)^2}=\sqrt{\frac{14}{3}}$$

したがって，求める体積は

$$\frac{1}{3}\cdot\triangle ABC\cdot OH=\frac{1}{3}\cdot\frac{1}{2}\cdot3\cdot4\cdot\sin60^\circ\cdot\sqrt{\frac{14}{3}}=\sqrt{14}\qquad\cdots\cdots(\text{答})$$

2.4 正八面体が正四面体に「内接」するの逆

四面体 OABC を考える。点 D，E，F，G，H，I は，それぞれ辺 OA，AB，BC，CO，OB，AC 上にあり，頂点ではないとする。このとき，次の問に答えよ。

(1) $\overrightarrow{\mathrm{DG}}$ と $\overrightarrow{\mathrm{EF}}$ が平行ならば AE：EB＝CF：FB であることを示せ。

(2) D，E，F，G，H，I が正八面体の頂点となっているとき，これらの点は OABC の各辺の中点であり，OABC は正四面体であることを示せ。

アプローチ

正八面体は図 1 のように 8 個の面がすべて合同な正三角形でできた立体である。これは図 2 のように立方体の各面の中心を頂点とする立体である。立方体の一面の方向から見ると図 3 のようになる。これを見れば向かい合う 2 辺が平行であることが分かるだろう。(1)の誘導の方向性から正八面体のこの部分に注目することが分かる。また，図 4 のように正四面体の各辺の中点を頂点とする立体ともいえる。本問はこの内容を逆にした問題である。つまり正四面体の中に正八面体が作れるのは分かっているから，逆に正八面体が作れたら外にある四面体は正四面体である証明を問題にしたのである。

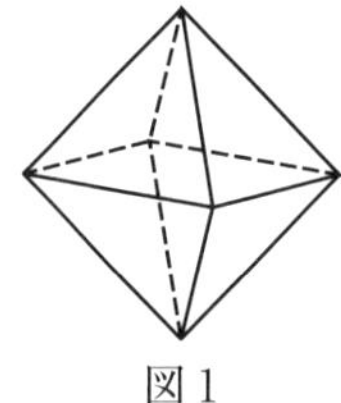
図 1

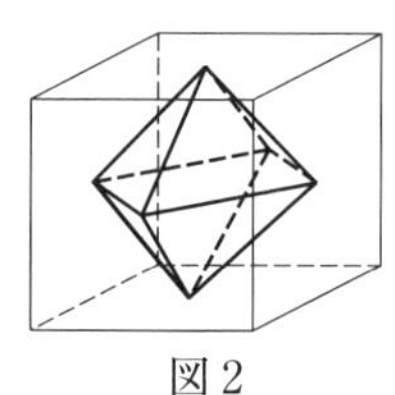
図 2

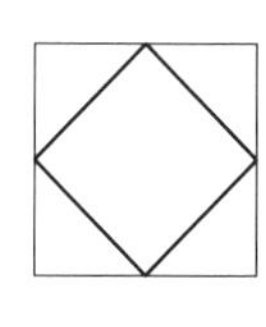
図 3

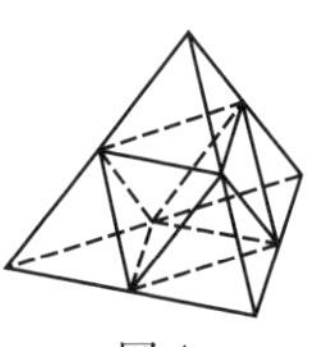
図 4

解答

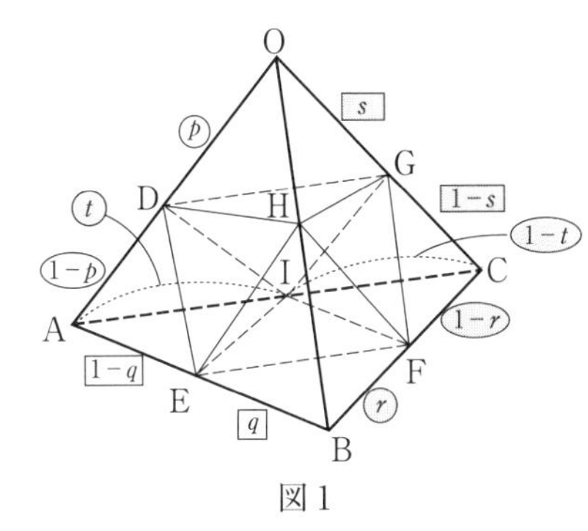

図１

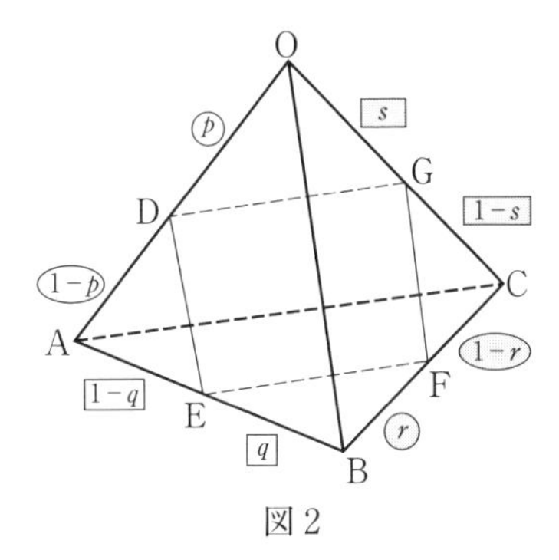

図２

$\overrightarrow{OA}=\vec{a}$, $\overrightarrow{OB}=\vec{b}$, $\overrightarrow{OC}=\vec{c}$ とおく。

(1)　　$OD:DA=p:1-p\quad(0<p<1)$, $AE:EB=1-q:q\quad(0<q<1)$

　　$BF:FC=r:1-r\quad(0<r<1)$, $CG:GO=1-s:s\quad(0<s<1)$

とおくと

$$\overrightarrow{OD}=p\vec{a},\ \overrightarrow{OE}=q\vec{a}+(1-q)\vec{b},\ \overrightarrow{OG}=s\vec{c},\ \overrightarrow{OF}=(1-r)\vec{b}+r\vec{c}$$

であるから

$$\overrightarrow{DG}=\overrightarrow{OG}-\overrightarrow{OD}=-p\vec{a}+s\vec{c}$$

$$\overrightarrow{EF}=\overrightarrow{OF}-\overrightarrow{OE}=-q\vec{a}+(q-r)\vec{b}+r\vec{c}$$

である。$\overrightarrow{DG}\parallel\overrightarrow{EF}$ のとき，$\vec{a}$, $\vec{b}$, $\vec{c}$ が１次独立だから

$$(-p):s=(-q):r,\ q-r=0\qquad\therefore\quad p=s,\ q=r\qquad\cdots\cdots①$$

よって

$$AE:EB=1-q:q=1-r:r=CF:FB$$

（証明終わり）

(2)　　$AI:IC=t:1-t\quad(0<t<1)$

とおく。D，E，F，G，H，I が正八面体の頂点であるとき DG∥EF，EI∥HG，DH∥IF，…… などがいえる。また，①で分かったことを一般化すると，図３において２本の太点線が平行であれば，隣り合う２本の太実線について $p=s$, $q=r$ となることがいえる。

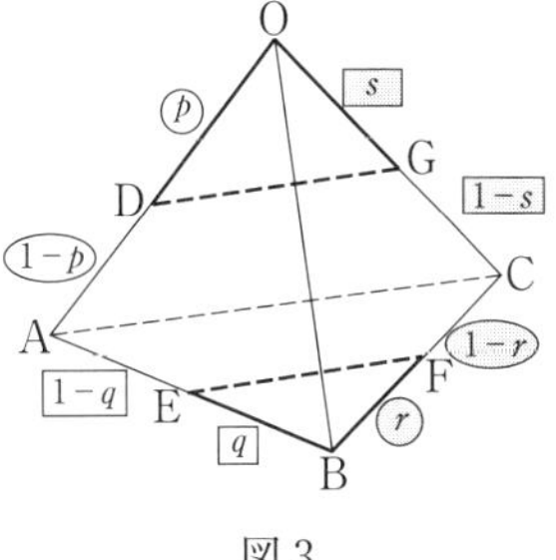

図３

これを繰り返し用いると図３，図４，図５の点線の平行条件から次のことが分かる。

$$q=r,\ 1-q=t,\ 1-r=1-t$$

$\therefore \quad q=r=t=\dfrac{1}{2}$

他も同様にしてD，E，F，G，H，Iが四面体OABCの各辺の中点であることがいえる。

（証明終わり）

さらに，正八面体の各辺の長さは等しく，中点連結定理からその辺の長さの2倍が四面体の辺の長さになるので，四面体OABCの各辺の長さが等しい。よって，正四面体である。

（証明終わり）

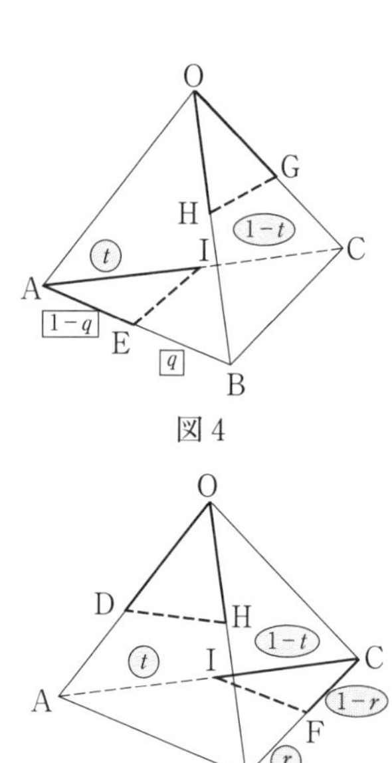

図4

図5

フォローアップ

〔Ⅰ〕 $\overrightarrow{DG} /\!/ \overrightarrow{EF}$ の条件は実数 k を用いて

$$\overrightarrow{EF}=k\overrightarrow{DG} \qquad \therefore \quad -q\vec{a}+(q-r)\vec{b}+r\vec{c}=-kp\vec{a}+ks\vec{c}$$

と表される。$\vec{a}$，$\vec{b}$，$\vec{c}$ は1次独立だから

$$-q=-kp,\ q-r=0,\ r=ks$$

$s\neq 0$ より $\qquad k=\dfrac{r}{s}$

これを第1式に代入して $\qquad q=\dfrac{pr}{s} \qquad \therefore \quad pr=qs$

第2式より $q=r$（$\neq 0$）だから上式は $p=s$ となる。これが厳密な解答である。しかし，**解答** では平行条件を係数比が等しいとした。というのは，主題はこの利用である(2)であるから，枝葉末節については深追いしないことにした。

〔Ⅱ〕 答案を煩雑にしたくないなら，対称性を利用することである。各辺の中点である証明をすべての辺で示そうとしてもよいが，1つの辺または1つの面でいえれば後は同様とすることができる。**解答** は平面ABCで示し，残りの面は同様とした。

第3章　図形の道具

図形の問題を解くときの道具は

　　ベクトル，初等幾何，座標，複素数平面

などがあるが，その選択を問題に指示しないのが京大の特徴である。それぞれの道具がもつ得意・不得意を楽しんでほしい。

3.1　ベクトルの利用（その1）

正四面体 OABC において，点 P，Q，R をそれぞれ辺 OA，OB，OC 上にとる。ただし P，Q，R は四面体 OABC の頂点とは異なるとする。△PQR が正三角形ならば，3 辺 PQ，QR，RP はそれぞれ 3 辺 AB，BC，CA に平行であることを証明せよ。

アプローチ

この問題のストーリーとしては，P，Q，R に対する変数を設定し△PQR が正三角形であることを表現すれば，それが OP＝OQ＝OR につながり結論を得るという流れであろう。この変数と条件を表現しやすい道具は初等幾何かベクトルであろう。

解答

$\overrightarrow{OA}=\vec{a}$，$\overrightarrow{OB}=\vec{b}$，$\overrightarrow{OC}=\vec{c}$ とし

$$\overrightarrow{OP}=p\vec{a},\ \overrightarrow{OQ}=q\vec{b},\ \overrightarrow{OR}=r\vec{c}$$

$$(0<p<1,\ 0<q<1,\ 0<r<1)$$

とする。これより

$$\begin{cases}\overrightarrow{PQ}=q\vec{b}-p\vec{a}\\ \overrightarrow{QR}=r\vec{c}-q\vec{b}\\ \overrightarrow{RP}=p\vec{a}-r\vec{c}\end{cases}\quad\cdots\cdots①$$

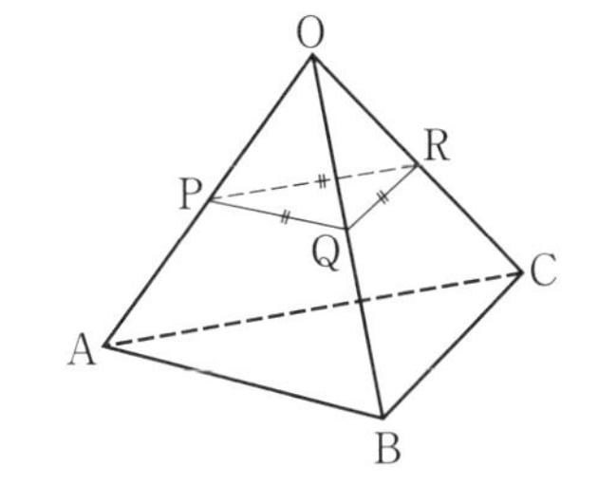

正四面体の 1 辺の長さを 1 としても示すべき内容に影響ない。よって

$$|\vec{a}|=|\vec{b}|=|\vec{c}|=1,\ \vec{a}\cdot\vec{b}=\vec{b}\cdot\vec{c}=\vec{c}\cdot\vec{a}=1^2\cos 60^\circ=\frac{1}{2}$$

となる。△PQR は正三角形より

$$|\overrightarrow{PQ}|^2=|\overrightarrow{QR}|^2=|\overrightarrow{RP}|^2$$

$$|q\vec{b}-p\vec{a}|^2=|r\vec{c}-q\vec{b}|^2=|p\vec{a}-r\vec{c}|^2 \quad (①より)$$

$$p^2-pq+q^2=q^2-qr+r^2=p^2-pr+r^2$$

$$p^2-r^2-pq+qr=0,\ \ q^2-p^2-qr+pr=0$$

$$(p-r)(p+r-q)=0,\ \ (q-p)(q+p-r)=0$$

∴ 「$p=r$ ……② または $q=p+r$ ……③」
かつ ……(＊)
「$p=q$ ……④ または $r=p+q$ ……⑤」

③かつ④とすると２式より q を消去して　$p=p+r$　∴　$r=0$

これは $0<r<1$ に反し不適。

③かつ⑤とすると２式より q を消去して　$r=p+p+r$　∴　$p=0$

これは $0<p<1$ に反し不適。

同様に②かつ⑤も不適である。したがって

(＊) ⟺「②かつ④」

このとき $p=q=r$ だから①より

$$\overrightarrow{PQ}=p(\vec{b}-\vec{a})=p\overrightarrow{AB}$$

$$\overrightarrow{QR}=p(\vec{c}-\vec{b})=p\overrightarrow{BC}$$

$$\overrightarrow{RP}=p(\vec{a}-\vec{c})=p\overrightarrow{CA}$$

よって３辺 PQ，QR，RP はそれぞれ３辺 AB，BC，CA に平行である。

（証明終わり）

フォローアップ

〔Ⅰ〕 **解答** はベクトルを用いたが，正四面体の１辺の長さを１とし，OP＝p，OQ＝q，OR＝r とおいて余弦定理を用いると

$$PQ^2=p^2+q^2-2pq\cos 60°=p^2-pq+q^2$$

$$QR^2=q^2+r^2-2qr\cos 60°=q^2-qr+r^2$$

$$RP^2=r^2+p^2-2pr\cos 60°=p^2-pr+r^2$$

となる。これで同様の議論を行えば $p=q=r$ がいえる。

〔Ⅱ〕 $p^2-r^2-pq+qr=0$ などの式変形は，次数の低い文字で整理すると $p^2-r^2-q(p-r)=0$ となり，共通因数が分かることから因数分解に気がつける。

3.2　ベクトルの利用（その2）

点Oを中心とする円に内接する△ABCの3辺AB，BC，CAをそれぞれ2：3に内分する点をP，Q，Rとする。△PQRの外心が点Oと一致するとき，△ABCはどのような三角形か。

アプローチ

内分点を表現するためベクトルを道具とする。始点は一般的には多角形の頂点にすることが多いが，本問は外心Oがあるのでこれを始点にする。そのメリットは$\overrightarrow{OA}$，$\overrightarrow{OB}$，$\overrightarrow{OC}$の大きさが等しいところである。

解答

$\overrightarrow{OA}=\vec{a}$，$\overrightarrow{OP}=\vec{p}$などの表記をする。条件より

$$\vec{p}=\frac{3\vec{a}+2\vec{b}}{5},\quad \vec{q}=\frac{3\vec{b}+2\vec{c}}{5},\quad \vec{r}=\frac{3\vec{c}+2\vec{a}}{5}$$

△ABCの外接円の半径をrとするとOは△ABCの外心だから

$$|\vec{a}|=|\vec{b}|=|\vec{c}|=r \qquad \cdots\cdots①$$

さらにOは△PQRの外心であるから

$$|\vec{p}|^2=|\vec{q}|^2=|\vec{r}|^2$$

$$|3\vec{a}+2\vec{b}|^2=|3\vec{b}+2\vec{c}|^2=|3\vec{c}+2\vec{a}|^2$$

$$9r^2+12\vec{a}\cdot\vec{b}+4r^2=9r^2+12\vec{b}\cdot\vec{c}+4r^2$$

$$=9r^2+12\vec{c}\cdot\vec{a}+4r^2 \quad (①より)$$

$$\therefore\quad \vec{a}\cdot\vec{b}=\vec{b}\cdot\vec{c}=\vec{c}\cdot\vec{a} \qquad \cdots\cdots②$$

また①より

$$\begin{cases} |\overrightarrow{AB}|^2=|\vec{b}-\vec{a}|^2=2r^2-2\vec{a}\cdot\vec{b} \\ |\overrightarrow{BC}|^2=|\vec{c}-\vec{b}|^2=2r^2-2\vec{b}\cdot\vec{c} \\ |\overrightarrow{CA}|^2=|\vec{a}-\vec{c}|^2=2r^2-2\vec{a}\cdot\vec{c} \end{cases}$$

これと②より$|\overrightarrow{AB}|=|\overrightarrow{BC}|=|\overrightarrow{CA}|$がいえる。

よって，△ABCは**正三角形**である。　……(答)

フォローアップ

〔Ⅰ〕　幾何的な解き方をするなら，結論が正三角形であろうと予想しながら議論を進める。円の中心から弦に下ろした垂線の足は，その弦の中点と一致

する。最終目標が辺（弦）が等しいことだから，垂線を下ろして三平方の定理を利用する。

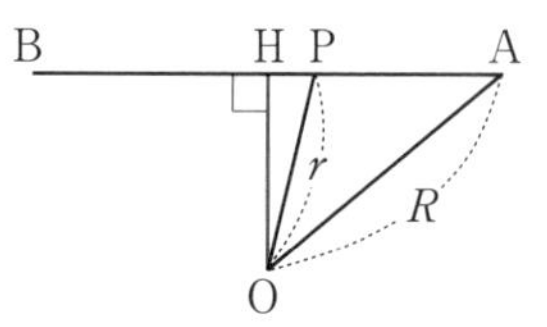

別解 1 △ABC，△PQR の外接円の半径をそれぞれ R，r とし，$\mathrm{AB}=c$，O から AB に下ろした垂線の足を H とする。O は△ABC の外心だから H は AB の中点である。

$$\mathrm{AH}=\frac{c}{2},\ \ \mathrm{AP}=\frac{2}{5}c,\ \ \mathrm{PH}=\frac{c}{2}-\frac{2}{5}c=\frac{c}{10}$$

△AOH，△OPH に注目して

$$\mathrm{OH}^2=R^2-\left(\frac{c}{2}\right)^2=r^2-\left(\frac{c}{10}\right)^2$$

後半 2 式より

$$c=5\sqrt{\frac{R^2-r^2}{6}}$$

となる。同様に BC，CA も同じ式で表せるので

△ABC は**正三角形**である。　……(答)

〔II〕 この他の道具として考えられるのは座標であろう。このとき点の設定は三角関数を用いる。三角関数の定義より，単位円周上の点の座標が $(\cos\theta,\ \sin\theta)$ だからである。

別解 2 △ABC の外接円の半径を 1 としても求めるものに影響ない。そこで

$$\mathrm{A}(1,\ 0),\ \mathrm{B}(\cos\alpha,\ \sin\alpha),\ \mathrm{C}(\cos\beta,\ \sin\beta)$$

とおけるような座標軸を定める。ただし

$$0<\alpha<\beta<2\pi \qquad \cdots\cdots①$$

条件より

$$\mathrm{P}\left(\frac{2\cos\alpha+3}{5},\ \frac{2\sin\alpha}{5}\right),\ \mathrm{Q}\left(\frac{3\cos\alpha+2\cos\beta}{5},\ \frac{3\sin\alpha+2\sin\beta}{5}\right)$$

$$\mathrm{R}\left(\frac{3\cos\beta+2}{5},\ \frac{3\sin\beta}{5}\right)$$

となる。$\mathrm{OP}^2=\mathrm{OQ}^2=\mathrm{OR}^2$ より

$$\left(\frac{2\cos\alpha+3}{5}\right)^2+\left(\frac{2\sin\alpha}{5}\right)^2=\left(\frac{3\cos\alpha+2\cos\beta}{5}\right)^2+\left(\frac{3\sin\alpha+2\sin\beta}{5}\right)^2$$

$$=\left(\frac{3\cos\beta+2}{5}\right)^2+\left(\frac{3\sin\beta}{5}\right)^2$$

これを $\sin^2\alpha+\cos^2\alpha=1$ などを利用して整理すると

$$\cos\alpha=\cos\beta=\cos\alpha\cos\beta+\sin\alpha\sin\beta \qquad \cdots\cdots②$$

前半2式と①より

$$\beta=2\pi-\alpha \qquad \cdots\cdots③$$

①，③より

$$0<\alpha<2\pi-\alpha<2\pi \qquad \therefore \quad 0<\alpha<\pi \qquad \cdots\cdots④$$

②より

$$\cos\alpha=\cos(\alpha-\beta)$$

$$\cos\alpha=\cos(2\alpha-2\pi) \quad (③より) \qquad \therefore \quad \cos\alpha=\cos2\alpha$$

$$\cos\alpha=2\cos^2\alpha-1 \qquad \therefore \quad (2\cos\alpha+1)(\cos\alpha-1)=0$$

④より　$\alpha=\dfrac{2}{3}\pi$

これと③より　$\beta=\dfrac{4}{3}\pi$

よって

△ABC は**正三角形**である。　　……(答)

複素数平面を利用しても A(1)，B$(\cos\alpha+i\sin\alpha)$，C$(\cos\beta+i\sin\beta)$ とおくことになり，本質的な別解にならないので割愛する。

3.3 幾何的解法（その1）

点Oを中心とする半径1の球面上に3点A，B，Cがある。線分BC，CA，ABの中点をそれぞれP，Q，Rとする。線分OP，OQ，ORのうち少なくとも1つは長さが$\dfrac{1}{2}$以上であることを証明せよ。

アプローチ

3線分OP，OQ，ORのうち一番長いものは，中心から一番離れている弦，すなわち弦の中で一番短いものに対するものである。ということは△ABCの最小角に対する弦を考えればよい。さらに円周角と弦をつなげるものは正弦定理であり，三角形の内角の相加平均は60°だから最小角はこれ以下である。このような発想をすれば初等幾何で考えるのが自然であろう。

解答

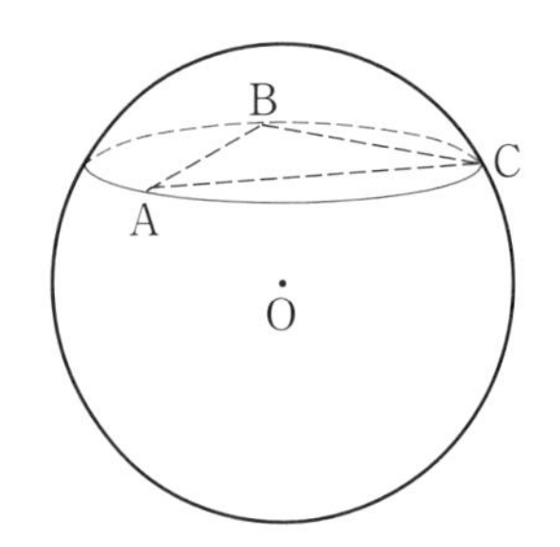

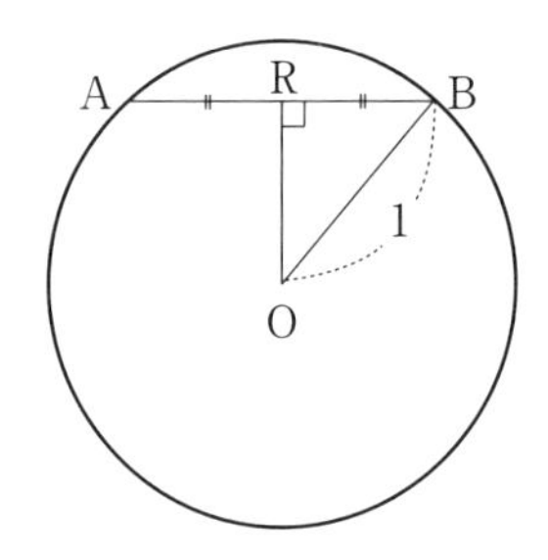

平面OABによる断面

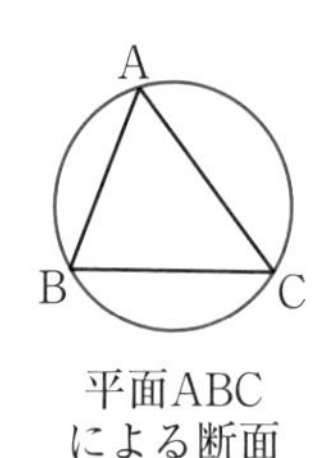

平面ABC
による断面

△ABCの最小内角を∠Cとしても一般性を失わない。

∠A＋∠B＋∠C≧3∠Cより

$$180°\geqq 3\angle C \qquad \therefore \quad \angle C\leqq 60°$$

平面ABCによる球面の切り口の円の半径をrとすると　$r\leqq 1$

$$\begin{aligned}
\mathrm{OR}&=\sqrt{1-\left(\frac{\mathrm{AB}}{2}\right)^2}\\
&=\sqrt{1-r^2\sin^2 C} \quad（正弦定理より\ \mathrm{AB}=2r\sin C\ である）\\
&\geqq\sqrt{1-\sin^2 C} \quad （r\leqq 1\ より）\\
&=\cos C\\
&\geqq\cos 60° \quad （\angle C\leqq 60°\ より）\\
&=\frac{1}{2}
\end{aligned}$$

したがって線分 OP，OQ，OR のうち少なくとも 1 つは長さが $\frac{1}{2}$ 以上である。　**（証明終わり）**

フォローアップ

〔Ⅰ〕 正弦定理は例えば図 1 において θ と l の関係を表すものである。図 2 のような直径を引くと直角三角形に注目して

$$l=2R\sin\theta \qquad \therefore \quad \frac{l}{\sin\theta}=2R$$

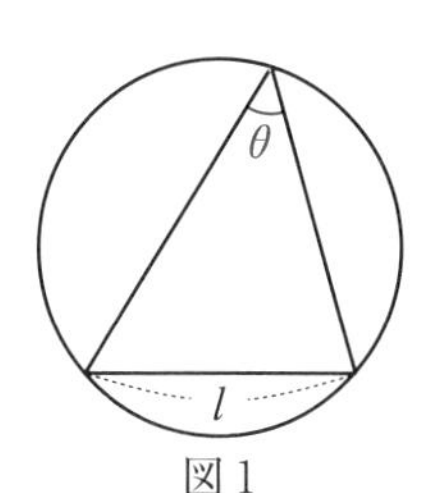

図 1

言葉で説明すると

（弦）＝（直径）×sin（円周角）

といえる。こういうことが分かっていれば弦の長さを正弦定理で表すのに違和感がないはずだ。円の弦の長さは円周角と外接円の半径から求めるものである。少し練習をしておく。

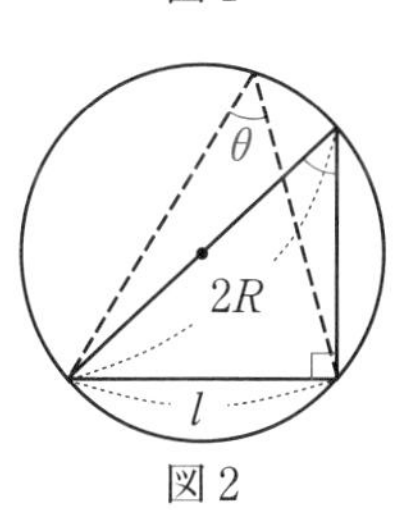

図 2

> **例題**　1 辺の長さが 1 である正三角形 ABC の外接円の点 C を含まない $\overset{\frown}{AB}$ 上に点 P をとり $\angle ACP=\theta$ とする。3 つの線分の長さの和 PA＋PB＋PC の値を $\sin\theta$，$\cos\theta$ で表せ。

解答

$\overset{\frown}{PA}$，$\overset{\frown}{PB}$，$\overset{\frown}{PC}$，$\overset{\frown}{AB}$ に対する円周角はそれぞれ

$$\theta,\ 60^\circ-\theta,\ 60^\circ+\theta,\ 60^\circ$$

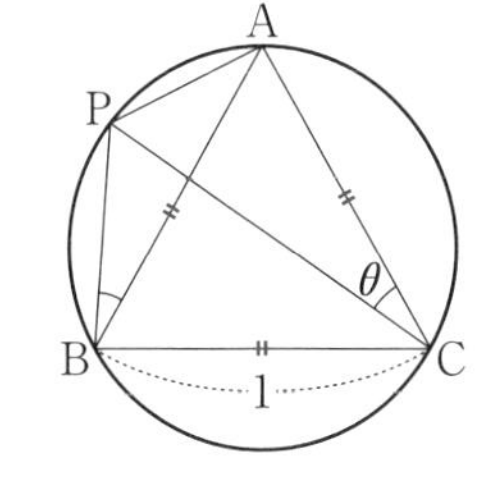

だから，正弦定理より

$$\frac{PA}{\sin\theta}=\frac{PB}{\sin(60^\circ-\theta)}=\frac{PC}{\sin(60^\circ+\theta)}$$

$$=\frac{AB}{\sin 60^\circ}=\frac{2}{\sqrt{3}}$$

これより　$PA=\frac{2}{\sqrt{3}}\sin\theta$

$$PB=\frac{2}{\sqrt{3}}\sin(60^\circ-\theta)=\frac{2}{\sqrt{3}}\left(\frac{\sqrt{3}}{2}\cos\theta-\frac{1}{2}\sin\theta\right)$$

$$PC=\frac{2}{\sqrt{3}}\sin(60^\circ+\theta)=\frac{2}{\sqrt{3}}\left(\frac{\sqrt{3}}{2}\cos\theta+\frac{1}{2}\sin\theta\right)$$

これらを加えて　$PA+PB+PC=2\cos\boldsymbol{\theta}+\dfrac{2}{\sqrt{3}}\sin\boldsymbol{\theta}$　……(答)

証明を一度経験すれば，円の定理を三角形に応用しているだけだと分かる。本質が分かっていれば，同じ外接円をもつ三角形なら違う三角形でも正弦定理は利用できることが分かるだろう。だから PA，PB，PC の長さを求めたいなら，$\overset{\frown}{PA}$，$\overset{\frown}{PB}$，$\overset{\frown}{PC}$ に対する円周角を求めればよい。また，本問の結果を合成すれば PA＋PB＋PC のとりうる値の範囲も求められる。この範囲を要求されたときは，どこかの円周角（本問の θ のこと）を変数に設定することがポイントになる。

〔Ⅱ〕 次のことは意識できているか。いくつかの数があれば，その中に相加平均以上のものと以下のものが含まれる。例えば教室の中でテストを行ったとき，その教室には平均点以上の学生と平均点以下の学生が存在する。これと同じ感覚が三角形の内角に60°以下のものと以上のものが存在するというものである。この証明は本問の **解答** のように大小関係を導入するか，背理法を用いる。本問でいえば，すべての内角が60°より大きいと仮定すると，$\angle A+\angle B+\angle C>180°$ となり矛盾するという流れ。

〔Ⅲ〕 示すべき内容が「少なくとも1つ」だから，確率でいえば余事象を考えるように，証明だから背理法を考えるのも1つの定石である。
このときも

　(中心から弦までの距離) ⟷ (弦の長さ) ⟷ (内角)

を最初の⟷は三平方の定理，次の⟷は正弦定理でつなげる。

別解　OP，OQ，OR がすべて $\dfrac{1}{2}$ より小さいと仮定する。

$$AB=2\sqrt{1-OR^2}>2\sqrt{1-\left(\frac{1}{2}\right)^2}=\sqrt{3}$$

だから他も同様に AB，BC，CA はすべて $\sqrt{3}$ より大きい。△ABC の外接円の半径を r とすると $r\leqq1$ である。正弦定理より

$$\sin A=\frac{BC}{2r}>\frac{\sqrt{3}}{2\cdot1}\qquad\therefore\quad \sin A>\frac{\sqrt{3}}{2}$$

よって，$\angle A>60°$，同様に $\angle B>60°$，$\angle C>60°$ だから，
$\angle A+\angle B+\angle C=180°$ に反す。したがって，背理法より OP，OQ，OR の少なくとも1つは長さが $\dfrac{1}{2}$ 以上である。　**(証明終わり)**

3.4　幾何的解法（その2）

平面上で，角 XOY 内に定点Aがある。いま，2点P，Qが同時に点O を出発して，同じ一定の速さで，それぞれ半直線 OX，OY 上を進むものとする。出発後，しばらくして，この2点がそれぞれ P_1，Q_1 にあるとき，$\angle OAP_1 = \angle OAQ_1$ であった。さらに，もっと進んで，2点がそれぞれ P_2，Q_2 にあるときも，$\angle OAP_2 = \angle OAQ_2$ であった。この場合，点Aは角 XOY の二等分線上にあることを証明せよ。

アプローチ

同じ速さで動いていることから $OP_1 = OQ_1$，$OP_2 = OQ_2$ である。他の手がかりは，問題文にある角度と OA が共通なことである。角度が等しい条件は，ベクトルでは内積，座標では直線の傾きで扱うことができるが，かなり煩雑な式になりそうである。やはり道具は初等幾何であろう。

解答

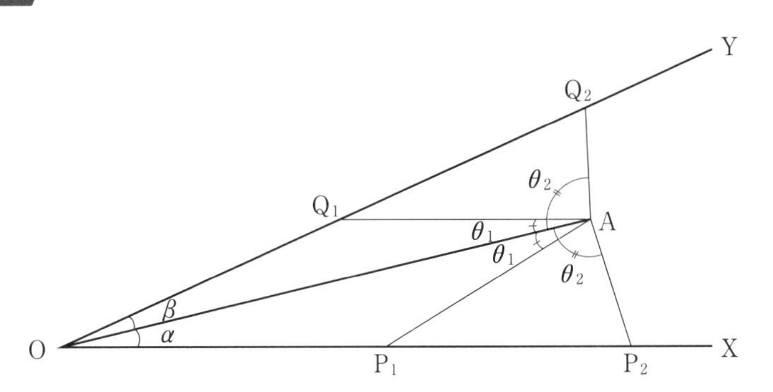

$\angle AOX = \alpha$,　$\angle AOY = \beta$,　$\angle OAP_1 = \angle OAQ_1 = \theta_1$,　$\angle OAP_2 = \angle OAQ_2 = \theta_2$ とおく。

$\triangle OAP_1$，$\triangle OAP_2$，$\triangle OAQ_1$，$\triangle OAQ_2$ について正弦定理を用いると

$$\begin{cases} \dfrac{AP_1}{\sin\alpha} = \dfrac{OP_1}{\sin\theta_1} \quad \cdots\cdots①, \quad \dfrac{AQ_1}{\sin\beta} = \dfrac{OQ_1}{\sin\theta_1} \quad \cdots\cdots② \\ \dfrac{AP_2}{\sin\alpha} = \dfrac{OP_2}{\sin\theta_2} \quad \cdots\cdots③, \quad \dfrac{AQ_2}{\sin\beta} = \dfrac{OQ_2}{\sin\theta_2} \quad \cdots\cdots④ \end{cases}$$

$OP_1 = OQ_1$，$OP_2 = OQ_2$ より ①＝②，③＝④ とできて

$$\frac{AP_1}{\sin\alpha}=\frac{AQ_1}{\sin\beta},\quad \frac{AP_2}{\sin\alpha}=\frac{AQ_2}{\sin\beta}$$

$$\therefore\quad \frac{AP_1}{AQ_1}=\frac{\sin\alpha}{\sin\beta},\quad \frac{AP_2}{AQ_2}=\frac{\sin\alpha}{\sin\beta}$$

$$\therefore\quad \frac{AP_1}{AQ_1}=\frac{AP_2}{AQ_2}$$

また$\angle P_1AP_2=\angle Q_1AQ_2=\theta_2-\theta_1$だから2辺の比とその間の角が等しいので

$$\triangle AP_1P_2 \backsim \triangle AQ_1Q_2$$

したがって

$$\angle OP_2A=\angle OQ_2A$$

となる。よってθ_2の角から$\triangle OAP_2$, $\triangle OAQ_2$の内角を考えると$\alpha=\beta$がいえる。　　　　　　　　　　　　　　　　　　　　　　　　　　**(証明終わり)**

フォローアップ

〔I〕 **解答** と違う辺に注目して正弦定理を用いると次のようになる。

別解 1　$\angle AOX=\alpha$, $\angle AOY=\beta$, $\angle OAP_1=\angle OAQ_1=\theta_1$, $\angle OAP_2=\angle OAQ_2=\theta_2$とおく。

$\triangle OAP_1$, $\triangle OAP_2$, $\triangle OAQ_1$, $\triangle OAQ_2$について正弦定理を用いると

$$\begin{cases}\dfrac{OA}{\sin(\pi-\theta_1-\alpha)}=\dfrac{OP_1}{\sin\theta_1},\quad \dfrac{OA}{\sin(\pi-\theta_1-\beta)}=\dfrac{OQ_1}{\sin\theta_1}\\[2ex] \dfrac{OA}{\sin(\pi-\theta_2-\alpha)}=\dfrac{OP_2}{\sin\theta_2},\quad \dfrac{OA}{\sin(\pi-\theta_2-\beta)}=\dfrac{OQ_2}{\sin\theta_2}\end{cases}$$

一般に$\sin(\pi-x)=\sin x$が成り立つことと$OP_1=OQ_1$, $OP_2=OQ_2$であることを用いると

$$\begin{cases}\dfrac{OA}{\sin(\theta_1+\alpha)}=\dfrac{OP_1}{\sin\theta_1}=\dfrac{OA}{\sin(\theta_1+\beta)}\\[2ex] \dfrac{OA}{\sin(\theta_2+\alpha)}=\dfrac{OP_2}{\sin\theta_2}=\dfrac{OA}{\sin(\theta_2+\beta)}\end{cases}$$

上式より

$$\sin(\theta_1+\alpha)=\sin(\theta_1+\beta) \quad \cdots\cdots①$$

$$\sin(\theta_2+\alpha)=\sin(\theta_2+\beta) \quad \cdots\cdots②$$

$\theta_1+\alpha$, $\theta_1+\beta$, $\theta_2+\alpha$, $\theta_2+\beta$はすべて区間$(0,\ \pi)$に含まれるので

①のとき

$\theta_1+\alpha=\theta_1+\beta$　……③　　または　　$\theta_1+\alpha=\pi-(\theta_1+\beta)$　……④

②のとき

$\theta_2+\alpha=\theta_2+\beta$　……⑤　　または　　$\theta_2+\alpha=\pi-(\theta_2+\beta)$　……⑥

③ $\Longleftrightarrow$ ⑤ $\Longleftrightarrow$ $\alpha=\beta$ である。だから $\alpha\neq\beta$ であると仮定すると

「①かつ②」$\Longleftrightarrow$「④かつ⑥」

となる。このとき④，⑥の辺々を引くと $\theta_1=\theta_2$ となるが，これは P_1，P_2 が異なることに反す。よって，背理法より $\alpha=\beta$ となり，OA が∠XOY の二等分線になる。　　　　　　　　　　　　　　　　　　　　（**証明終わり**）

〔Ⅱ〕 面積を用いて議論することもできる。

別解 2　$OP_1=OQ_1$，$OP_2=OQ_2$ より

$$\frac{\triangle OAP_1}{\triangle OAQ_1}=\frac{\frac{1}{2}\cdot OA\cdot OP_1\cdot\sin\alpha}{\frac{1}{2}\cdot OA\cdot OQ_1\cdot\sin\beta}=\frac{\sin\alpha}{\sin\beta}$$

$$\frac{\triangle OAP_2}{\triangle OAQ_2}=\frac{\frac{1}{2}\cdot OA\cdot OP_2\cdot\sin\alpha}{\frac{1}{2}\cdot OA\cdot OQ_2\cdot\sin\beta}=\frac{\sin\alpha}{\sin\beta}$$

$$\therefore\quad \frac{\triangle OAP_1}{\triangle OAQ_1}=\frac{\triangle OAP_2}{\triangle OAQ_2}\qquad\cdots\cdots①$$

また $\angle OAP_1=\angle OAQ_1=\theta_1$ より

$$\frac{\triangle OAP_1}{\triangle OAQ_1}=\frac{\frac{1}{2}\cdot OA\cdot AP_1\cdot\sin\theta_1}{\frac{1}{2}\cdot OA\cdot AQ_1\cdot\sin\theta_1}=\frac{AP_1}{AQ_1}$$

同様に $\angle OAP_2=\angle OAQ_2=\theta_2$ より

$$\frac{\triangle OAP_2}{\triangle OAQ_2}=\frac{\frac{1}{2}\cdot OA\cdot AP_2\cdot\sin\theta_2}{\frac{1}{2}\cdot OA\cdot AQ_2\cdot\sin\theta_2}=\frac{AP_2}{AQ_2}$$

よって，①より　$\dfrac{AP_1}{AQ_1}=\dfrac{AP_2}{AQ_2}$

これと $\angle P_1AP_2=\angle Q_1AQ_2$ より

$$\triangle P_1AP_2 \backsim \triangle Q_1AQ_2$$

また $P_1P_2=Q_1Q_2$ だから

$$\triangle P_1AP_2\equiv\triangle Q_1AQ_2$$

ここから先は **解答** と同様に

$$\angle XOA=\angle YOA$$

がいえる。　　　　　　　　　　　　　　　　　　　　（**証明終わり**）

3.5 幾何的解法 or ベクトルの利用

△ABC がある。辺 BC の 3 等分点を L，M とする（BL＝LM＝MC）。辺 AC 上に点 P をとり，BP が AL，AM と交わる点をそれぞれ Q，R とする。

(1) 3 線分 BQ，QR，RP の間の大小関係を調べよ。

(2) 3 線分 BQ，QR，RP と同じ長さの 3 辺をもつ三角形が存在するような，点 P の範囲を求めよ。

アプローチ

i▶ P の位置によって Q，R が定まるので，P に関する変数を設定する。そして Q，R が BP をどのように分けるかが分かれば(1)(2)の要求に答えられる。比を求めるのはこの設定ならメネラウスの定理を使うのが一番よい。

ii▶ 一般的にはベクトルを利用して辺の比を求めるのがよいだろう。ある点の位置ベクトルが求まった後，分点公式の形を作って辺の比を求める作業は大切である。

簡単な練習を行う。

$$\overrightarrow{OP}=\frac{1}{2}\overrightarrow{OA}+\frac{1}{3}\overrightarrow{OB}$$

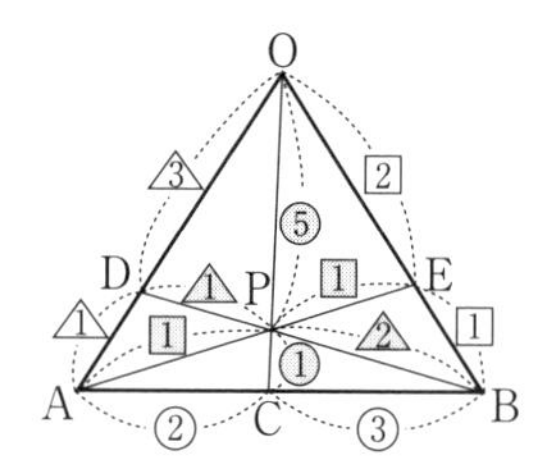

を次のように変形すると右図の辺の比がすべて求まる。

$$\overrightarrow{OP}=\frac{5}{6}\cdot\frac{3\overrightarrow{OA}+2\overrightarrow{OB}}{5}=\frac{5}{6}\overrightarrow{OC}$$

$$\overrightarrow{OP}=\frac{2}{3}\cdot\frac{3}{4}\overrightarrow{OA}+\frac{1}{3}\overrightarrow{OB}=\frac{2}{3}\overrightarrow{OD}+\frac{1}{3}\overrightarrow{OB}$$

$$\overrightarrow{OP}=\frac{1}{2}\overrightarrow{OA}+\frac{1}{2}\cdot\frac{2}{3}\overrightarrow{OB}=\frac{1}{2}\overrightarrow{OA}+\frac{1}{2}\overrightarrow{OE}$$

これらより

AB を 2：3 に内分する点を C とすると，OC を 5：1 に内分する点が P

OA を 3：1 に内分する点を D とすると，DB を 1：2 に内分する点が P

OB を 2：1 に内分する点を E とすると，AE を 1：1 に内分する点が P

ということが分かる。

解答

(1)

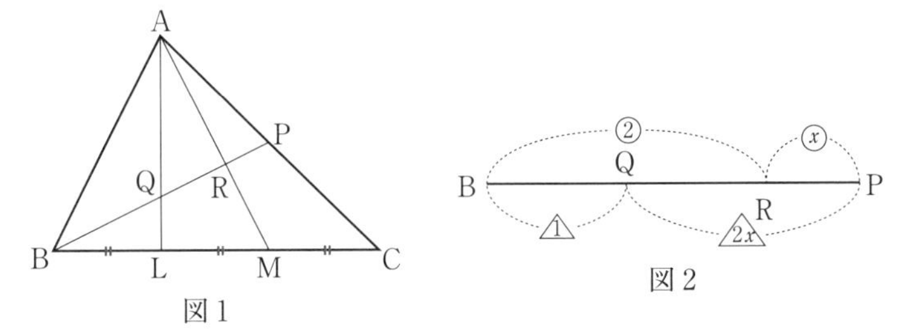

図1　図2

$\dfrac{AP}{AC}=x$　……①とおくと　　$0<x<1$　……②

△BCPと直線AM，ALにおいてメネラウスの定理より

$$\frac{1}{2}\cdot\frac{AP}{AC}\cdot\frac{BR}{PR}=1,\ \ \frac{2}{1}\cdot\frac{AP}{AC}\cdot\frac{BQ}{PQ}=1$$

$$\therefore\ \ \frac{BR}{PR}=\frac{2}{x},\ \ \frac{BQ}{PQ}=\frac{1}{2x}$$

これより図2のような辺の比が分かる。$BP=a$とすると図2より

$$BQ=\frac{1}{2x+1}a,\ \ PR=\frac{x}{x+2}a$$

$$QR=a-\frac{1}{2x+1}a-\frac{x}{x+2}a=\frac{3x}{(2x+1)(x+2)}a$$

よって

$$BQ-QR=\frac{1}{2x+1}a-\frac{3x}{(2x+1)(x+2)}a$$

$$=\frac{2(1-x)}{(2x+1)(x+2)}a>0\quad(②より)\qquad\therefore\ \ BQ>QR$$

$$QR-PR=\frac{3x}{(2x+1)(x+2)}a-\frac{x}{x+2}a$$

$$=\frac{2x(1-x)}{(2x+1)(x+2)}a>0\quad(②より)\qquad\therefore\ \ QR>PR$$

したがって　　**BQ＞QR＞RP**　　……**(答)**

(2)　BQ，QR，RPの3辺で三角形ができる条件はBQが最大辺であることより

$$BQ<QR+RP$$

$$\frac{1}{2x+1}a<\frac{3x}{(2x+1)(x+2)}a+\frac{x}{x+2}a$$

$a>0$，$2x+1>0$，$x+2>0$ より

$$x+2<3x+x(2x+1) \qquad (2x-1)(x+2)>0$$

$x+2>0$ より　　$x>\dfrac{1}{2}$

①より　　$\dfrac{\mathrm{AP}}{\mathrm{AC}}>\dfrac{1}{2}$

したがって，Pの存在範囲はACの中点をDとすると

線分CD上（ただし端点は除く）　　……(答)

フォローアップ

〔I〕 解答 と同じように x を定めるとベクトルを利用してQ，Rに関する内分比を求めることができる。

別解 1　(1)　$\overrightarrow{\mathrm{AM}}=\dfrac{\overrightarrow{\mathrm{AB}}+2\overrightarrow{\mathrm{AC}}}{3}$，$\overrightarrow{\mathrm{AL}}=\dfrac{2\overrightarrow{\mathrm{AB}}+\overrightarrow{\mathrm{AC}}}{3}$

$\overrightarrow{\mathrm{AP}}=x\overrightarrow{\mathrm{AC}}$ より $\overrightarrow{\mathrm{AC}}=\dfrac{1}{x}\overrightarrow{\mathrm{AP}}$ を上式に代入して整理すると

$$\overrightarrow{\mathrm{AM}}=\frac{x\overrightarrow{\mathrm{AB}}+2\overrightarrow{\mathrm{AP}}}{3x}=\frac{x+2}{3x}\cdot\underbrace{\frac{x\overrightarrow{\mathrm{AB}}+2\overrightarrow{\mathrm{AP}}}{x+2}}_{\text{係数の和が1}} \qquad \cdots\cdots Ⓐ$$

$$\overrightarrow{\mathrm{AL}}=\frac{2x\overrightarrow{\mathrm{AB}}+\overrightarrow{\mathrm{AP}}}{3x}=\frac{2x+1}{3x}\cdot\underbrace{\frac{2x\overrightarrow{\mathrm{AB}}+\overrightarrow{\mathrm{AP}}}{2x+1}}_{\text{係数の和が1}} \qquad \cdots\cdots Ⓑ$$

上式の波線部はBP上の点を表す位置ベクトルだから

$$\overrightarrow{\mathrm{AR}}=\frac{x\overrightarrow{\mathrm{AB}}+2\overrightarrow{\mathrm{AP}}}{x+2},\quad \overrightarrow{\mathrm{AQ}}=\frac{2x\overrightarrow{\mathrm{AB}}+\overrightarrow{\mathrm{AP}}}{2x+1} \qquad \cdots\cdots Ⓒ$$

よってRはBPを $2:x$，QはBPを $1:2x$ に内分することが分かる。(以降は 解答 と同じ)

この解法のよいところはⒶ，Ⓑ，Ⓒより

$$\overrightarrow{\mathrm{AM}}=\frac{x+2}{3x}\overrightarrow{\mathrm{AR}},\quad \overrightarrow{\mathrm{AL}}=\frac{2x+1}{3x}\overrightarrow{\mathrm{AQ}}$$

となり，ここから

$$\mathrm{AR}:\mathrm{MR}=3x:(2-2x),\quad \mathrm{AQ}:\mathrm{QL}=3x:(1-x)$$

ということも分かる。

〔Ⅱ〕 三角形の成立条件は2辺の和が他の1辺より長いということ。3辺の長さが a, b, c である三角形が存在する条件は

$$a+b>c,\ b+c>a,\ c+a>b \quad \cdots\cdots(*)$$

であるが，このとき $a>0$, $b>0$, $c>0$ は不要である。なぜなら(＊)のうち例えば前半2式の辺々を加えると

$$a+2b+c>a+c \qquad \therefore\ b>0$$

他の2式を加えると $a>0$, $c>0$ も得られる。つまり3式を立てないと3辺の長さが正であるといえない。だから(2)では3式を立てるべきだが，3辺の長さが正であることが分かっているので（最大辺）<（他の2辺の和）だけを立式した。

〔Ⅲ〕 変数を導入せず直接大小関係を導くなら，平行線を引くか中点をとる。

別解2 (1) BR の中点を Q′ とすると，中点連結定理より Q′L∥AM となるので Q′ は線分 BQ 上にある。よって

$$\mathrm{BQ}>\mathrm{QR}$$

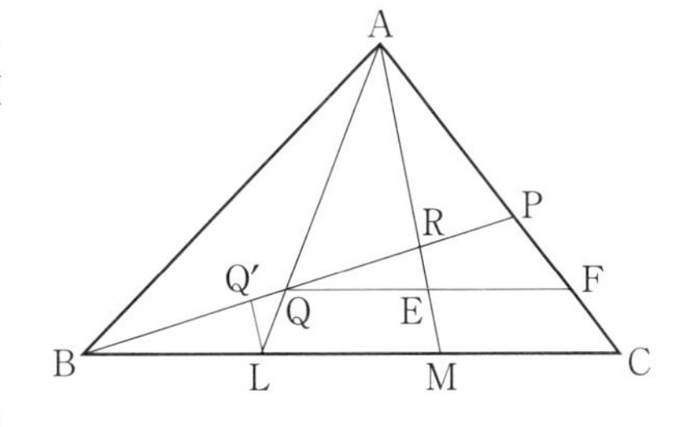

Q を通り BC に平行な直線と AM, AC との交点をそれぞれ E，F とすると，LM＝MC より QE＝EF である。

ということは△ABM で行ったことと同様の議論を△AQF に行えば

$$\mathrm{QR}>\mathrm{RP}$$

がいえる。したがって

$$\mathbf{BQ>QR>RP} \quad \cdots\cdots(答)$$

(2) BQ, QR, RP の3辺で三角形ができる条件は BQ が最大辺であることより

$$\mathrm{BQ}<\mathrm{QR}+\mathrm{RP}=\mathrm{PQ}$$

P を通り AL に平行な直線と BC との交点を M′ とする。

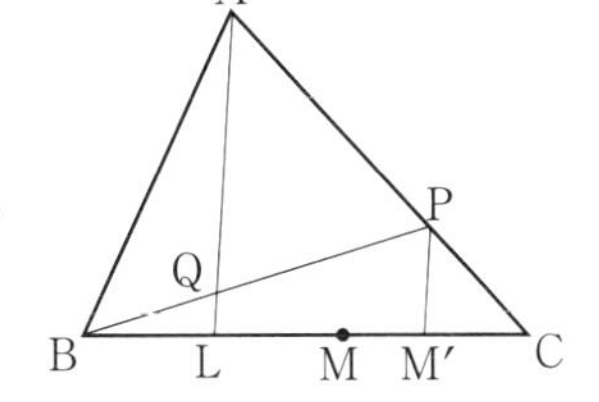

$$\mathrm{BQ}<\mathrm{PQ} \iff \mathrm{BL}<\mathrm{LM'}$$

$$\iff \mathrm{LM}<\mathrm{LM'} \iff \frac{1}{2}\mathrm{AC}<\mathrm{AP}$$

したがって，P の存在範囲は AC の中点を D とすると

線分 CD 上（ただし端点は除く） ……(答)

3.6 三角比の利用

四面体 ABCD において，辺 CD は平面 ABC に垂直である。$\angle$ACB が $\dfrac{\pi}{2} \leqq \angle \mathrm{ACB} < \pi$ を満たすならば，$\angle \mathrm{ADB} < \angle \mathrm{ACB}$ となることを示せ。

アプローチ

角度の大小を直接示すことは難しい。基本的に三角関数の大小から判断する。しかし角度の範囲に注意が必要である。α，β が鋭角なら

$$\sin\alpha < \sin\beta,\ \cos\alpha > \cos\beta,\ \tan\alpha < \tan\beta$$

のいずれかが分かれば $\alpha < \beta$ となる。しかし鈍角も含むなら $\cos\alpha > \cos\beta$ で判定する。本問は鋭角・鈍角が決まっていないので cos の大小で証明しようとする。これを求める道具は余弦定理 or ベクトルの内積があるが，何を変数とするかによって道具が決まる。△ABD を AB を含む平面に正射影したものが△ABC である。△ABD の辺の長さを cos 倍したものが△ACB の辺の長さだから，辺の長さを用いて余弦定理で議論することになる。

解答

各辺の長さ，角度を右図のように定める。$\angle$ACB が鈍角または直角だから余弦定理の分子より

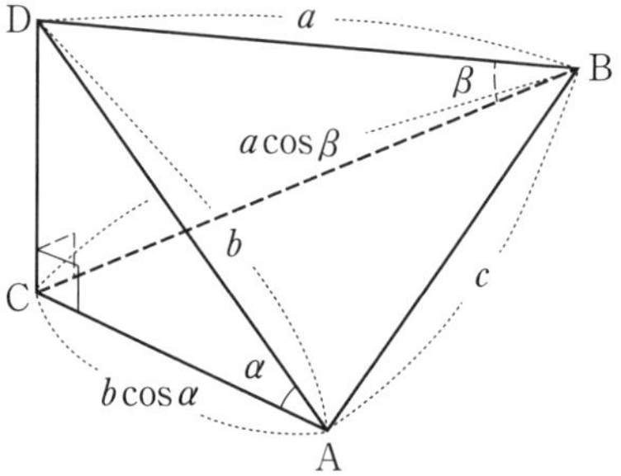

$$a^2\cos^2\beta + b^2\cos^2\alpha - c^2 \leqq 0$$

$$\therefore\quad c^2 \geqq a^2\cos^2\beta + b^2\cos^2\alpha \quad \cdots\cdots①$$

余弦定理より

$$\cos\angle\mathrm{ADB} - \cos\angle\mathrm{ACB}$$

$$= \frac{a^2+b^2-c^2}{2ab} - \frac{a^2\cos^2\beta + b^2\cos^2\alpha - c^2}{2ab\cos\alpha\cos\beta}$$

$$= \frac{a^2+b^2}{2ab} - \frac{a^2\cos^2\beta + b^2\cos^2\alpha}{2ab\cos\alpha\cos\beta} + \left(\frac{1}{2ab\cos\alpha\cos\beta} - \frac{1}{2ab}\right)c^2$$

$$\geqq \frac{a^2+b^2}{2ab} - \frac{a^2\cos^2\beta + b^2\cos^2\alpha}{2ab\cos\alpha\cos\beta} + \left(\frac{1}{2ab\cos\alpha\cos\beta} - \frac{1}{2ab}\right)(a^2\cos^2\beta + b^2\cos^2\alpha)$$

$$\left(①\text{と}\ \frac{1}{2ab\cos\alpha\cos\beta} - \frac{1}{2ab} = \frac{1-\cos\alpha\cos\beta}{2ab\cos\alpha\cos\beta} > 0\ \text{より}\right)$$

$$= \frac{a^2(1-\cos^2\beta) + b^2(1-\cos^2\alpha)}{2ab}$$

>0　$(0<\cos\alpha<1,\ 0<\cos\beta<1$ より)

$\therefore$　$\cos\angle\mathrm{ADB}>\cos\angle\mathrm{ACB}$

これより　$\angle\mathrm{ADB}<\angle\mathrm{ACB}$　**(証明終わり)**

フォローアップ

〔Ⅰ〕 条件 $\frac{\pi}{2}\leqq\angle\mathrm{ACB}<\pi$ を表現するのも $\cos\angle\mathrm{ADB}>\cos\angle\mathrm{ACB}$ を示すのも余弦定理を用いる。条件を表現すると①となるが，これを用いて一文字消去に近い作業を行った。ただし $c^2=\cdots\cdots$ として代入するのではないので注意が必要である。まず $\cdots\cdots>0$ を示したい式に $c^2>\cdots\cdots$ を用いる。ただ c^2 の係数が負であれば不等号の向きが変わるので，係数が正であることを確認する。

〔Ⅱ〕 $\angle\mathrm{BPC}$，$\angle\mathrm{BAC}$ の大小は，$\triangle\mathrm{ABC}$ の外接円とPの位置関係で決まる。BC に関してA，Pが同じ側にあるとして

Pが円の内部にあるときは　$\angle\mathrm{BPC}>\angle\mathrm{BAC}$

Pが円の周上にあるときは　$\angle\mathrm{BPC}=\angle\mathrm{BAC}$

Pが円の外部にあるときは　$\angle\mathrm{BPC}<\angle\mathrm{BAC}$

このことを自明として，比較したい角度を同じ平面に移動させて重ねてみる。

別解

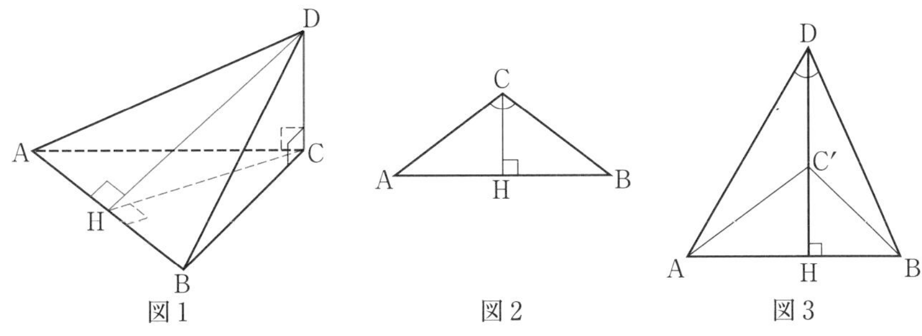

図1　図2　図3

CD を含み AB に垂直な平面と直線 AB との交点をHとすると，HはCから直線 AB へ下ろした垂線の足と一致する。$\frac{\pi}{2}\leqq\angle\mathrm{ACB}<\pi$ だからHは辺 AB 上にある（図2）。また$\triangle\mathrm{CDH}$ は直角三角形だから，$\mathrm{DH}>\mathrm{CH}$ である。よって HD 上に $\mathrm{HC}=\mathrm{HC'}$ となる点 C′ をとることができる（図3）。$\triangle\mathrm{ABC}$ を AB を軸として回転させたものが$\triangle\mathrm{ABC'}$ であるから

$\angle ACB = \angle AC'B$ ……①

C′ は△ABD の内部にあるので

$\angle ADB < \angle AC'B$ ……②

①，②より　$\angle ADB < \angle ACB$ **（証明終わり）**

3.7　座標の利用（その1）

空間に正方形がある。これを1つの平面上に正射影したとき，2辺の長さおよび1つの頂角がそれぞれ$2\sqrt{2}$，$\sqrt{6}$および30°であるような平行四辺形が得られた。もとの正方形の面積を求めよ。

アプローチ

本問は平行四辺形を底面とする四角柱をある平面αで切った切り口が正方形になったと解釈するのがよい。平面αの動きは3次元の動きだから基本的に3変数である。しかし何か1つを固定して2変数にしないと扱えない。正方形の1つの頂点を固定してそれに隣り合う2頂点を動かすことにする。また平面は3点を決めれば1つに決まるので，三角形の問題に解釈し直す。2辺の長さが$\sqrt{6}$，$2\sqrt{2}$，その間の角が30°の三角形を底面とする三角柱を平面αで切った切り口が直角二等辺三角形であると考える。

解答

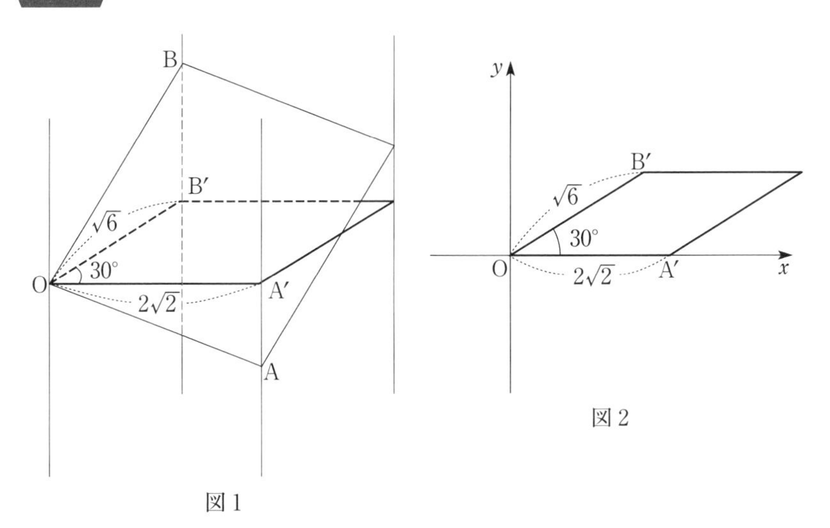

図1　図2

図1のように正方形の頂点のうち3点をO，A，Bとし，平行四辺形の1つの頂点がOと一致するように平行移動し，残りの頂点をA′，B′とする。さらに図2のように平行四辺形に座標軸を与えると

$$\mathrm{O}(0,\ 0,\ 0),\ \mathrm{A'}(2\sqrt{2},\ 0,\ 0),\ \mathrm{B'}\left(\frac{3\sqrt{2}}{2},\ \frac{\sqrt{6}}{2},\ 0\right)$$

となる。これより

$$\mathrm{A}(2\sqrt{2},\ 0,\ a),\ \mathrm{B}\left(\frac{3\sqrt{2}}{2},\ \frac{\sqrt{6}}{2},\ b\right)$$

とおける。△OAB が直角二等辺三角形となる条件を求めて

$$\mathrm{OA}^2=\mathrm{OB}^2,\ \overrightarrow{\mathrm{OA}}\cdot\overrightarrow{\mathrm{OB}}=0$$

$$a^2+8=b^2+6,\ 6+ab=0$$

$$a^2+2=b^2,\ b=-\frac{6}{a}$$

2 式から b を消去して

$$a^2+2=\frac{36}{a^2}$$

$$a^4+2a^2-36=0$$

$$\therefore\ a^2=-1+\sqrt{37}$$

よって，求める面積は

$$\mathrm{OA}^2=a^2+8=\mathbf{7+\sqrt{37}}$$ ……(答)

フォローアップ

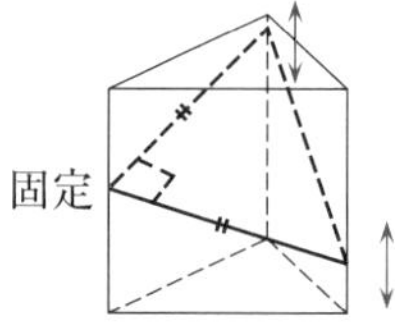

本問は座標を用いた。というのは右図の直角の頂点から見て残りの 2 点が上側にあるのか下側にあるのかが分からない。上にあっても下にあっても大丈夫な変数設定は座標であろうと考え座標を利用した。さらに，直角を表現するのに三平方の定理を用いるより内積を用いたいと考えたのも座標を選択した理由の 1 つである。

3.8　複素数平面の利用

正三角形 ABC がある。点Oを直線 AB に関してCと反対側にとって $\angle AOB=60^\circ$ となるようにし，ベクトル $\overrightarrow{OA}$，$\overrightarrow{OB}$，$\overrightarrow{OC}$ をそれぞれ $\vec{a}$，$\vec{b}$，$\vec{c}$ で表す。このとき

$$\vec{c}=\frac{|\vec{b}|}{|\vec{a}|}\vec{a}+\frac{|\vec{a}|}{|\vec{b}|}\vec{b}$$

であることを証明せよ。ただし $|\vec{a}|$，$|\vec{b}|$ はそれぞれ $\vec{a}$，$\vec{b}$ の大きさを示す。

アプローチ

正三角形の2頂点から残りの頂点を表現するのは回転を用いたい。回転を利用できる道具は複素数平面である。ベクトルで表現することが問題の要求で，回転させるところは複素数なので，これをつなげるのがベクトルの成分設定つまり座標設定である。成分なら複素数平面として回転させることもできる。複素数平面で $A(\alpha)$，$B(\beta)$，$C(\gamma)$，$D(\delta)$ とする。$\overrightarrow{AB}$ を θ 回転し r 倍したものが $\overrightarrow{CD}$ であるとき

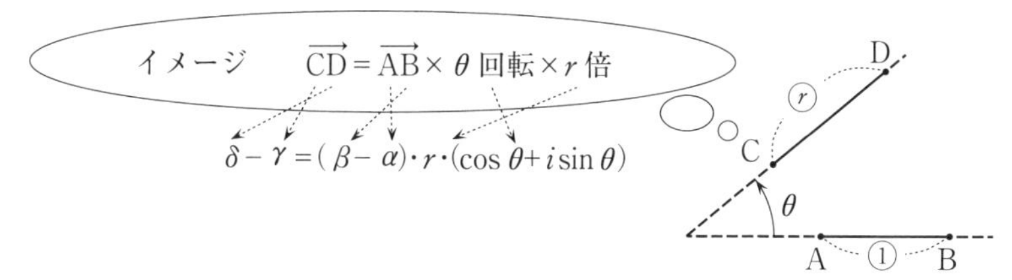

となる。これを利用する。

解答

$OA=a$，$OB=b$ とし右図のように座標軸を設定すると

$$O(0,\ 0),\ A(a,\ 0),\ B\left(\frac{b}{2},\ \frac{\sqrt{3}b}{2}\right)$$

とおける。$C(x,\ y)$ とおくと

$\overrightarrow{AB}=\left(\frac{b}{2}-a,\ \frac{\sqrt{3}b}{2}\right)$ を (-60°) 回転したものが $\overrightarrow{AC}=(x-a,\ y)$ だから複素数平面で考えると

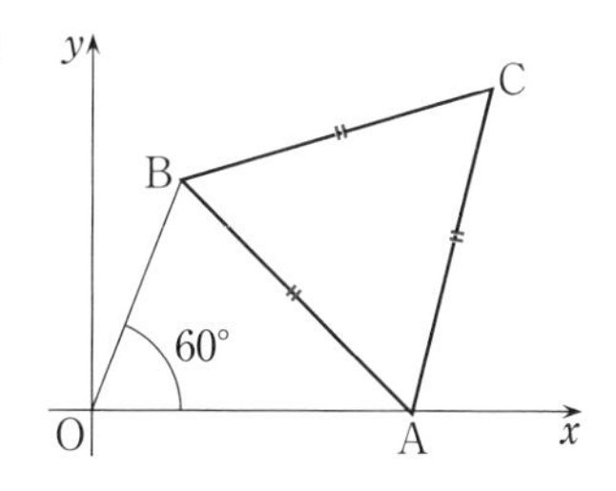

$$(x-a)+yi=\left\{\left(\frac{b}{2}-a\right)+\frac{\sqrt{3}\,b}{2}i\right\}\{\cos(-60°)+i\sin(-60°)\}$$

$$x+yi=a+\left\{\left(\frac{b}{2}-a\right)+\frac{\sqrt{3}\,b}{2}i\right\}\left(\frac{1}{2}-\frac{\sqrt{3}}{2}i\right)$$

$$x+yi=\left(\frac{a}{2}+b\right)+\frac{\sqrt{3}\,a}{2}i$$

$$\therefore\quad x=\frac{a}{2}+b,\ \ y=\frac{\sqrt{3}\,a}{2}$$

よって

$$\overrightarrow{\mathrm{OC}}=(x,\ y)=a\left(\frac{1}{2},\ \frac{\sqrt{3}}{2}\right)+b\,(1,\ 0)$$

$$=\frac{a}{b}\left(\frac{b}{2},\ \frac{\sqrt{3}\,b}{2}\right)+\frac{b}{a}(a,\ 0)$$

$$=\frac{a}{b}\overrightarrow{\mathrm{OB}}+\frac{b}{a}\overrightarrow{\mathrm{OA}}$$

したがって

$$\vec{c}=\frac{|\vec{b}|}{|\vec{a}|}\vec{a}+\frac{|\vec{a}|}{|\vec{b}|}\vec{b}$$

(証明終わり)

フォローアップ

解答 の方法は「$\vec{c}$ を $\vec{a}$, $\vec{b}$ を用いて表せ」という設問でも対応できる。ただ本問は結果が与えられているので，幾何的に解くこともできる。$\dfrac{1}{|\vec{a}|}\vec{a}$ は単位ベクトルでこれを $|\vec{b}|$ 倍したベクトルと，$\dfrac{1}{|\vec{b}|}\vec{b}$ は単位ベクトルでこれを $|\vec{a}|$ 倍したベクトルとの和（平行四辺形の対角線）が $\vec{c}$ であることが問題文に与えられている。そこで $\vec{c}$ を $\vec{a}$, $\vec{b}$ の方向に分解して問題文通りになっているか確認する。

別解 線分 AB の垂直二等分線に関して O が B と同じ側にあるときを考える。C を通り直線 OA に平行な直線と直線 OB との交点を B′，C を通り直線 OB に平行な直線と直線 OA との交点を A′ とする。（図 1 参照）

図 2 について，OA∥B′C より

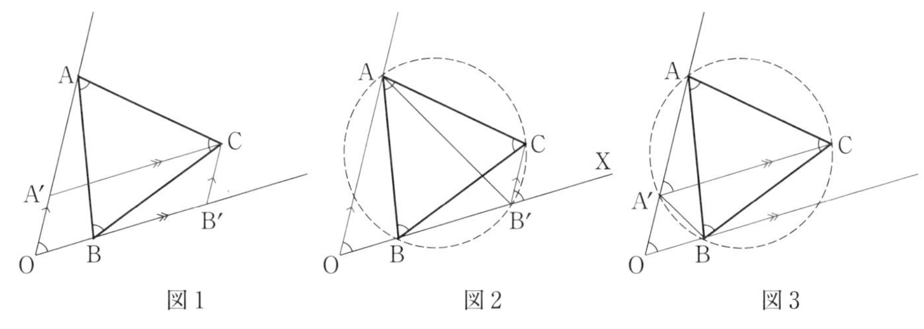

図1　　図2　　図3

$$\angle \mathrm{AOB} = \angle \mathrm{CB'X} = 60^\circ$$

$$\therefore \quad \angle \mathrm{OB'C} = 120^\circ$$

これと∠BAC（=60°）の和が180°より4点A，B，B′，Cは同一円周上にある。円周角の性質より

$$\angle \mathrm{OB'A} = \angle \mathrm{ACB} = 60^\circ$$

よって△OAB′は正三角形となるので

$$\mathrm{OA} = \mathrm{OB'} \qquad \therefore \quad \overrightarrow{\mathrm{OB'}} = \frac{|\vec{a}|}{|\vec{b}|}\vec{b}$$

図3について，OB∥A′Cより

$$\angle \mathrm{AOB} = \angle \mathrm{AA'C} = 60^\circ$$

∠ABC=60°だから4点A，A′，B，Cは同一円周上にある。円周角の性質より

$$\angle \mathrm{BA'C} = \angle \mathrm{BAC} = 60^\circ$$

より　$\angle \mathrm{OA'B} = 60^\circ$

よって△OA′Bは正三角形となるので

$$\mathrm{OA'} = \mathrm{OB} \qquad \therefore \quad \overrightarrow{\mathrm{OA'}} = \frac{|\vec{b}|}{|\vec{a}|}\vec{a}$$

したがって

$$\vec{c} = \overrightarrow{\mathrm{OA'}} + \overrightarrow{\mathrm{OB'}} = \frac{|\vec{b}|}{|\vec{a}|}\vec{a} + \frac{|\vec{a}|}{|\vec{b}|}\vec{b}$$

（証明終わり）

3.9 座標の利用（その2）

空間に原点を始点とする長さ1のベクトル$\vec{a}$, $\vec{b}$, $\vec{c}$がある。$\vec{a}$, $\vec{b}$のなす角をγ, $\vec{b}$, $\vec{c}$のなす角をα, $\vec{c}$, $\vec{a}$のなす角をβとするとき，次の関係が成立することを示せ。またここで等号が成立するのはどのような場合か。

$$0 \leqq \cos^2\alpha + \cos^2\beta + \cos^2\gamma - 2\cos\alpha\cos\beta\cos\gamma \leqq 1$$

アプローチ

$\alpha+\beta+\gamma=\cdots$ 等の条件がないので，一文字消去などができず，積の部分を積和，2次の部分を次数を下げて和積……などしても何も得られない。このままの式では何にも議論できないので式を動かそうとする。本問は「原点を通る3本の半直線のなす角をα, β, γとする」としても問題は成立する。しかし，わざわざ単位ベクトルのなす角と定義しているところがヒントになる。示すべき式にはベクトルがなく，本来α, β, γの設定にはベクトルが必要でないのにわざわざ問題文でベクトルを見せている意味を考える。ということで式を動かすとすれば，cos をベクトルの内積で表現するしかない。そこで示すべき式の中辺は

$$(\vec{a}\cdot\vec{b})^2+(\vec{b}\cdot\vec{c})^2+(\vec{c}\cdot\vec{a})^2-2(\vec{a}\cdot\vec{b})(\vec{b}\cdot\vec{c})(\vec{c}\cdot\vec{a})$$

となるが，次にどのように動かすのか。この式を動かすとすると内積の定義でベクトルの大きさとなす角の cos で書きかえるか，成分設定しかないであろう。前者は元に戻るだけなので後者の一択となる。ある意味親切な設定である。というのはもしこのベクトルの式から問題をスタートすれば，前者の方針をとり本問と同じ cos の式ができ，つぶれてしまう人が続出するだろう。なので，ドン詰まりの設定からスタートしてベクトルを匂わせ，解法を一本道にしているところが親切なのである。

解答

$|\vec{a}|=|\vec{b}|=|\vec{c}|=1$ だから

$$\vec{b}\cdot\vec{c}=\cos\alpha,\ \ \vec{c}\cdot\vec{a}=\cos\beta,\ \ \vec{a}\cdot\vec{b}=\cos\gamma$$

そこで条件より

$$\vec{a}=(1,\ 0,\ 0),\ \ \vec{b}=(\cos\gamma,\ \sin\gamma,\ 0),\ \ \vec{c}=(x,\ y,\ z)$$

とおける座標軸を設定する。ただし $x^2+y^2+z^2=1$ ……①

$$\vec{a}\cdot\vec{b}=\cos\gamma$$
$$\vec{b}\cdot\vec{c}=x\cos\gamma+y\sin\gamma$$
$$\vec{c}\cdot\vec{a}=x$$

となる。これより

(中辺)

$= (\vec{a}\cdot\vec{b})^2 + (\vec{b}\cdot\vec{c})^2 + (\vec{c}\cdot\vec{a})^2 - 2(\vec{a}\cdot\vec{b})(\vec{b}\cdot\vec{c})(\vec{c}\cdot\vec{a})$

$= \cos^2\gamma + (x\cos\gamma + y\sin\gamma)^2 + x^2 - 2\cos\gamma\cdot x\cdot(x\cos\gamma + y\sin\gamma)$

$= x^2 + \cos^2\gamma + y^2\sin^2\gamma - x^2\cos^2\gamma$

$= x^2(1-\cos^2\gamma) + y^2\sin^2\gamma + \cos^2\gamma$

$= (x^2+y^2)\sin^2\gamma + \cos^2\gamma$

$\geqq 0$　……②

1－(中辺)

$= 1 - (x^2+y^2)\sin^2\gamma - \cos^2\gamma$

$= \sin^2\gamma - (x^2+y^2)\sin^2\gamma$

$= (1-x^2-y^2)\sin^2\gamma$

$= z^2\sin^2\gamma$　(①より)

$\geqq 0$　……③

②，③より　$0 \leqq$(中辺)$\leqq 1$　**(証明終わり)**

②の等号成立は

$(x^2+y^2)\sin^2\gamma = 0$，$\cos^2\gamma = 0$

$x = y = 0$，$\cos\gamma = 0$　($\cos\gamma = 0$ のとき $\sin^2\gamma = 1$ より)

のときである。したがって，左側の等号成立は

$\vec{a}$，$\vec{b}$，$\vec{c}$ が互いに垂直なとき　……(答)

③の等号成立は $z=0$ または $\sin\gamma = 0$ のときである。したがって，右側の等号成立は

$\vec{a}$，$\vec{b}$，$\vec{c}$ が同一平面上のとき　……(答)

フォローアップ

〔Ⅰ〕 左半分は与えられた式のままでも示すことができるが，かなり技巧的である。

別解　(中辺)$= \cos^2\alpha + \cos^2\beta + \cos^2\gamma - 2\cos\alpha\cos\beta\cos\gamma$

$= (\cos\alpha - \cos\beta\cos\gamma)^2 - \cos^2\beta\cos^2\gamma + \cos^2\beta + \cos^2\gamma$　……①

$= (\cos\alpha - \cos\beta\cos\gamma)^2 + (1-\cos^2\gamma)\cos^2\beta + \cos^2\gamma$

$= (\cos\alpha - \cos\beta\cos\gamma)^2 + \sin^2\gamma\cos^2\beta + \cos^2\gamma$

$\geqq 0$

等号成立は

$\cos\alpha - \cos\beta\cos\gamma = 0$，$\sin^2\gamma\cos^2\beta = 0$，$\cos^2\gamma = 0$

のとき。$\cos\gamma = 0$ のとき $\sin\gamma \neq 0$ だから上式は

$$\cos\alpha=\cos\beta=\cos\gamma=0 \qquad \therefore \quad \alpha=\beta=\gamma=\frac{\pi}{2}$$

となる。(以下は **解答** と同じ)

〔Ⅱ〕 本問の中辺の意味は何なのか？　実は平行六面体の体積に関係するものである。そこで意味を理解してもらうため α, β, γ を 90° 以下として説明する。

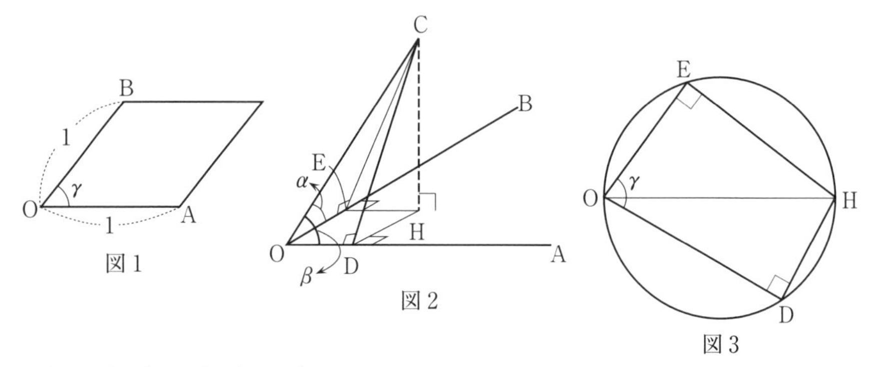

図 1　図 2　図 3

$\vec{a}=\overrightarrow{\mathrm{OA}}$, $\vec{b}=\overrightarrow{\mathrm{OB}}$, $\vec{c}=\overrightarrow{\mathrm{OC}}$ とおく。C から平面 OAB に下ろした垂線の足を H, C から OA, OB に下ろした垂線の足をそれぞれ D, E とすると (図 2 参照)

$$\mathrm{OD}=\cos\beta,\ \ \mathrm{OE}=\cos\alpha$$

△ODE について余弦定理より (図 3 参照)

$$\mathrm{DE}^2=\cos^2\alpha+\cos^2\beta-2\cos\alpha\cos\beta\cos\gamma$$

四角形 ODHE は円に内接する四角形で OH はこの円の直径だから正弦定理より

$$\frac{\mathrm{DE}}{\sin\gamma}=\mathrm{OH}$$

三角形 OCH について三平方の定理より

$$\mathrm{CH}^2=1-\mathrm{OH}^2=1-\frac{\mathrm{DE}^2}{\sin^2\gamma}=1-\frac{\cos^2\alpha+\cos^2\beta-2\cos\alpha\cos\beta\cos\gamma}{\sin^2\gamma}$$

1 つの頂点を共有する 3 辺が OA, OB, OC である平行六面体の体積を V とすると底面積は $1^2\sin\gamma$ だから

$$V=\sin\gamma\cdot\mathrm{CH}$$

$$\therefore \quad V^2=\sin^2\gamma\cdot\left(1-\frac{\cos^2\alpha+\cos^2\beta-2\cos\alpha\cos\beta\cos\gamma}{\sin^2\gamma}\right)$$

$$=\sin^2\gamma-\cos^2\alpha-\cos^2\beta+2\cos\alpha\cos\beta\cos\gamma$$

$$=1-\cos^2\alpha-\cos^2\beta-\cos^2\gamma+2\cos\alpha\cos\beta\cos\gamma$$

ということは（中辺）$=1-V^2$ となる。底面積が最大になるのは $\gamma=\dfrac{\pi}{2}$ のときつまり底面が正方形のときで，高さが最大となるのは $\mathrm{CH}\perp$（平面 OAB）のときだから，$\alpha=\beta=\gamma=\dfrac{\pi}{2}$ のとき平行六面体の体積が最大となる。このとき $V_{max}=1$ である。またこの平行六面体がつぶれるとき，すなわちO，A，B，Cが同一平面上にあるときを $V=0$ と定めると $0\leqq V\leqq 1$ より

$$0\leqq 1-V^2\leqq 1 \qquad \therefore \quad 0\leqq(\text{中辺})\leqq 1$$

これが本問の不等式である。

第4章　三角関数

京大は三角関数を題材とする問題が頻出である。加法定理，倍角の公式，半角の公式，和積の公式，積和の公式などを用いる問題が多く，扱いに不慣れだと大きく差をつけられてしまう分野である。十分に訓練しておきたい。

4.1　倍角の公式

三角形 ABC において，$\angle BAC = \alpha$ は鋭角，AB＝2AC とし，辺 BC の中点を D，$\angle BAD = \delta$ とする。そのとき

(1)　等式 $\sin(\alpha - \delta) = 2\sin\delta$ を示せ。

(2)　不等式 $3\delta < \alpha < 4\delta$ を証明せよ。

アプローチ

i▶ $\cos(\pi - \theta) = -\cos\theta$，$\sin(\pi - \theta) = \sin\theta$ は分かっているだろう。これを図形の問題のどこで用いるのか？　それは円に内接する四角形で用いたり，「背中合わせ」に隣り合う2角で用いたりする。前者は四角形 ABCD が円に内接するときは，$\cos A = -\cos C$，$\sin A = \sin C$ のように用いる。

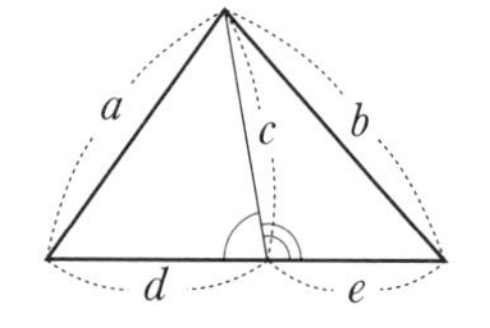

後者は右図のような状態で a，b，c，d，e の関係式を導くときに用いる。図の中にある角度に関して余弦定理を用いると

$$\frac{c^2 + d^2 - a^2}{2cd} = -\frac{c^2 + e^2 - b^2}{2ce}$$

これにおいて $d = e$ とすれば中線定理が導ける。(1)で注目すべき角度はこれと同じである。ただ sin なので余弦定理ではなく正弦定理になる。

ii▶ (2)は「角度は裸で扱うな」と問題 **3.6** で注意したが，本問も同じである。三角関数の大小から角度の大小を比較するものである。最終的に示すべき不等式は $3\delta < \alpha < 4\delta$ であり，(1)で $\alpha - \delta$ に関する条件が導けたことから，$2\delta < \alpha - \delta < 3\delta$ を示すのであろう。さらに(1)が sin の条件であることから，示すべき内容は $\sin 2\delta < \sin(\alpha - \delta) < \sin 3\delta$ であろうことが予想できるが，これも注意したことだが角度の範囲が大切である。すべて鋭角であれば問題ない。つまり $3\delta < \frac{\pi}{2} \Longleftrightarrow \delta < \frac{\pi}{6}$ であればよい。ということはまずこれを示すことからスタートを切るべきで

ある。この証明ももちろん $\sin\delta<\frac{1}{2}$，$\cos\delta>\frac{\sqrt{3}}{2}$ などから示す。ここまで分かれば解答のスタート地点が見えてくる。

解答

(1)　BD＝CD＝a，AC＝b とおくと条件より

$$AB=2b$$

∠ADB＝β とおいて，△ABD，△ACD について正弦定理を用いると

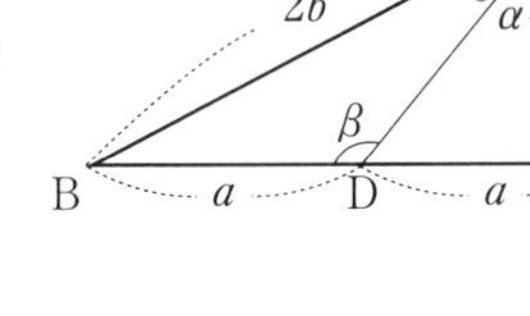

$$\begin{cases}\dfrac{2b}{\sin\beta}=\dfrac{a}{\sin\delta} & \cdots\cdots① \\ \dfrac{b}{\sin(\pi-\beta)}=\dfrac{a}{\sin(\alpha-\delta)} & \cdots\cdots②\end{cases}$$

$\sin(\pi-\beta)=\sin\beta$ より①，②の辺々を割ると

$$2=\frac{\sin(\alpha-\delta)}{\sin\delta} \qquad \therefore \quad \sin(\alpha-\delta)=2\sin\delta$$

（証明終わり）

(2)　$\alpha-\delta$ は鋭角だから

$$2\sin\delta=\sin(\alpha-\delta)<1 \qquad \therefore \quad \sin\delta<\frac{1}{2}$$

δ は鋭角だから　　$0<\delta<\dfrac{\pi}{6}$　　……③

よって示すべき不等式は $3\delta<\alpha<4\delta$ つまり $2\delta<\alpha-\delta<3\delta$ であり，これらの角度はすべて鋭角だから

$$\sin 2\delta<\sin(\alpha-\delta)<\sin 3\delta$$

の成立を示せばよい。それは倍角の公式と(1)を用いると

$$2\sin\delta\cos\delta<2\sin\delta<3\sin\delta-4\sin^3\delta$$

であり，$\sin\delta>0$ だから

$$2\cos\delta<2<3-4\sin^2\delta \qquad \cdots\cdots(*)$$

の成立を示すことになる。③より $\cos\delta<1$ だから(＊)の左側は成立する。さらに

$$(3-4\sin^2\delta)-2=1-4\sin^2\delta>0 \quad (③より)$$

よって右側も成立するので(＊)の成立が示せた。　**（証明終わり）**

フォローアップ

入試問題で正弦定理を用いる問題はなぜか難易度が上がるようだ。本問は辺の条件 BD＝CD，AB＝2AC が与えられている。もともと正弦定理

$$\frac{a}{\sin A}=\frac{b}{\sin B}=\frac{c}{\sin C}$$

は比例式の形をしているので

$$\sin A : \sin B : \sin C = a : b : c$$

ということ。これより，辺の条件を sin の関係に直すと(1)が得られるという流れが見えてほしい。そうすると **解答** の β，$\pi-\beta$ の導入も違和感がない。

4.2　半角の公式，合成

点Oを中心とする半径1の円 C に含まれる2つの円 C_1，C_2 を考える。ただし C_1，C_2 の中心は C の直径AB上にあり，C_1 は点Aで，また C_2 は点Bでそれぞれ C と接している。また，C_1，C_2 の半径をそれぞれ a，b とする。C 上の点Pから C_1，C_2 に1本ずつ接線を引き，それらの接点をQ，Rとする。

(1)　$\angle \mathrm{POA}=\theta$ とするとき，PQは θ によってどのように表せるか。

(2)　Pを C 上で動かしたときの $\mathrm{PQ}+\mathrm{PR}$ の最大値を求めよ。

アプローチ

i▶ 半角の公式はcosの2倍角の公式から導けるが，必ずしっかり形を覚えておいてほしい。なぜなら

$$\cos^2 x=\frac{1+\cos 2x}{2}\quad ,\quad \sin^2 x=\frac{1-\cos 2x}{2}$$

は左から右に次数下げとして使う頻度も高いし，右から左に使うこともあるからである。右から左に使うときは

$$1+\cos x=2\cos^2\frac{x}{2}\quad ,\quad 1-\cos x=2\sin^2\frac{x}{2}$$

として $\sqrt{1\pm\cos x}$ の根号を外すときに使う。ただ $\sqrt{\bigcirc^2}=|\bigcirc|$ となることに注意すること。

ii▶ 一般に半径 r の円 D（中心O）の外部の点Xから円 D に接線を引いたときの接点をTとすると

$$\mathrm{XT}=\sqrt{\mathrm{OX}^2-r^2}$$

となる。

iii▶ (2)では(1)と同様の作業があるので，(1)の結果を使い回しすること。

解答

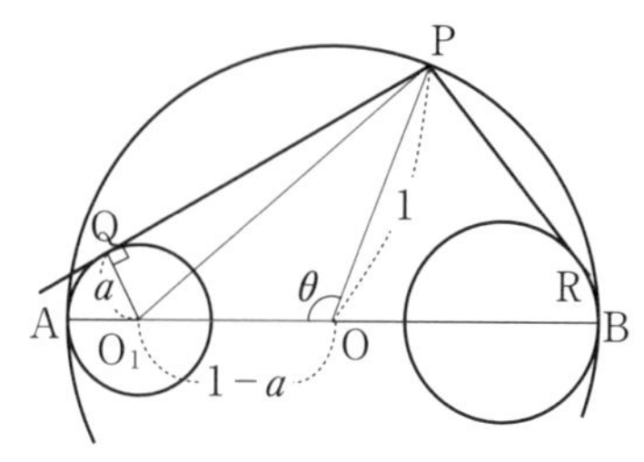

(1)　C_1 の中心を O_1 とすると $\triangle OPO_1$ について余弦定理より

$$O_1P^2=1^2+(1-a)^2-2\cdot1\cdot(1-a)\cdot\cos\theta$$

これを $PQ^2=O_1P^2-a^2$ に代入して整理すると

$$PQ^2=2(1-a)(1-\cos\theta)=2^2(1-a)\sin^2\frac{\theta}{2}$$

$0<\frac{\theta}{2}<\frac{\pi}{2}$ より $\sin\frac{\theta}{2}>0$ だから

$$PQ=2\sqrt{1-a}\left|\sin\frac{\theta}{2}\right|=\boldsymbol{2\sqrt{1-a}\sin\frac{\theta}{2}}$$ ……(答)

(2)　(1)の結果の a を b，θ を $\pi-\theta$ とすると

$$PR=2\sqrt{1-b}\sin\frac{\pi-\theta}{2}=2\sqrt{1-b}\cos\frac{\theta}{2}$$

となる。よって

$$PQ+PR=2\left(\sqrt{1-a}\sin\frac{\theta}{2}+\sqrt{1-b}\cos\frac{\theta}{2}\right)$$

$$=2\sqrt{(1-a)+(1-b)}\cos\left(\frac{\theta}{2}-\alpha\right)$$

ただし，α は

$$\frac{\sqrt{1-a}}{\sqrt{(1-a)+(1-b)}}=\sin\alpha$$

$$\frac{\sqrt{1-b}}{\sqrt{(1-a)+(1-b)}}=\cos\alpha$$

を満たす鋭角

$0<2\alpha<\pi$ だから $\theta=2\alpha$ のとき最大となり，求める最大値は

$$\boldsymbol{2\sqrt{2-a-b}}$$ ……(答)

フォローアップ

合成は加法定理を逆向きに使っているという仕組みをしっかり分かっておくこと。この仕組みが分かっているなら sin 合成でも cos 合成でもできるはずである。**解答** で行った合成を丁寧に説明すると

$\sqrt{1-a}\sin\dfrac{\theta}{2}+\sqrt{1-b}\cos\dfrac{\theta}{2}$ を $\sqrt{(1-a)+(1-b)}$ でくくると

$$\sqrt{(1-a)+(1-b)}\left\{\frac{\sqrt{1-a}}{\sqrt{(1-a)+(1-b)}}\sin\frac{\theta}{2}+\frac{\sqrt{1-b}}{\sqrt{(1-a)+(1-b)}}\cos\frac{\theta}{2}\right\}$$

となる。そこで

$$\left\{\frac{\sqrt{1-a}}{\sqrt{(1-a)+(1-b)}}\right\}^2+\left\{\frac{\sqrt{1-b}}{\sqrt{(1-a)+(1-b)}}\right\}^2=1$$

だから

$$\left.\begin{aligned}\frac{\sqrt{1-a}}{\sqrt{(1-a)+(1-b)}}&=\sin\alpha\\ \frac{\sqrt{1-b}}{\sqrt{(1-a)+(1-b)}}&=\cos\alpha\end{aligned}\right\}\quad\cdots\cdots(*)$$

とおける α が存在し，$\cos\alpha$，$\sin\alpha$ が正だからこの α は鋭角となる。よって cos の加法定理より

$$\sqrt{(1-a)+(1-b)}\left(\cos\alpha\cos\frac{\theta}{2}+\sin\alpha\sin\frac{\theta}{2}\right)$$

$$=\sqrt{2-a-b}\cos\left(\frac{\theta}{2}-\alpha\right)$$

となる。**解答** は cos 合成を利用した。というのは，$\cos\left(\dfrac{\theta}{2}-\alpha\right)=1$ となるのは $\theta=2\alpha$ のときで，これが定義域に含まれるチェックがしやすいというのが大きな理由である。さらに，最大となるときの PQ，PR を求める設問がついても楽である。$\mathrm{PQ}=2\sqrt{1-a}\sin\dfrac{\theta}{2}$，$\mathrm{PR}=2\sqrt{1-b}\cos\dfrac{\theta}{2}$ に $\theta=2\alpha$ を代入して(＊)を利用すればよい。

4.3 和積の公式

半径1の円周上に相異なる3点A，B，Cがある。$AB^2+BC^2+CA^2 \leqq 9$ が成立することを示せ。また，この等号が成立するのはどのような場合か。

アプローチ

i▶ 三角形の辺の不等式であるが，外接円の半径が与えられているので実質円の弦の長さがテーマである。ということは，問題**3.3**などでも注意した通り，ここは正弦定理を利用する場面である。すると，角度の式に変わるので，$A+B+C=\pi$ を利用して議論を進めることができる。

ii▶ $A+B+C=\pi$ の条件であるが，このような対称性がある問題では，例えば $A+B$ と C の条件として利用することが多い。$A+B$ はどこにあるのか？　それは sin，cos の和の式なら積に，積の式なら和にすると現れる。和積，積和の公式に $A+B$ があるので，ここに $\pi-C$ を利用してみる。また，和積，積和の公式は1次式でないと使えないので，まずは半角の公式を利用して次数を下げる。

iii▶ 結局 $A-B$ と（$A+B$ or C）の2変数関数の最大値問題になる。なので，通称「予選決勝法」といわれる解法をとる。つまり $A+B$ か C を固定してどちらか一方を変化させて最大値を求める。最後に残りの変数を動かして最大値を求める。ここまでの章でも強調したが，式に対称性があるので，等号成立条件は△ABCが正三角形であろうことは分かる。

解答

外接円の半径が1だから正弦定理より

$$AB=2\sin C,\ BC=2\sin A,\ CA=2\sin B$$

これを不等式の左辺に代入すると

$$AB^2+BC^2+CA^2=2^2\sin^2 C+2^2\sin^2 A+2^2\sin^2 B$$

$$=2(1-\cos 2A)+2(1-\cos 2B)+4\sin^2 C \qquad \cdots\cdots(\text{i})$$

$$=4-4\cos(A+B)\cos(A-B)+4(1-\cos^2 C) \qquad \cdots\cdots(\text{ii})$$

$$=-4\cos^2 C+4\cos(A-B)\cos C+8 \quad (A+B=\pi-C\text{ より}) \qquad \cdots\cdots(\text{iii})$$

$$=-4\left\{\cos C-\frac{1}{2}\cos(A-B)\right\}^2+\cos^2(A-B)+8$$

$$\leqq \cos^2(A-B)+8 \leqq 9$$

$$\therefore\ AB^2+BC^2+CA^2 \leqq 9$$

（証明終わり）

等号成立は

$$\cos C-\frac{1}{2}\cos(A-B)=0,\ \cos^2(A-B)=1$$

のとき。$-\pi<A-B<\pi$ であることを考えると

$$\cos(A-B)=1,\ \cos C=\frac{1}{2}$$

のとき。つまり $A-B=0$，$C=\frac{\pi}{3}$ だから

三角形 ABC が正三角形のとき等号成立。　……(答)

フォローアップ

〔Ⅰ〕 式変形の気持ちを伝えよう。

(i)では前2項に和積を利用したいと思い次数を下げた。このときまだ3項目はどう変形するか決めていない。

(ii)では和積から $\cos(A+B)=-\cos C$ が現れることが見えてきたので，3項目の $\sin^2 C$ を $\cos^2 C$ の式に変形を行った。

(iii)では $\cos C$ と $\cos(A-B)$ の2変数であるが，どちらから動かすのかを考えた。$\cos(A-B)\leqq 1$ などを利用するならその係数 $\cos C$ の符号が分からないと不等号の向きがそのままなのか逆転するのかが分からない。なので，先に $\cos C$ を動かすことにした。$\cos C$ の2次関数なので平方完成を行う。

何となく式変形しているのではないことを分かってほしい。

〔Ⅱ〕 基本的にこのような関数は $A+B$（あるいは C）と $A-B$ の2変数とみる。また，**第1章 対称性**で説明しているが，このような関数は $A=B=C$ のときに最大最小となることが多い。ということは $A-B=0$ のとき最大最小になることが多いので，これを使うタイミングをはかるというのもポイント。$\cos(A-B)$ の係数の符号が分かっていなければ最後に使う。分かっているなら最初に使う。

4.4　積和の公式

α, β, γ は $\alpha>0$, $\beta>0$, $\gamma>0$, $\alpha+\beta+\gamma=\pi$ を満たすものとする。このとき，$\sin\alpha\sin\beta\sin\gamma$ の最大値を求めよ。

アプローチ

式変形は前問と同じである。この式なら，積→和の変形を行い $\alpha+\beta$ を作りそれを γ に変え，そして $\alpha-\beta=0$ を使うタイミングをはかるだけである。本問は $\alpha-\beta$ が関係する係数の符号が決まっているので，先に $\alpha-\beta$ 部分を解決させる。もちろん結果は $\alpha=\beta=\gamma=\dfrac{\pi}{3}$ のときである。

解答

$$
\begin{aligned}
&\sin\alpha\sin\beta\sin\gamma\\
&=\frac{\cos(\alpha+\beta)-\cos(\alpha-\beta)}{-2}\cdot\sin\gamma=\frac{\cos(\alpha-\beta)-\cos(\alpha+\beta)}{2}\cdot\sin\gamma\\
&=\frac{\cos(\alpha-\beta)-\cos(\pi-\gamma)}{2}\cdot\sin\gamma\quad(\alpha+\beta+\gamma=\pi\text{ より})\\
&=\frac{\cos(\alpha-\beta)+\cos\gamma}{2}\cdot\sin\gamma\\
&\leqq\frac{1+\cos\gamma}{2}\cdot\sin\gamma\quad(\sin\gamma>0,\ \cos(\alpha-\beta)\leqq1\text{ より})\\
&=f(\gamma)\text{ とおく。}
\end{aligned}
$$

$0<\gamma<\pi$ における $f(\gamma)$ の最大値を求める。

$$f'(\gamma)=\frac{1}{2}(1+\cos\gamma)(2\cos\gamma-1)$$

γ	0	$\cdots$	$\dfrac{\pi}{3}$	$\cdots$	π
$f'(\gamma)$	$\cdots$	$+$	0	$-$	$\cdots$
$f(\gamma)$	$\cdots$	↗	$\cdots$	↘	$\cdots$

となり $\gamma=\dfrac{\pi}{3}$ のとき最大となることが分かる。よって

$$\sin\alpha\sin\beta\sin\gamma\leqq f(\gamma)\leqq f\left(\frac{\pi}{3}\right)$$

等号成立は

$$\cos(\alpha-\beta)=1,\ \gamma=\frac{\pi}{3}$$

のとき。つまり $\alpha=\beta=\gamma=\dfrac{\pi}{3}$ のとき。よって求める最大値は

$$f\left(\frac{\pi}{3}\right)=\frac{3\sqrt{3}}{8} \qquad \cdots\cdots(\text{答})$$

フォローアップ

〔Ⅰ〕 本問は定円に内接する三角形の面積の最大を考えることに等しい。例えば，外接円の半径が1である三角形（右図参照）の面積を内角 α，β，γ で表すとする。α をはさむ2辺は正弦定理より $2\sin\beta$，$2\sin\gamma$ だからこの三角形の面積は

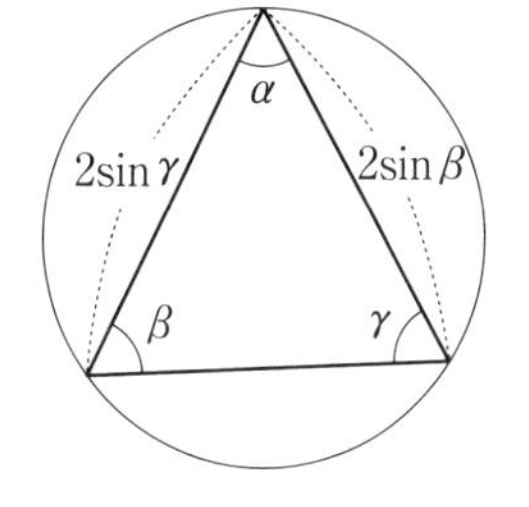

$$\frac{1}{2}\cdot 2\sin\beta\cdot 2\sin\gamma\cdot\sin\alpha$$
$$=2\sin\alpha\sin\beta\sin\gamma$$

となる。よって本問の関数の最大となるのはこの三角形の面積が最大となるときを考えることに等しい。そこで2点を固定して1点を動かす。固定した2点を端点とする辺を底辺として高さが最大となるときは，二等辺三角形のときである。このもとで正三角形が最大であることを示す。例えば $\beta=\gamma$ として $\alpha+2\beta=\pi$ から α を消去すると，考えるべき関数は $\sin 2\beta\sin^2\beta$ となる。これを $f(\beta)$ とおいて微分すれば

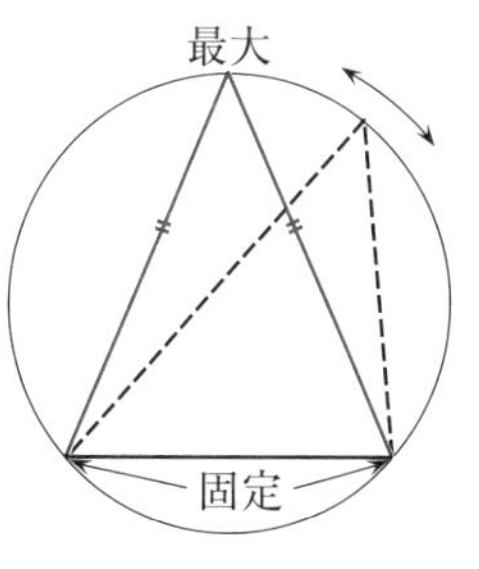

$$\begin{aligned}f'(\beta)&=2\cos 2\beta\sin^2\beta+\sin 2\beta\cdot 2\sin\beta\cos\beta\\&=2\sin\beta(\sin 2\beta\cos\beta+\cos 2\beta\sin\beta)\\&=2\sin\beta\sin(2\beta+\beta)\\&=2\sin\beta\sin 3\beta\end{aligned}$$

となり，増減表は省略するが $\beta=\dfrac{\pi}{3}$ のとき最大となることが分かる。

〔Ⅱ〕 前問は $A+B+C=\pi$ のもとで

$$\mathrm{AB}^2+\mathrm{BC}^2+\mathrm{CA}^2\leqq 9$$
$$4(\sin^2A+\sin^2B+\sin^2C)\leqq 9$$
$$\sin^2A+\sin^2B+\sin^2C\leqq\frac{9}{4}$$

を示したことになる。これを用いると $A=\alpha$，$B=\beta$，$C=\gamma$ と置き換えて

$$\frac{9}{4} \geqq \sin^2\alpha + \sin^2\beta + \sin^2\gamma$$

がいえる。また相加相乗平均の関係より

$$\frac{\sin^2\alpha + \sin^2\beta + \sin^2\gamma}{3} \geqq \sqrt[3]{\sin^2\alpha \sin^2\beta \sin^2\gamma}$$

これら2式をつなげると

$$(\sin\alpha \sin\beta \sin\gamma)^{\frac{2}{3}} \leqq \frac{1}{3} \cdot \frac{9}{4}$$

がいえる。これより

$$\sin\alpha \sin\beta \sin\gamma \leqq \left(\frac{3}{4}\right)^{\frac{3}{2}} = \frac{3\sqrt{3}}{8}$$

と示せる。後は等号成立の確認をすれば最大値が求まる。等号成立条件が $\alpha=\beta=\gamma$ である状況で対称性を崩さないように不等式をつなげても大丈夫ということである。

〔Ⅲ〕　一般的に次のようなグラフの凸性から得られる不等式がある。

> t_1, t_2, t_3 が $t_1+t_2+t_3=1$ を満たす0以上の実数で，$f''(x) \geqq 0$ を満たすとき
>
> $$\boldsymbol{t_1 f(x_1) + t_2 f(x_2) + t_3 f(x_3) \geqq f(t_1x_1 + t_2x_2 + t_3x_3)} \quad \cdots\cdots(*)$$
>
> が成立する。

というものである。下に凸なグラフ $y=f(x)$ とその弦で囲まれる領域を D とする。D に含まれるある点の y 座標が左辺で，この点と同じ x 座標をもつ $y=f(x)$ 上の点の y 座標が右辺である。ぼんやりしか分からない人もいるかもしれないがそれでも結構である。(＊)に $t_1=t_2=t_3=\dfrac{1}{3}$ を代入すると少し意味が見えてくると思う。三角形の重心が関係している不等式である。これを利用しても説明できる。とりあえずこの不等式の説明からスタートする。

別解

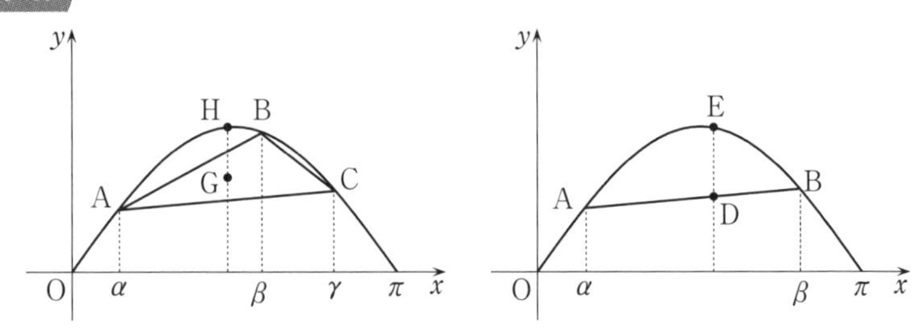

$0<\alpha,\ \beta,\ \gamma<\pi$ のとき

$$\frac{\sin\alpha+\sin\beta+\sin\gamma}{3}\leqq\sin\frac{\alpha+\beta+\gamma}{3}$$

が成立することを示す。そこで $\alpha,\ \beta,\ \gamma$ がすべて異なるとき

$$\mathrm{A}(\alpha,\ \sin\alpha),\ \mathrm{B}(\beta,\ \sin\beta),\ \mathrm{C}(\gamma,\ \sin\gamma)$$

でできる三角形の重心

$$\mathrm{G}\left(\frac{\alpha+\beta+\gamma}{3},\ \frac{\sin\alpha+\sin\beta+\sin\gamma}{3}\right)$$

の y 座標と

$$\mathrm{H}\left(\frac{\alpha+\beta+\gamma}{3},\ \sin\frac{\alpha+\beta+\gamma}{3}\right)$$

の y 座標を比較すると，$y=\sin x$ のグラフは $0\leqq x\leqq\pi$ で上に凸であるから，上左図より

$$\frac{\sin\alpha+\sin\beta+\sin\gamma}{3}<\sin\frac{\alpha+\beta+\gamma}{3}\qquad\cdots\cdots①$$

これは $\alpha,\ \beta,\ \gamma$ のうち2つが等しくても成り立つ。

例えば $\beta=\gamma$ のとき AB を $2:1$ に内分する点 $\mathrm{D}\left(\frac{\alpha+2\beta}{3},\ \frac{\sin\alpha+2\sin\beta}{3}\right)$ と $\mathrm{E}\left(\frac{\alpha+2\beta}{3},\ \sin\frac{\alpha+2\beta}{3}\right)$ の y 座標を比較すると，上右図より

$$\frac{\sin\alpha+2\sin\beta}{3}<\sin\frac{\alpha+2\beta}{3}$$

これは①において $\beta=\gamma$ としたものである。

$\alpha=\beta=\gamma$ のときは（左辺）=（右辺）となるので

$$\frac{\sin\alpha+\sin\beta+\sin\gamma}{3}\leqq\sin\frac{\alpha+\beta+\gamma}{3}$$

本問の $\alpha,\ \beta,\ \gamma$ において相加相乗平均の関係と $\alpha+\beta+\gamma=\pi$ より

$$\begin{aligned}\sqrt[3]{\sin\alpha\sin\beta\sin\gamma}&\leqq\frac{\sin\alpha+\sin\beta+\sin\gamma}{3}\\&\leqq\sin\frac{\alpha+\beta+\gamma}{3}\\&=\sin\frac{\pi}{3}=\frac{\sqrt{3}}{2}\end{aligned}$$

$$\therefore\quad\sqrt[3]{\sin\alpha\sin\beta\sin\gamma}\leqq\frac{\sqrt{3}}{2}\qquad\therefore\quad\sin\alpha\sin\beta\sin\gamma\leqq\frac{3\sqrt{3}}{8}$$

等号成立は $\alpha=\beta=\gamma=\dfrac{\pi}{3}$ のときだから，求める最大値は

$$\frac{3\sqrt{3}}{8} \qquad \cdots\cdots(\text{答})$$

入試問題の不等式にはこれがネタになっているものが多い。京大でも次のような問題が出たことがある。

例題　実数 a，b $\left(0<a,\ b<\dfrac{\pi}{4}\right)$ に対して以下の不等式を証明せよ。

$$\sqrt{\tan a \tan b} \leqq \tan\left(\frac{a+b}{2}\right) \leqq \frac{1}{2}\left(\tan a+\tan b\right) \qquad \cdots\cdots(★)$$

方針　これは(＊)において $t_1=t_2=\dfrac{1}{2}$，$t_3=0$ とした不等式

$$f\left(\frac{x_1+x_2}{2}\right) \leqq \frac{f(x_1)+f(x_2)}{2}$$

を利用して作られた不等式である。これは2点を結ぶ線分の中点から説明できる。

(★)の右辺は $f(x)=\tan x$ とおけば

$$f\left(\frac{a+b}{2}\right) \leqq \frac{f(a)+f(b)}{2}$$

の形をしている。(★)の左辺は対数をとると

$$\frac{\log\tan a+\log\tan b}{2} \leqq \log\tan\left(\frac{a+b}{2}\right)$$

となるので $g(x)=\log\tan x$ とおけば

$$\frac{g(a)+g(b)}{2} \leqq g\left(\frac{a+b}{2}\right)$$

となる。これは不等号の向きが逆転しているので上に凸であることから得られる不等式である。確かに $g''(x)=-\dfrac{4\cos 2x}{\sin^2 2x}$ は区間内で負となる。

(証明終わり)

4.5　三角形の形状

三角形 △ABC において，

$$\alpha=\sin 2A,\ \beta=\sin 2B,\ \gamma=\sin 2C$$

とおくとき，次の 2 つの条件(イ)，(ロ)は互いに同値（(イ)$\Longleftrightarrow$(ロ)）であることを示せ。

(イ)　$\alpha^2=\beta^2+\gamma^2$

(ロ)　$A=45^\circ$，または $A=135^\circ$，または $B=90^\circ$，または $C=90^\circ$

アプローチ

i▶ 三角形の角と辺の条件は，基本的に辺のみの条件に変える，または角のみの条件に変える。一般に辺の条件に変えるときは $\sin A=\dfrac{a}{2R}$ や $\cos A=\dfrac{b^2+c^2-a^2}{2bc}$ 等を代入する。本問なら

$$\sin 2A=2\sin A\cos A=2\cdot\frac{a}{2R}\cdot\frac{b^2+c^2-a^2}{2bc}$$

と変形し 2 乗して条件式に代入する。式変形の方針は次数の低い文字で整理であるが，煩雑になりそうである。一般に角の条件に変えるときは $a=2R\sin A$ 等を代入し $A+B+C=180^\circ$ を利用する。$A+B+C=180^\circ$ は 1 文字消去という使い方をすることもあるが，多い使い方は例えば $A+B\longleftrightarrow C$ を行き来するものである。条件式の和の式に和積の公式，積の式に積和の公式を用いると $A+B$ 等が作られる。和積，積和の公式は 1 次式でないと使えないので，2 次の式は次数下げ $\left(\cos^2\theta=\dfrac{1+\cos 2\theta}{2},\ \sin^2\theta=\dfrac{1-\cos 2\theta}{2},\ \sin\theta\cos\theta=\dfrac{\sin 2\theta}{2}\right)$ を行う。

ii▶ (イ)$\Longleftrightarrow$(ロ)を示すので，(イ)$\Longleftrightarrow$（○）$\Longleftrightarrow$（△）$\Longleftrightarrow\cdots\Longleftrightarrow$(ロ)と示せるのが理想。逆方向でもよい。もしこれができないなら(イ)$\Longrightarrow$(ロ)，(ロ)$\Longrightarrow$(イ)と分けて証明する。どちらか一方は簡単なことが多いので，それを行い 0 点を回避する。簡単な方向の動きから逆の動きのヒントが得られる可能性もある。なので，同値変形で示すことができないなら，一方通行の証明を 2 回行う。本問の(ロ)$\Longrightarrow$(イ)は代入するだけなので簡単であろう。

iii▶ (ロ)は $(A-45^\circ)(A-135^\circ)(B-90^\circ)(C-90^\circ)=0$ に対応する式を導くことが目標になる。だから大雑把に言うと(イ)の式を因数分解することが目標である。

iv▶ 考え方の流れは次の通り。①の右辺が和の式だから，まずこれを積に変えて $B+C$ を作り，そこを $180^\circ-A$ に変えて左辺との関わりを考えていく。このとき右辺は2次式だから次数下げを行ってから和積の公式を利用する。この変形をしている間は左辺は変形しない。右辺から A がどのような形で出てくるかを見定めてから左辺を動かす。右辺の変形から $\cos 2A$ が出てくることが分かったので，左辺は次数下げではなく $1-\cos^2 2A$ と変形する。②の前半から $A=45^\circ$ または $A=135^\circ$ が出てくるので，後半から $B=90^\circ$ または $C=90^\circ$ が出てくるはずである。だから後半は B，C のみの式を作るため A を消去する。

解答

$$(イ) \iff \sin^2 2A=\sin^2 2B+\sin^2 2C \qquad \cdots\cdots①$$

$$\begin{aligned}(①の右辺)&=\frac{1-\cos 4B}{2}+\frac{1-\cos 4C}{2}\\&=1-\frac{1}{2}(\cos 4B+\cos 4C)\\&=1-\frac{1}{2}\cdot 2\cos(2B+2C)\cos(2B-2C)\\&=1-\cos 2(180^\circ-A)\cos(2B-2C) \quad (B+C=180^\circ-A)\\&=1-\cos 2A\cos(2B-2C)\end{aligned}$$

よって

$$\begin{aligned}① &\iff 1-\cos^2 2A=1-\cos 2A\cos(2B-2C)\\&\iff \cos 2A\{\cos 2A-\cos(2B-2C)\}=0 \qquad \cdots\cdots②\end{aligned}$$

ここで

$$\begin{aligned}&\cos 2A-\cos(2B-2C)\\&=\cos 2\{180^\circ-(B+C)\}-\cos(2B-2C) \quad (A=180^\circ-(B+C) \text{ より})\\&=\cos(2B+2C)-\cos(2B-2C)\\&=\cos 2B\cos 2C-\sin 2B\sin 2C-(\cos 2B\cos 2C+\sin 2B\sin 2C)\\&=-2\sin 2B\sin 2C\end{aligned}$$

したがって，$0^\circ<A$，B，$C<180^\circ$ より

$$② \iff \cos 2A\sin 2B\sin 2C=0$$

$\Longleftrightarrow 2A=90°$ または $2A=270°$ または $2B=180°$ または $2C=180°$

$\Longleftrightarrow$ (ロ)

$\therefore$ (イ) $\Longleftrightarrow$ (ロ) **(証明終わり)**

フォローアップ

典型的な辺と角の条件式の扱いの問題を練習してもらいたい。

例題 $a^2\sin B\cos A=b^2\sin A\cos B$ が成り立つ $\triangle$ABC の形状を求めよ。

解答

$\sin A=\dfrac{a}{2R}$，$\cos A=\dfrac{b^2+c^2-a^2}{2bc}$ 等を代入して

$$a^2\cdot\frac{b}{2R}\cdot\frac{b^2+c^2-a^2}{2bc}=b^2\cdot\frac{a}{2R}\cdot\frac{a^2+c^2-b^2}{2ac}$$

$$a^2c^2-b^2c^2-a^4+b^4=0 \quad \therefore \quad (a^2-b^2)c^2-(a^4-b^4)=0$$

$$(a^2-b^2)(c^2-a^2-b^2)=0$$

$\therefore$ $a=b$ または $a^2+b^2=c^2$

よって，**CA＝CB の二等辺三角形または C＝90°の直角三角形**である。

……(答)

別解 $a=2R\sin A$ 等を代入して

$$4R^2\sin^2 A\sin B\cos A=4R^2\sin^2 B\sin A\cos B$$

$\therefore$ $\sin A\cos A=\sin B\cos B$ $\qquad\therefore$ $\sin 2A=\sin 2B$

$$\sin 2A-\sin 2B=0$$

$$2\cos(A+B)\sin(A-B)=0$$

$0°<A+B<180°$，$-180°<A-B<180°$ だから

$A+B=90°$ つまり $C=90°$ または $A-B=0°$ つまり $A=B$

(以下同じ)

第5章 微分積分

京大の場合，微分積分に関わる出題は一般の理系の大学に比べて少ない。だからといって軽視してよいのか？　そうではない。京大入試では毎年2問は取り組みやすい問題が出題される。そのうちの1問が微分積分に関わる問題であることが多い。ということは解ける問題の50%が微分積分なので，勉強の配分も半分は微分積分に割いてもよいといえる。試験会場で安心して1問を確保するためにも微分積分の強化は必須である。

5.1 無限等比級数

与えられた三角形 OP_0P_1 において，$OP_0=a$，$\angle OP_0P_1=\alpha$，$\angle P_0OP_1=\theta$ とし，つぎつぎに相似三角形

$$\triangle OP_0P_1 \backsim \triangle OP_1P_2 \backsim \cdots\cdots \backsim \triangle OP_nP_{n+1} \backsim \cdots\cdots$$

を作っていく。

(1) n を限りなく大きくするとき，P_n が定点Oに限りなく近づくための必要十分条件を θ，α で表せ。以下この条件のもとで考える。

(2) $S=\triangle OP_0P_1+\triangle OP_1P_2+\cdots\cdots+\triangle OP_nP_{n+1}+\cdots\cdots$ の値は，$\triangle OP_0P_1$ の何倍であるか，それを θ と α で表せ。ここに，$\triangle OP_nP_{n+1}$ は面積を表す。

(3) $L=P_0P_1+P_1P_2+\cdots\cdots+P_nP_{n+1}+\cdots\cdots$ の値を求めよ。また a，α を固定したまま，θ を限りなく0に近づけたとき，L はどんな値に近づくか。

アプローチ

i▶ 一般に「繰り返し」の問題は，等比数列になるなら初項と公比を求める。それができないときは，帰納的に考える。帰納的とは，証明なら数学的帰納法で，何か値を求めるなら漸化式を立式することである。本問は相似な図形の繰り返しなので，初項と公比（相似比）を求めることで解決できる。

ii▶ (1)は相似な図形が次々得られるので，P_n がOに近づくための条件は公比が1より小さいことである。これは結局辺の大小につながり，三角形の場合辺の大小は角の大小と一致するので θ と α で表せる。

iii▶ (2)問題 **4.1** で述べた通り，正弦定理 $\dfrac{a}{\sin A}=\dfrac{b}{\sin B}=\dfrac{c}{\sin C}$ は比例式の形をしているので，$\sin A:\sin B:\sin C=a:b:c$ である。相似比は辺の比で，辺の比は正弦定理より sin の比である。これを用いて等比数列の公比を求める。

iv▶ 初項 a，公比 r の無限等比級数の和は $|r|<1$ を満たすとき

$$\frac{a}{1-r}$$

である。

解答

(1)　$\dfrac{\mathrm{OP}_1}{\mathrm{OP}_0}=r$ とおく。相似な三角形の相似比は r だから

$$\mathrm{OP}_n=r^n\mathrm{OP}_0$$

となる。$n\to\infty$ のとき P_n が限りなく O に近づくための条件は $r<1$ だから

$$\frac{\mathrm{OP}_1}{\mathrm{OP}_0}<1 \qquad \therefore\quad \mathrm{OP}_1<\mathrm{OP}_0$$

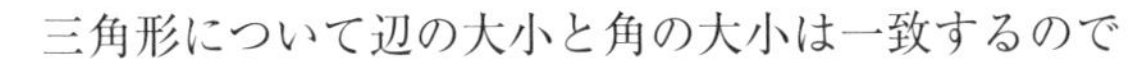

三角形について辺の大小と角の大小は一致するので

$$\angle\mathrm{OP}_0\mathrm{P}_1<\angle\mathrm{OP}_1\mathrm{P}_0 \qquad \therefore\quad \alpha<\pi-(\theta+\alpha)$$

したがって，求める条件は

$$\boldsymbol{0<\theta<\pi-2\alpha}$$ ……(答)

(2)　S は初項$\triangle\mathrm{OP}_0\mathrm{P}_1$，公比 r^2 の無限等比級数だから $0<r^2<1$ より

$$S=\frac{1}{1-r^2}\triangle\mathrm{OP}_0\mathrm{P}_1$$

正弦定理より

$$\frac{\mathrm{OP}_0}{\sin(\pi-\theta-\alpha)}=\frac{\mathrm{OP}_1}{\sin\alpha} \qquad \therefore\quad \frac{\mathrm{OP}_1}{\mathrm{OP}_0}=\frac{\sin\alpha}{\sin(\pi-(\theta+\alpha))}$$

$$\therefore\quad r=\frac{\sin\alpha}{\sin(\theta+\alpha)}$$

したがって

$$\frac{S}{\triangle\mathrm{OP}_0\mathrm{P}_1}=\frac{1}{1-r^2}$$

$$=\frac{1}{1-\left\{\dfrac{\sin\alpha}{\sin(\theta+\alpha)}\right\}^2}$$

$$=\frac{\boldsymbol{\sin^2(\theta+\alpha)}}{\boldsymbol{\sin^2(\theta+\alpha)-\sin^2\alpha}}$$ ……(答)

(3)　正弦定理より

$$\frac{a}{\sin(\pi-\theta-\alpha)}=\frac{P_0P_1}{\sin\theta}\qquad\therefore\quad P_0P_1=\frac{a\sin\theta}{\sin(\theta+\alpha)}$$

L は初項が P_0P_1，公比が r の無限等比級数だから

$$L=\frac{P_0P_1}{1-r}=\frac{\dfrac{a\sin\theta}{\sin(\theta+\alpha)}}{1-\dfrac{\sin\alpha}{\sin(\theta+\alpha)}}$$

$$=\frac{a\sin\theta}{\sin(\theta+\alpha)-\sin\alpha}$$ ……(＊)

$$=\frac{2a\sin\dfrac{\theta}{2}\cos\dfrac{\theta}{2}}{2\cos\left(\dfrac{\theta}{2}+\alpha\right)\sin\dfrac{\theta}{2}}$$

$$=\frac{a\cos\dfrac{\theta}{2}}{\cos\left(\dfrac{\theta}{2}+\alpha\right)}$$

$$\to\frac{\boldsymbol{a}}{\boldsymbol{\cos\alpha}}$$　$(\theta\to 0$ のとき$)$ ……(答)

フォローアップ

〔Ⅰ〕 (1)において(2)で求めた $r=\dfrac{\sin\alpha}{\sin(\theta+\alpha)}$ を利用してもよい。このとき sin の「和差が正負 0」より「積が正負 0」の方が議論しやすいので和積の公式を利用する。

別解　(1)　$r<1$ より

$$\sin\alpha<\sin(\theta+\alpha)$$

$$\sin(\theta+\alpha)-\sin\alpha>0$$

$$\cos\frac{\theta+2\alpha}{2}\sin\frac{\theta}{2}>0$$

$\sin\dfrac{\theta}{2}>0$ より　　$\cos\dfrac{\theta+2\alpha}{2}>0$

$0<\dfrac{\theta+2\alpha}{2}<\dfrac{3}{2}\pi$ より　　$\dfrac{\theta+2\alpha}{2}<\dfrac{\pi}{2}$

$\therefore \quad 0<\theta<\pi-2\alpha$ ……（答）

〔Ⅱ〕 極限はまず不定形を確認すること。そして不定形の解消のルールを覚えて処理していく。(3)の（＊）は $\dfrac{0}{0}$ の不定形である。一般に $\dfrac{0}{0}$ の不定形は

1. 0になる量を約分
2. $\dfrac{0}{0}$ の公式を利用する
3. 微分の定義を利用する

とする。**解答** は1. の方針であった。分母を和積して0になる量 $\left(\sin\dfrac{\theta}{2}\right)$ を取り出し，分子からも同じものを取り出すため2倍角の公式を利用した。

また次のように求めることもできる。2. を利用するため分子を

$$a\sin\theta=a\cdot\frac{\sin\theta}{\theta}\cdot\theta$$

と変形し，分母には3. を利用するため $f(x)=\sin x$ とおくと

$$f(\theta+\alpha)-f(\alpha)=\frac{f(\theta+\alpha)-f(\alpha)}{\theta}\cdot\theta$$

と変形して分母分子の θ を約分すると

$$L=\lim_{\theta\to 0}\frac{a\cdot\dfrac{\sin\theta}{\theta}}{\dfrac{f(\theta+\alpha)-f(\alpha)}{\theta}}=\frac{a}{f'(\alpha)}=\frac{a}{\cos\alpha}$$

5.2 数列の極限

半径 r の円に内接する正 n 角形の頂点を順次 A_1, A_2, ……, A_n とする。まず頂点 A_2 を中心とする半径 A_2A_1 の円と辺 A_3A_2 の延長（$\overrightarrow{A_3A_2}$ の方向）との交点を B_1 として扇形 $A_2A_1B_1$ を作る。次に頂点 A_3 を中心とする半径 A_3B_1 の円と辺 A_4A_3 の延長（$\overrightarrow{A_4A_3}$ の方向）との交点を B_2 として扇形 $A_3B_1B_2$ を作る。順次このようにして n 個の扇形を作る。さて，正 n 角形 A_1A_2……A_n の面積とこれら n 個の扇形の面積の総和を S_n で表すとき

(1) S_n を n, r を用いて表せ。

(2) $\lim_{n\to\infty} S_n$ を求めよ。

アプローチ

i▶ これも前問同様，相似図形の繰り返しである。初項と公比（相似比）を求める。京大の場合，図を問題文に入れることはほとんどないので，自分で問題文を読みながら正確に図をかくことが最初の仕事になる。

ii▶ 正○角形をかくときは外接円からかくように。というのは円の力を借りないと見落とす条件などがあるかもしれないからである。円があるおかげで中心角と円周角の関係などが分かるというもの。

iii▶ 一般に多角形の外角の和は 2π である。というのは右図のように辺のベクトルを外角だけ回転していくと元に戻るからである。太線でかかれたベクトルを時計回りに外角分だけ回転していき元に戻るまで回転させると，回転角の合計は 2π だから

$$\theta_1+\theta_2+\cdots+\theta_n=2\pi$$

iv▶ この問題は正 n 角形にひもを巻きつけておいて，それをたるまないようにピンと張ったまま「ほどいた」とき，このひもがワイパーのように掃く領域の面積と正 n 角形の面積の和を求める問題である。

解答

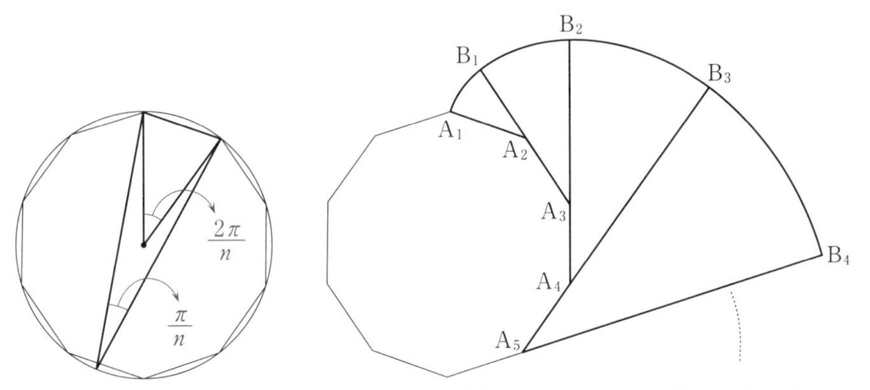

(1)　正 n 角形の1辺の長さを l とする。外接円の1つの辺に対する中心角は $\frac{2\pi}{n}$ だから円周角は $\frac{\pi}{n}$ である。よって正弦定理より

$$\frac{l}{\sin\frac{\pi}{n}}=2r \qquad \therefore \quad l=2r\sin\frac{\pi}{n}$$

また多角形の外角の和は 2π だから正 n 角形の外角は $\frac{2\pi}{n}$ で扇形 $A_1A_2B_1$ の面積は

$$\frac{1}{2}l^2\cdot\frac{2\pi}{n}=\frac{4\pi r^2}{n}\sin^2\frac{\pi}{n}$$

k 番目にできる扇形は扇形 $A_1A_2B_1$ と相似でありその相似比は $1:k$ だから，その面積は

$$\frac{4\pi r^2}{n}k^2\sin^2\frac{\pi}{n}$$

また正 n 角形の面積は半径 r，頂角 $\frac{2\pi}{n}$ の二等辺三角形の面積の n 倍だから

$$\begin{aligned}S_n&=n\cdot\frac{1}{2}r^2\sin\frac{2\pi}{n}+\sum_{k=1}^{n}\frac{4\pi r^2}{n}k^2\sin^2\frac{\pi}{n}\\&=\frac{r^2}{2}\cdot n\cdot\sin\frac{2\pi}{n}+\frac{4\pi r^2}{n}\sin^2\frac{\pi}{n}\cdot\frac{n(n+1)(2n+1)}{6}\\&=\boldsymbol{\frac{r^2}{2}\cdot n\cdot\sin\frac{2\pi}{n}+\frac{2\pi r^2(n+1)(2n+1)}{3}\sin^2\frac{\pi}{n}}\end{aligned}$$

……(答)

(2)
$$n\sin\frac{2\pi}{n}$$
$$=n\cdot\frac{\sin\frac{2\pi}{n}}{\frac{2\pi}{n}}\cdot\frac{2\pi}{n}$$
$$=2\pi\cdot\frac{\sin\frac{2\pi}{n}}{\frac{2\pi}{n}}$$
$$\to 2\pi\cdot 1 \quad (n\to\infty\text{のとき})$$
$$=2\pi$$

$$(n+1)(2n+1)\sin^2\frac{\pi}{n}$$
$$=(n+1)(2n+1)\left(\frac{\sin\frac{\pi}{n}}{\frac{\pi}{n}}\right)^2\cdot\frac{\pi^2}{n^2}$$
$$=\left(1+\frac{1}{n}\right)\left(2+\frac{1}{n}\right)\pi^2\left(\frac{\sin\frac{\pi}{n}}{\frac{\pi}{n}}\right)^2$$
$$\to 1\cdot 2\cdot\pi^2\cdot 1^2 \quad (n\to\infty\text{のとき})$$
$$=2\pi^2$$

したがって

$$\lim_{n\to\infty}S_n=\frac{r^2}{2}\cdot 2\pi+\frac{2}{3}\pi r^2\cdot 2\pi^2$$
$$=\boldsymbol{r^2\pi\left(1+\frac{4}{3}\pi^2\right)} \quad \cdots\cdots(\text{答})$$

フォローアップ

$n\to\infty$ とするとこの正 n 角形が円に近づく。結局半径 r の円にひもを巻きつけておいて，それをたるまないように端をもってほどいたとき（図１），端の点が動く曲線と一周ほどいた後のひもとで囲まれた領域（図２）の面積を求めることに等しい。

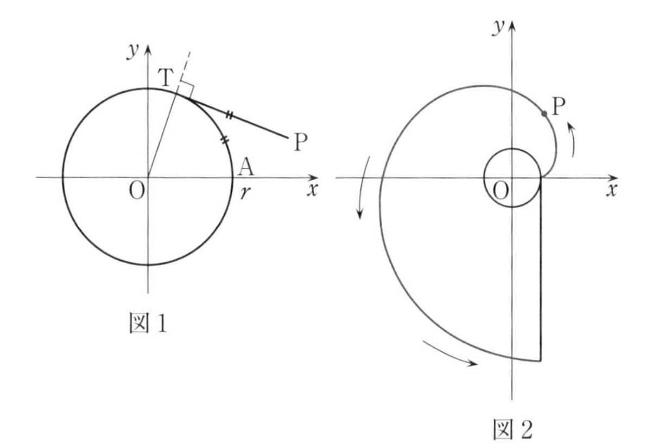

図1

図2

この面積を求めてみる。図3のようにA，T，Pを定め$\overrightarrow{\mathrm{OT}}$の方向角を$\theta$とする。

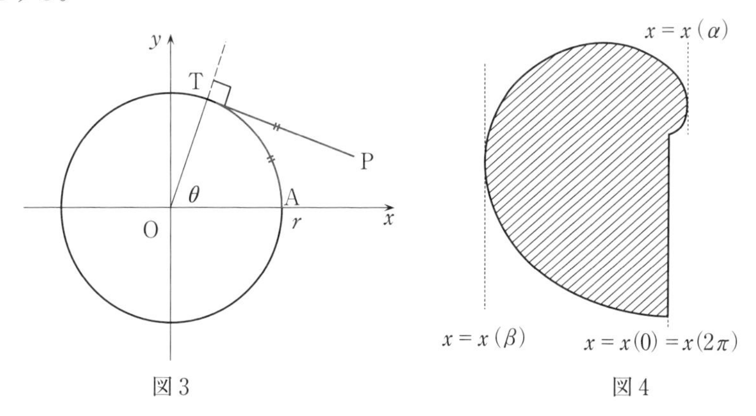

図3

図4

$\mathrm{PT}=\overset{\frown}{\mathrm{AT}}=r\theta$であり$\overrightarrow{\mathrm{TP}}$の方向角が$\theta-\dfrac{\pi}{2}$だからP$(x,\ y)$とおくと

$\overrightarrow{\mathrm{OP}}=\overrightarrow{\mathrm{OT}}+\overrightarrow{\mathrm{TP}}$より

$$(x,\ y)=r(\cos\theta,\ \sin\theta)+r\theta\left\{\cos\left(\theta-\frac{\pi}{2}\right),\ \sin\left(\theta-\frac{\pi}{2}\right)\right\}$$

$$\therefore\quad x=r(\cos\theta+\theta\sin\theta),\ \ y=r(\sin\theta-\theta\cos\theta)$$

ここで$x=x(\theta)$，$y=y(\theta)$とおき，$x(\theta)$が最大最小となるθの値をそれぞれα，βとし，$0\leqq\theta\leqq\alpha$，$\alpha\leqq\theta\leqq\beta$，$\beta\leqq\theta\leqq2\pi$に対応する$y$をそれぞれ$y_1$，$y_2$，$y_3$とする。求める面積を$S$とすると

$$y_1=y_2=y_3=y(\theta),\ \ dx=x'(\theta)\,d\theta$$

より

$$
\begin{aligned}
S&=\int_{x(\beta)}^{x(\alpha)} y_2dx-\int_{x(0)}^{x(\alpha)} y_1dx-\int_{x(\beta)}^{x(2\pi)} y_3dx\\
&=\int_{\beta}^{\alpha} y(\theta)\,x'(\theta)\,d\theta-\int_{0}^{\alpha} y(\theta)\,x'(\theta)\,d\theta-\int_{\beta}^{2\pi} y(\theta)\,x'(\theta)\,d\theta\\
&=-\int_{\alpha}^{\beta} y(\theta)\,x'(\theta)\,d\theta-\int_{0}^{\alpha} y(\theta)\,x'(\theta)\,d\theta-\int_{\beta}^{2\pi} y(\theta)\,x'(\theta)\,d\theta\\
&=-\int_{0}^{2\pi} y(\theta)\,x'(\theta)\,d\theta \qquad \cdots\cdots(\bigstar)\\
&=-r^2\int_{0}^{2\pi}(\sin\theta-\theta\cos\theta)\,\theta\cos\theta d\theta\\
&=-r^2\int_{0}^{2\pi}(\theta\sin\theta\cos\theta-\theta^2\cos^2\theta)\,d\theta\\
&=-\frac{r^2}{2}\int_{0}^{2\pi}(\theta\sin 2\theta-\theta^2\cos 2\theta-\theta^2)\,d\theta\\
&=-\frac{r^2}{2}\left[-\frac{\theta^2}{2}\sin 2\theta-\theta\cos 2\theta+\frac{1}{2}\sin 2\theta-\frac{\theta^3}{3}\right]_0^{2\pi}\\
&=r^2\left(\pi+\frac{4}{3}\pi^3\right)
\end{aligned}
$$

ここでの計算は部分積分法を用いて

$$
\begin{aligned}
\int\theta\sin 2\theta d\theta&=-\frac{1}{2}\theta\cos 2\theta+\int\frac{1}{2}\cos 2\theta d\theta\\
&=-\frac{1}{2}\theta\cos 2\theta+\frac{1}{4}\sin 2\theta+C \quad (C\text{ は積分定数})
\end{aligned}
$$

$$
\begin{aligned}
\int\theta^2\cos 2\theta d\theta&=\frac{1}{2}\theta^2\sin 2\theta-\int\theta\sin 2\theta d\theta\\
&=\frac{1}{2}\theta^2\sin 2\theta-\left(-\frac{1}{2}\theta\cos 2\theta+\frac{1}{4}\sin 2\theta\right)+C\\
&=\frac{1}{2}\theta^2\sin 2\theta+\frac{1}{2}\theta\cos 2\theta-\frac{1}{4}\sin 2\theta+C \quad (C\text{ は積分定数})
\end{aligned}
$$

と計算した。

(★)のように媒介変数に置換すると積分区間が最初から最後までにまとめられることは，記憶に残しておいてほしい。極値をとる媒介変数は結局必要ないので，**解答** のように設定だけしておけば，最終的に消えるということ。

5.3　方程式の解の極限

a は $0<a<\pi$ を満たす定数とする。
$n=0,\ 1,\ 2,\ \cdots\cdots$ に対し，$n\pi<x<(n+1)\pi$ の範囲に

$$\sin(x+a)=x\sin x$$

を満たす x がただ1つ存在するので，この x の値を x_n とする。
(1)　極限値 $\displaystyle\lim_{n\to\infty}(x_n-n\pi)$ を求めよ。
(2)　極限値 $\displaystyle\lim_{n\to\infty}n(x_n-n\pi)$ を求めよ。

アプローチ

i▶ 最初で最大のポイントは $x_n-n\pi$ を θ_n とおくところである。x_n の行き先を考えて $x_n-n\pi$ の極限をとらえることはできない。$n\pi\to\infty$ であり，x_n は $n\pi$ より大きいので $x_n\to\infty$ である。このままでは $\infty-\infty$ という不定形である。x_n と $n\pi$ との誤差の極限を考えるのに x_n だけを見ていても分からない。これをカタマリにして考えるべきである。さて $x_n-n\pi$ のカタマリの極限をとらえるなら，まずこれをカタマリとする条件式に作り変えるところからスタートする。このことのメリットは

(p)　$0<\theta_n<\pi$ という定区間になること
(q)　等式の中に n が現れること

である。(p)のありがたみは，方程式の解の極限を求める方針が分かっていれば感じることができる。(q)のありがたみは(2)の問題で感じることができる。

ii▶ n が偶数のとき $\sin(\theta+n\pi)=\sin\theta$，$n$ が奇数のとき $\sin(\theta+n\pi)=-\sin\theta$ だから，まとめると $\sin(\theta+n\pi)=(-1)^n\sin\theta$ とかける。これは，同様に $\cos n\pi=(-1)^n$ となるので，これと加法定理 $\sin(\theta+n\pi)=\sin\theta\cos n\pi+\cos\theta\sin n\pi$ を利用しても説明できる。

iii▶ 方程式の解の極限は以下の考え方がある。
(a)　解の公式などを使って解を求めて $n\to\infty$ とする。
(b)　n を分離して，$n=f(x)$ の形にする。$y=f(x)$ のグラフと直線 $y=n$ の交点の行き先を見れば分かる。
(c)　解を評価する。こういう解法を使うときは結果が書いてある場合が多い。例えば「$\displaystyle\lim_{n\to\infty}a_n=1$ を示せ。」のように極限が1となることが書かれている

場合は，このことを利用して $1<a_n<1+\dfrac{1}{n}$ などをグラフを使って示す。

(d) 方程式を観察してみる。このときの観察の仕方は「これはある幅の範囲の数」「これは 0 に近い数」「これは無限の量」など。0 と∞は表と裏の関係なので，表側で分からなければ裏返して考える。

iv▶ ①においては**iii**の方針(d)がとれる。$\underbrace{\sin(\theta_n+a)}_{-1\sim1}=\underbrace{(\theta_n+a+n\pi)}_{\infty}\underbrace{\sin\theta_n}_{-1\sim1}$ と見えるが，これでは θ_n の行き先は見えない。感覚の話になるが，∞と 0 は表と裏の関係にあり，表側で分からなければ裏返してみる。これは∞を裏返して $\dfrac{1}{\infty}$ とすれば 0 に，0 を裏返して $\dfrac{\pm}{0}$ とすれば $\pm\infty$ となることを表現しているものとする。そこで∞の量で辺々を割ったのが③である。右辺が $\dfrac{\overbrace{\sin(\theta_n+a)}^{-1\sim1}}{\underbrace{\theta_n+a+n\pi}_{\infty}}$ だから，これがはさみうちで 0 になることが見えるので左辺の $\sin\theta_n\to0$ から極限が決定できそうである。

v▶ $\sin\theta_n\to0$ と $0<\theta_n<\pi$ から $\theta_n\to0$ または π の可能性があり 1 つに絞れない。そこで範囲を狭くする必要がある。つまり，(0 より大きい定数) $<\theta_n<\pi$ とするか $0<\theta_n<$ (π より小さい定数) とできる式を探す。

vi▶ $\displaystyle\lim_{○\to△}F(x,\ y)$ の極限は，y を x で表して x だけの式の極限で考える，または，x を y で表して y だけの式の極限を考える，あるいは，x，y を媒介変数 t で表現し t だけの式の極限を考える。これは定積分 $\displaystyle\int f(x,\ y)\,dx$ 等も同じである。本問は n と θ_n の式だから，n または θ_n を消去するのだが，可能なのは n 消去である。このときに **i** にある(q)のありがたみを感じる。

解答

(1) x_n は

$$n\pi<x_n<(n+1)\pi,\quad \sin(x_n+a)=x_n\sin x_n$$

をみたす。$x_n-n\pi=\theta_n$ とおくと

$$x_n=\theta_n+n\pi$$

だから

$$n\pi<\theta_n+n\pi<(n+1)\pi,\quad \sin(\theta_n+a+n\pi)=(\theta_n+a+n\pi)\sin(\theta_n+n\pi)$$

一般に，$\sin(\theta+n\pi)=(-1)^n\sin\theta$ だから

$$0<\theta_n<\pi,\quad (-1)^n\sin(\theta_n+a)=(-1)^n(\theta_n+a+n\pi)\sin\theta_n$$

$$\therefore\quad \sin(\theta_n+a)=(\theta_n+a+n\pi)\sin\theta_n \quad \cdots\cdots①,\quad 0<\theta_n<\pi \quad \cdots\cdots②$$

①より

$$\sin\theta_n=\frac{\sin(\theta_n+a)}{\theta_n+a+n\pi} \quad \cdots\cdots③$$

②，$0<a<\pi$　……④ より

$$\theta_n+a+n\pi>n\pi$$

$n\to\infty$ のとき $n\pi\to\infty$ だから，追い出しの原理より

$$\lim_{n\to\infty}(\theta_n+a+n\pi)=\infty$$

また，$-1\leqq\sin(\theta_n+a)\leqq1$ だから③より

$$-\frac{1}{\theta_n+a+n\pi}\leqq\sin\theta_n\leqq\frac{1}{\theta_n+a+n\pi}$$

$n\to\infty$ のとき，(右辺)$\to0$，(左辺)$\to0$ だから，はさみうちの原理より

$$\lim_{n\to\infty}\sin\theta_n=0 \quad \cdots\cdots⑤$$

②のとき，(①の右辺)>0 だから

$$\sin(\theta_n+a)>0$$

$a<\theta_n+a<a+\pi$ と④より

$$a<\theta_n+a<\pi \quad \therefore\quad 0<\theta_n<\pi-a$$

これと⑤より

$$\lim_{n\to\infty}\theta_n=0 \quad \therefore\quad \lim_{n\to\infty}(x_n-n\pi)=\mathbf{0} \quad \cdots\cdots(\text{答})$$

(2)　①より　$\theta_n+a+n\pi=\dfrac{\sin(\theta_n+a)}{\sin\theta_n}$

$$\therefore\quad n=\frac{1}{\pi}\left\{\frac{\sin(\theta_n+a)}{\sin\theta_n}-\theta_n-a\right\}$$

これより

$$\lim_{n\to\infty}n(x_n-n\pi)=\lim_{n\to\infty}n\theta_n$$

$$=\lim_{\theta_n\to0}\frac{\theta_n}{\pi}\left\{\frac{\sin(\theta_n+a)}{\sin\theta_n}-\theta_n-a\right\}$$

$$=\lim_{\theta_n\to0}\frac{1}{\pi}\left\{\frac{\theta_n}{\sin\theta_n}\cdot\sin(\theta_n+a)-\theta_n{}^2-a\theta_n\right\}$$

$$=\frac{1}{\pi}\cdot1\cdot\sin a=\frac{\sin a}{\pi} \quad \cdots\cdots(\text{答})$$

フォローアップ

〔Ⅰ〕 次の問題を〔アプローチ〕**iii**の4通りの方法で解いてもらいたい。これで方程式の解の極限のひと通りの方針が確認できる。

> **例題** $x^2+nx-n=0$（n：自然数）は，異なる2実数解をもつ。大きいほうの解を x_n とするとき，$\lim_{n\to\infty} x_n$ を求めよ。

(a)の **方針**

$$x_n=\frac{-n+\sqrt{n^2+4n}}{2}=\frac{2n}{\sqrt{n^2+4n}+n}=\frac{2}{\sqrt{1+\frac{4}{n}}+1}\to\mathbf{1}\ (n\to\infty)$$

(b)の **方針**

与式より　　$n(x-1)=-x^2$

右辺は0以下だから，$x<1$ のときだけを考えればよい。このとき

$n=\dfrac{x^2}{1-x}$ と変形できるので，右辺を $g(x)$ とおくと

$$g'(x)=\frac{(2-x)x}{(1-x)^2}\ ,\quad \lim_{x\to1-0} g(x)=\infty$$

より

x	$\cdots$	0	$\cdots$	1
$g'(x)$	$-$	0	$+$	
$g(x)$	↘	0	↗	∞

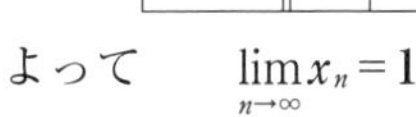

よって　　$\lim_{n\to\infty} x_n=\mathbf{1}$

(c)の **方針**

$f(x)=x^2+nx-n$ とおく。

$$f\left(1-\frac{1}{n}\right)=\frac{-2n+1}{n^2}<0\quad（n\geqq1 より）$$

また，$f(1)=1>0$ だから　　$1-\dfrac{1}{n}<x_n<1$

よって，はさみうちの原理より　　$\lim_{n\to\infty} x_n=\mathbf{1}$

(d)の **方針**

$f(x)=x^2+nx-n$ とおく。$f(0)=-n<0$，$f(1)=1>0$ だから

$0<x_n<1$ ……（＊）

また，$f(x_n)=0$ より　　$x_n{}^2+nx_n-n=0$　∴　$x_n=1-\dfrac{x_n{}^2}{n}$　……(＊＊)

(＊)より，$0<\dfrac{x_n{}^2}{n}<\dfrac{1}{n}$ だから，はさみうちの原理より　　$\displaystyle\lim_{n\to\infty}\frac{x_n{}^2}{n}=0$

よって，(＊＊)より　　$\displaystyle\lim_{n\to\infty}x_n=\mathbf{1}$

アプローチ **i** の(p)のありがたみとは，(d)の〔方針〕にある(＊)を導いたことに対応する。

〔Ⅱ〕 (2)は次のような方針もある。$\theta_n\to0$ だから $\dfrac{\sin\theta_n}{\theta_n}\to1$ である。ということは $\sin\theta_n\fallingdotseq\theta_n$ と考えられる感覚を用いるなら，$n\theta_n=n\cdot\underline{\dfrac{\theta_n}{\sin\theta_n}}\cdot\sin\theta_n$ と変形し，下線部を 1 と見なして $n\sin\theta_n\,(\to\infty\cdot0)$ を解消する。そこで $\sin\theta_n\,(\to0)$ を③を用いて $\dfrac{\sin(\theta_n+a)}{\theta_n+a+n\pi}\left(\to\dfrac{\sin a}{\infty}\right)$ と変形すると $\dfrac{\infty}{\infty}$ の不定形になる。

別解

$$\begin{aligned}
n\theta_n&=n\sin\theta_n\cdot\frac{\theta_n}{\sin\theta_n}\\
&=n\cdot\frac{\sin(\theta_n+a)}{\theta_n+a+n\pi}\cdot\frac{\theta_n}{\sin\theta_n}\\
&=\frac{n}{\theta_n+a+n\pi}\cdot\sin(\theta_n+a)\cdot\frac{\theta_n}{\sin\theta_n}\\
&=\frac{1}{\dfrac{\theta_n+a}{n}+\pi}\cdot\sin(\theta_n+a)\cdot\frac{\theta_n}{\sin\theta_n}\\
&\to\frac{1}{0+\pi}\cdot\sin a\cdot1\quad(n\to\infty)\qquad\therefore\quad\lim_{n\to\infty}n\theta_n=\boldsymbol{\frac{\sin a}{\pi}}\qquad\cdots\cdots(\text{答})
\end{aligned}$$

ここで $0<\dfrac{\theta_n+a}{n}<\dfrac{\pi+\pi}{n}$ において，はさみうちの原理より $\displaystyle\lim_{n\to\infty}\frac{\theta_n+a}{n}=0$ となることを用いた。

5.4　sin の評価

半径 1，$1-2r$ の同心円の間に半径 r の円が n 個，互いに交わらずに入っているという状態を考える。n（$\geqq 2$）を固定した上で，r を変化させる。

(1)　r は $0<r\leqq\dfrac{\sin\dfrac{\pi}{n}}{1+\sin\dfrac{\pi}{n}}$ の範囲になければならないことを示せ。

(2)　これら $n+2$ 個の円の面積の総和が最小となる r の値を求めよ。

アプローチ

i▶ (1)では r のとりうる値の範囲を求めるのであるが，範囲はどこから得られるのか？　それは n 個の円を並べることができるということからである。つまり小円を見込む角度 2θ の n 個分が 2π を超えないということが範囲につながる。この角度の条件を r に伝えるため，r と 2θ を三角関数でつなげる。最後は r を θ の関数で表してとりうる値の範囲を求める。

ii▶ (2)の立式は難しくない。最小値であろう値を求めるのも問題ない。最後の山場は，最小値を与える r が(1)の範囲に入っているかどうかをチェックするところである。このとき $\sin\dfrac{\pi}{n}$ の式と n の式との大小を比較するのであるが，単純に差をとって分かるものではない。そこで思い出してほしいことが次の不等式である。

$$0<x<\frac{\pi}{2}\ \text{のとき}\qquad \frac{2}{\pi}x<\sin x<x\ (<\tan x)$$

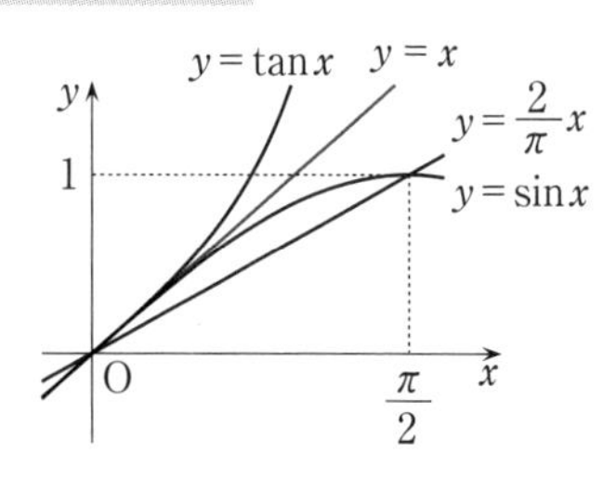

これは sin の中の角度を大きめもしくは小さめに sin の外に出す公式である。この公式の覚え方は，右図の

$$y=x,\ \ y=\frac{2}{\pi}x,\ \ y=\sin x,\ \ y=\tan x$$

の上下関係で記憶に残す。

なお，これは証明ではない。あくまで覚え方である。

解答

(1)　図1のように円の中心から小さい円を見込む角を2θとおく。

この見込む角のn個分は2πを超えないので$2n\theta \leqq 2\pi$より

$$0<\theta \leqq \frac{\pi}{n}$$

また，図2の直角三角形に注目して

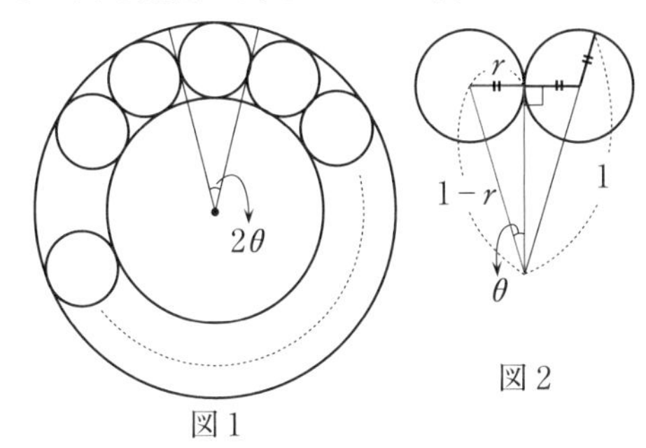

図1　図2

$$\sin\theta = \frac{r}{1-r}$$

$$\therefore \quad r = \frac{\sin\theta}{1+\sin\theta}$$

$f(x)=\dfrac{x}{x+1}$とおくと$f(x)=1-\dfrac{1}{1+x}$より$f(x)$はxの増加関数である。

$0<\theta \leqq \dfrac{\pi}{n}$より$0<\sin\theta \leqq \sin\dfrac{\pi}{n}$だから

$$f(0)<f(\sin\theta) \leqq f\left(\sin\frac{\pi}{n}\right) \qquad \therefore \quad 0<r \leqq \frac{\sin\frac{\pi}{n}}{1+\sin\frac{\pi}{n}}$$　**（証明終わり）**

(2)　$n+2$個の円の面積の総和をSとすると

$$\begin{aligned}S &= \pi\{1^2+r^2\cdot n+(1-2r)^2\}\\ &= \pi\{(n+4)r^2-4r+2\}\\ &= \pi\left\{(n+4)\left(r-\frac{2}{n+4}\right)^2+2-\frac{4}{n+4}\right\}\end{aligned}$$

$r=\dfrac{2}{n+4}$が(1)の範囲に含まれることを確認する。$n \geqq 2$だから$0<\dfrac{\pi}{n} \leqq \dfrac{\pi}{2}$である。一般に$0<x \leqq \dfrac{\pi}{2}$のとき$\sin x \geqq \dfrac{2}{\pi}x$が成立するので

$$\sin\frac{\pi}{n} \geqq \frac{2}{\pi}\cdot\frac{\pi}{n}=\frac{2}{n}$$

$$f\left(\sin\frac{\pi}{n}\right) \geqq f\left(\frac{2}{n}\right) \qquad \therefore \quad \frac{\sin\frac{\pi}{n}}{1+\sin\frac{\pi}{n}} \geqq \frac{\frac{2}{n}}{1+\frac{2}{n}}=\frac{2}{n+2}$$

$\dfrac{2}{n+2}>\dfrac{2}{n+4}$ だから

$$0<\frac{2}{n+4}<\frac{2}{n+2}\leqq\frac{\sin\frac{\pi}{n}}{1+\sin\frac{\pi}{n}}$$

よって $r=\dfrac{2}{n+4}$ が(1)の範囲に含まれるので S が最小になるのは

$$\boldsymbol{r=\frac{2}{n+4}}$$ ……(答)

フォローアップ

〔Ｉ〕 (1)の 解答 は r を θ で表し θ の範囲を求めて r の範囲を求めた。θ の範囲を直接 r の範囲に変換してもよい。$0<\theta\leqq\dfrac{\pi}{n}$ と $\sin\theta=\dfrac{r}{1-r}$ が求まった後

$$\sin 0<\sin\theta\leqq\sin\frac{\pi}{n}$$

ここに $\sin\theta=\dfrac{r}{1-r}$ を代入すると

$$0<\frac{r}{1-r}\leqq\sin\frac{\pi}{n}$$

題意の設定から $0<r<1$ であるから分母を払うと

$$0<r\leqq(1-r)\sin\frac{\pi}{n}\qquad\therefore\quad 0<r\leqq\frac{\sin\frac{\pi}{n}}{1+\sin\frac{\pi}{n}}$$

〔II〕 最後に示す不等式は $\dfrac{2}{n+4}<\dfrac{\sin\frac{\pi}{n}}{1+\sin\frac{\pi}{n}}$ であるが，これを整理すると

$$(n+2)\sin\frac{\pi}{n}>2$$

となる。これを 解答 で利用した評価を用いると

$$(\text{左辺})\geqq(n+2)\cdot\frac{2}{\pi}\cdot\frac{\pi}{n}=2+\frac{4}{n}>(\text{右辺})$$

とできる。これができない場合は $\frac{\pi}{n}=x$ とおいて

$$\left(\frac{\pi}{x}+2\right)\sin x>2 \quad \text{つまり} \quad (2x+\pi)\sin x-2x>0$$

を示すことになる。$0<x\leqq\frac{\pi}{2}$ だから，この区間で上式の成立を示せばよい。

左辺を $f(x)$ とおくと

$$f'(x)=2\sin x+(2x+\pi)\cos x-2$$

$$f''(x)=4\cos x-(2x+\pi)\sin x$$

$$f'''(x)=-6\sin x-(2x+\pi)\cos x<0 \quad \left(0<x\leqq\frac{\pi}{2}\text{ より}\right)$$

よって $f''(x)$ は減少関数で $f''(0)=4>0$, $f''\left(\frac{\pi}{2}\right)=-2\pi<0$ より $f''(x)=0$,

$0<x<\frac{\pi}{2}$ を満たす x はただ1つでその値を α とすると

x	0	$\cdots$	α	$\cdots$	$\frac{\pi}{2}$
$f''(x)$	$\cdots$	$+$	0	$-$	$\cdots$
$f'(x)$	$\pi-2$	↗	$\cdots$	↘	0

よって $f'(x)\geqq0$ だから $f(x)$ は増加関数で $f(0)=0$ より $0<x\leqq\frac{\pi}{2}$ において

$f(x)>0$ がいえる。

5.5　関数の増減（その1）

　$y=\cos x$ のグラフと x 軸とで囲まれた図形を S とする。S に含まれ x 軸上に1辺をもつ長方形および三角形と，S に含まれ x 軸上に直径をもつ半円との3種の図形について，それぞれの面積の最大値を A，B，C とする。A，B，C の大小関係を調べよ。

アプローチ

i▶ S を $-\dfrac{\pi}{2}\leqq x\leqq\dfrac{\pi}{2}$ として議論しても一般性を失わない。そして B は問題ないであろう。C は対称性から原点が中心であろうから，半径は中心から曲線までの距離の最小値と考えるのがやりやすい。

ii▶ この円の半径を求めようとするとき，解答にある図3のように円と $y=\cos x$ が接するときであろうと予想できる。そこで円の方程式を $x^2+y^2=r^2$ と定めて $y=\cos x$ から y を消去し x が $0\leqq x\leqq\dfrac{\pi}{2}$ にただ1つの解をもつ条件で考える人もいるかもしれない。しかし一般的にはまずい。例えば右上図のような状況でも解が1つとなる。さらに接するときが最大とも限らない。それも右下図のようなときは，接するが S に含まれない。やはり原点と曲線上の点との距離を考えるのが無難であろう。

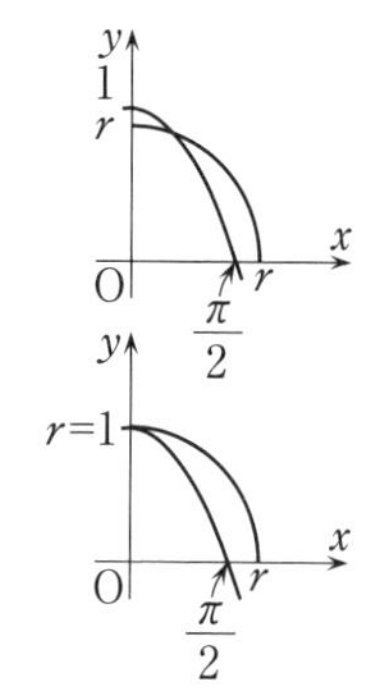

iii▶ A は1つの頂点を変数として立式し増減を調べるところは問題ない。ただ最大値を与える変数が求まらない。こういうときはその値を設定し，その値に関する情報を準備して先に進むしかない。

解答

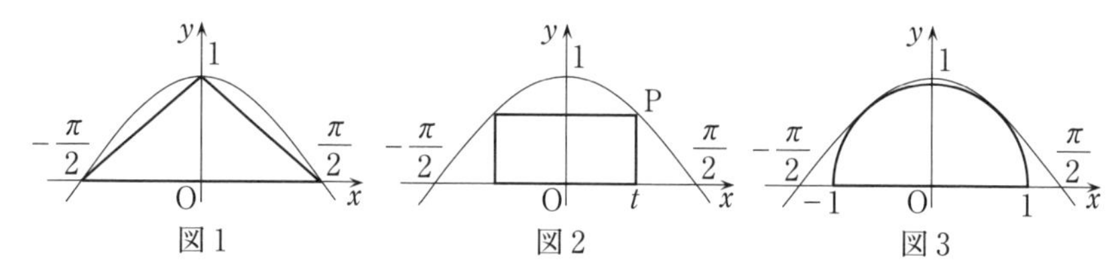

図1　図2　図3

求める最大値については，S が $-\dfrac{\pi}{2}\leqq x\leqq\dfrac{\pi}{2}$ の部分としてもよい。三角形に関して底辺，高さの最大値を考えると図1のときに最大となる。

よって　　$B=\frac{1}{2}\cdot\pi\cdot 1=\frac{\pi}{2}$

長方形に関して，面積が最大となるのは2頂点が $y=\cos x$ 上にあるときである。1つの頂点の座標を $\mathrm{P}(t,\ \cos t)$ $\left(0<t<\frac{\pi}{2}\right)$ とすると，長方形の面積 $S(t)$ は

$$S(t)=2t\cos t$$

$$S'(t)=2\{\cos t+t\cdot(-\sin t)\}=2(\cos t-t\sin t)$$

$\left[0,\ \frac{\pi}{2}\right]$ において $\cos t$ は減少関数，$t\sin t$ は増加関数だから $S'(t)$ は減少関数である。

$$S'(0)=2>0,\ S'\left(\frac{\pi}{2}\right)=-\pi<0$$

より $S'(t)=0$，$0<t<\frac{\pi}{2}$ となる t がただ1つ存在し，その値を α とすると $S'(t)$ の符号は α の前後で正から負に変化する。　　……(＊)

（ただし，$\cos\alpha=\alpha\sin\alpha$）　　……①

$$0<\alpha<\frac{\pi}{2}$$

t	0	…	α	…	$\frac{\pi}{2}$
$S'(t)$	…	＋	0	－	…
$S(t)$	…	↗	最大	↘	…

よって　　$A=2\alpha\cos\alpha$

次に，PとOとの距離が最小となるときを考える。

$$\mathrm{OP}^2=t^2+\cos^2 t=f(t)\quad\left(0\leqq t\leqq\frac{\pi}{2}\right)$$

とおく。OPの最小値を半径とする半円の面積が C である。

$$f'(t)=2t+2\cos t\cdot(-\sin t)$$
$$=2t-\sin 2t$$
$$f''(t)=2-2\cos 2t>0$$

これより $f'(t)$ は増加関数で，$f'(0)=0$ より　　$f'(t)>0$

よって $f(t)$ は増加関数だから OP の最小値は $\sqrt{f(0)}=1$ である。x 軸上に中心があり S に含まれる円の中で半径が1より大きいものは存在しないので

$$C=\frac{1}{2}\cdot 1^2\cdot\pi=\frac{\pi}{2}$$

A と $B=C=\frac{\pi}{2}$ の大小を比較すればよい。①より $\alpha=\frac{\cos\alpha}{\sin\alpha}$ だから

$$A=\frac{2\cos^2\alpha}{\sin\alpha}$$

$g(x)=\dfrac{2\cos^2 x}{\sin x}\quad\left(0<x<\dfrac{\pi}{2}\right)$ とおくと $g(x)$ は減少関数である。

また $S'(t)$ は減少関数で

$$S'\left(\frac{\pi}{4}\right)=\sqrt{2}\left(1-\frac{\pi}{4}\right)>0 \qquad より \qquad \frac{\pi}{4}<\alpha<\frac{\pi}{2}$$

よって　$A=g(\alpha)<g\left(\dfrac{\pi}{4}\right)=\sqrt{2}<\dfrac{\pi}{2}$

したがって

$$A<B=C \qquad \cdots\cdots(答)$$

フォローアップ

〔Ⅰ〕 A と $\dfrac{\pi}{2}$ との大小比較が最後の山場である。A を大きめ or 小さめに見積もることを考える。しかし A が α の増加関数 or 減少関数ということが分からないと評価できない。元の式のままでは，α の範囲から α を上から or 下から評価すると，A を大きく評価することになるのかそれとも小さく評価することになるのか分からない。そこで①を利用して，A が α の増加関数であるのか減少関数であるのか判別したい。そのときの候補としては 解答 の形 $\left(\dfrac{2\cos^2\alpha}{\sin\alpha}\right)$ か，$\cos\alpha$ を消去して $2\alpha^2\sin\alpha$ とするか。後者を $h(\alpha)$ とおくと，これは α の増加関数で $0<\alpha<\dfrac{\pi}{2}$ より

$$h(0)<h(\alpha)<h\left(\frac{\pi}{2}\right)\Longleftrightarrow 0<A<\frac{\pi}{2}\cdot\pi \quad \left(>\frac{\pi}{2}\right)$$

となり，$\dfrac{\pi}{2}$ との大小は不明である。

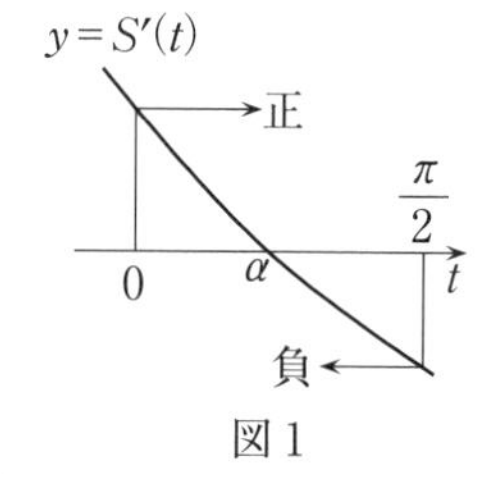

図1

(＊)の段階では図1の状況まで分かれば増減は得られた。ただ A の値を評価するとき $0<\alpha<\dfrac{\pi}{2}$ というルーズな範囲では $\dfrac{\pi}{2}$ との大小は分からない。なので有名角を $S'(t)$ に代入し，α を上からもしくは下から評価して A を上からもしくは下から評価しよう

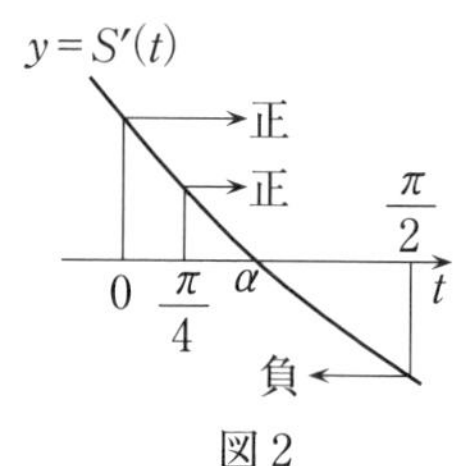

図2

とした（図2）。そのときに $\frac{\pi}{4}$ を代入したのは特にこだわりがあったわけではない。ただ中央を代入しそれでもダメなら中央左の値 $\frac{\pi}{6}$，中央右の値 $\frac{\pi}{3}$ を代入しようと考えた。本問はたまたまこの値で解決しただけである。

〔II〕 前問で利用したような評価の真似をしてもよい。前問は $y=\sin x$ の凸性を利用した接線と割線による評価であった。これを応用して $y=\cos x$ の $\left(\frac{\pi}{2},\ 0\right)$ における接線を利用する。

別解　$0<x<\frac{\pi}{2}$ のとき

$$\cos x < -x+\frac{\pi}{2}$$

が成立する（右のグラフ参照）。

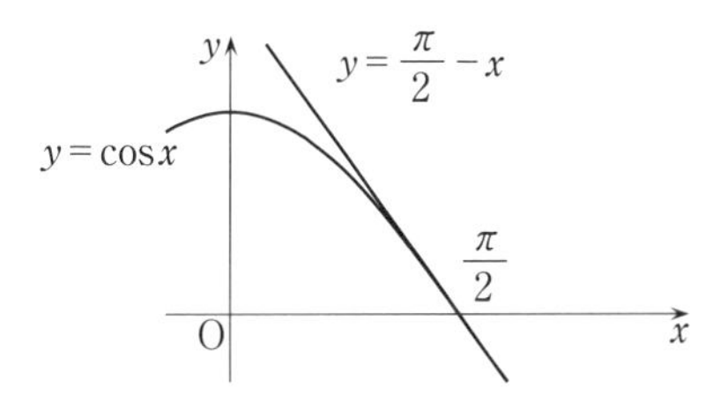

よって

$$\begin{aligned} A &= 2\alpha\cos\alpha \\ &< 2\alpha\left(\frac{\pi}{2}-\alpha\right) = -2\left(\alpha-\frac{\pi}{4}\right)^2+\frac{\pi^2}{8} \\ &< \frac{\pi^2}{8} = \frac{\pi}{2}\cdot\frac{\pi}{4} \\ &< \frac{\pi}{2} = B \end{aligned}$$

$\therefore$　$A<B=C$　　……（答）

〔III〕 $f'(t)=2t-\sin 2t$ の符号は前問で確認した公式

$$0<x<\frac{\pi}{2} \text{ のとき} \quad \frac{2}{\pi}x<\sin x<x \ \ (<\tan x)$$

の一部 $\sin x<x$ が $x>0$ の区間で成立することを用いてもよい。つまり $0<2t<\pi$ のとき $\sin 2t<2t$ より $f'(t)>0$ としてよい。

5.6　関数の増減（その 2）

$0<r<1$ となる実数 r に対し，点 $\mathrm{O}=(0,\ 0)$ を中心とし半径が r の円を C とする。円 C' は中心が $\mathrm{O}'=(1,\ 0)$ で円 C と異なる 2 点 P，Q で交わり，$\mathrm{OP}\perp\mathrm{O'P}$ となるものとする。円 C の内部を D，円 C' の内部を D'，四辺形 OPO′Q の内部を D'' と表す。r を $0<r<1$ の範囲で変化させるとき，D'' から交わり $D\cap D'$ を除いた部分の面積の最大値を求めよ。

アプローチ

この問題の最大のポイントは変数の選び方である。図形の計量の変数は大きく分けて「辺」または「角」の大きさである。本問は問題文の中に r を与え，r が変化したときと書いてあるので，まるで面積を r で表し r の関数の最大値を求めるかのように思ってしまう。少々意地が悪い問題文である。正直にそのまま考えた人はつぶれるかもしれない。もともと円弧を境界にもつ領域の面積は，中心角が分からないと求めることができない。本問のような領域は中心角もしくは中心角が求まる他の角度を変数にとるべきである。このダミーの変数 r に惑わされてはいけない。

解答

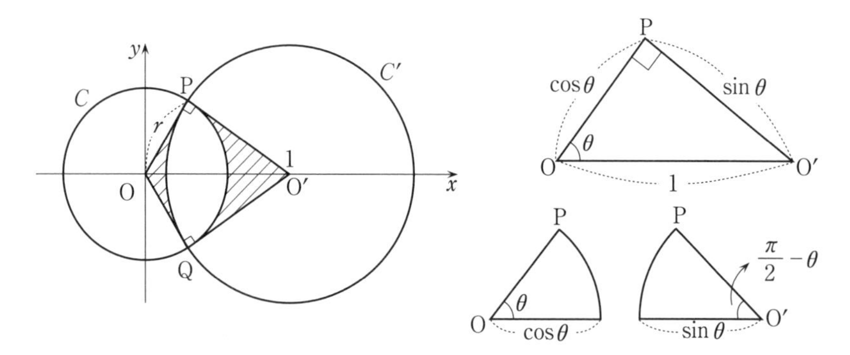

$\angle\mathrm{POO'}=\theta\ \left(0<\theta<\dfrac{\pi}{2}\right)$ とおくと $\mathrm{OP}=\cos\theta$，$\mathrm{O'P}=\sin\theta$ となる。求める面積を S とおくと

$$S=2\cdot(\text{四角形 OPO}'\text{Q})-(\text{扇形 OPQ})-(\text{扇形 O}'\text{PQ})$$
$$=2\cdot2\cdot\frac{1}{2}\sin\theta\cos\theta-\frac{1}{2}\cos^2\theta\cdot2\theta-\frac{1}{2}\sin^2\theta\cdot(\pi-2\theta)$$

$$=2\sin\theta\cos\theta-\theta\cos^2\theta-\left(\frac{\pi}{2}-\theta\right)\sin^2\theta$$

$$=\sin 2\theta-\theta\cdot\frac{1+\cos 2\theta}{2}-\left(\frac{\pi}{2}-\theta\right)\cdot\frac{1-\cos 2\theta}{2}$$

$$=\frac{1}{2}\left\{2\sin 2\theta-\frac{\pi}{2}+\left(\frac{\pi}{2}-2\theta\right)\cos 2\theta\right\} \quad \cdots\cdots(*)$$

$=S(\theta)$ とおく。

$$S'(\theta)=\cos 2\theta+\left(2\theta-\frac{\pi}{2}\right)\sin 2\theta$$

$$S''(\theta)=2\left(2\theta-\frac{\pi}{2}\right)\cos 2\theta$$

$0<2\theta<\frac{\pi}{2}$ のとき　　$2\theta-\frac{\pi}{2}<0,\ \cos 2\theta>0$

$\frac{\pi}{2}<2\theta<\pi$ のとき　　$2\theta-\frac{\pi}{2}>0,\ \cos 2\theta<0$

したがって $S''(\theta)\leqq 0$ だから $S'(\theta)$ は減少関数である。$S'\left(\frac{\pi}{4}\right)=0$ だから，

$S'(\theta)$ は $\theta=\frac{\pi}{4}$ の前後で正から負へと変化する。よって増減表は以下の通り。

θ	0	$\cdots$	$\frac{\pi}{4}$	$\cdots$	$\frac{\pi}{2}$
$S'(\theta)$	$\cdots$	+	0	−	$\cdots$
$S(\theta)$	$\cdots$	↗	$\cdots$	↘	$\cdots$

したがって求める最大値は

$$S\left(\frac{\pi}{4}\right)=\frac{1}{2}\left(2-\frac{\pi}{2}\right)=\mathbf{1-\frac{\pi}{4}} \quad \cdots\cdots(答)$$

フォローアップ

〔Ⅰ〕 C' の半径を r' とすると，直角三角形 OPO' に注目して $r^2+r'^2=1$ となる。r が増加すると r' が減少するので，下図１～３のように左から右に r を増やしていくと図２の状況が極値であろうことは分かる。なぜなら，仮に（図１の面積）<（図２の面積）であれば，図１と図３は左右反転しただけなので（図２の面積）>（図３の面積）となる。ということは，図１から図２に増加するなら図２から図３に減少するであろう。つまり図２が最大と予想できる。実際そうであろう。これを念頭に置いて議論を進めると $S'\left(\frac{\pi}{4}\right)=0$ の

発見につながる。

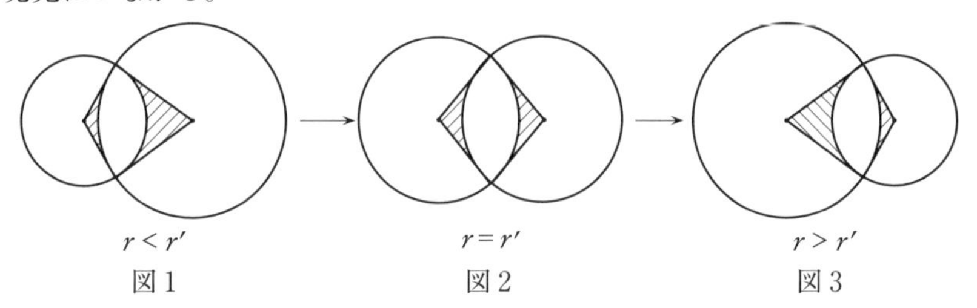

図 1　　図 2　　図 3

〔Ⅱ〕 $S=2\sin\theta\cos\theta-\theta\cos^2\theta-\left(\dfrac{\pi}{2}-\theta\right)\sin^2\theta$ からの式変形の流れを確認したい。まず sin，cos の 2 次の式があるので半角の公式等で次数を下げた。次に 2θ をひとカタマリとする関数(＊)に整えた。ここで $2\theta=x$ とおいてもよいであろう。次に $S'(\theta)$ の符号を調べようとしたが分からない。なので $S''(\theta)$ の符号から $S'(\theta)$ の増減を調べると減少関数と分かった。ということは $S'(\theta)=0$ となる θ が存在するとすればただ 1 つ。これは計算して求めるのではなく，見つけるのである。つまり有名角を片っ端から代入し 0 となるものを見つけるのである。ただ，有名角 ○π を代入して 0 になるなら π がつきそうな値とつかない値は混ざり合って 0 になることはないので，

$\cos 2\theta$（π がつかない値）と $\left(2\theta-\dfrac{\pi}{2}\right)\sin 2\theta$（$\pi$ がつく値）は独立に 0 になる。

このように考えれば $S'\left(\dfrac{\pi}{4}\right)=0$ はたやすく見つけられる。

このように解を見つけないといけない場面はよくある。例えば

例題　$f(x)=\log x-\log(1-x)+2x-1=0$（$0<x<1$）の解を求めよ。

方針　$f'(x)=\dfrac{1}{x}+\dfrac{1}{1-x}+2>0$ だから $f(x)$ は増加関数である。だから解が存在するとすればただ 1 つで，$f\left(\dfrac{1}{2}\right)=0$ より解は $x=\boldsymbol{\dfrac{1}{2}}$ のみである。

ここで $\dfrac{1}{2}$ は log のついている部分とついていない部分に分けて，独立に 0 となるものを探すことで見つけたのである。

5.7　関数の増減（その3）

実数rは$2\pi r \geqq 1$を満たすとする。半径rの円の周上に2点P，Qを，弧PQの長さが1になるようにとる。点Rが弧PQ上をPからQまで動くとき，弦PRが動いて通過する部分の面積を$S(r)$とする。rが変化するとき，面積$S(r)$の最大値を求めよ。

アプローチ

i▶ 本問の領域を$\overset{\frown}{\mathrm{PQ}}$と弦PQとで囲まれた領域と表現せず，弦PRが通過する領域と表現しているのは，解答の図2のときに混乱するからである。誤解が起こらない表現である。

ii▶ 扇形の面積は中心角が分からないと立式できないので，まず$\overset{\frown}{\mathrm{PQ}}$に対する中心角を$\theta$とおくか，もしくは求めないといけない。そこで，弧度法を確認する。半径1の扇形の弧の長さがθであるとき，その中心角をθラジアンと定めるというのが弧度法である。弧の長さを角度にするというのが定義である。その扇形をr倍すると中心角θが変わらず半径がr，弧の長さが$r\theta$となる。

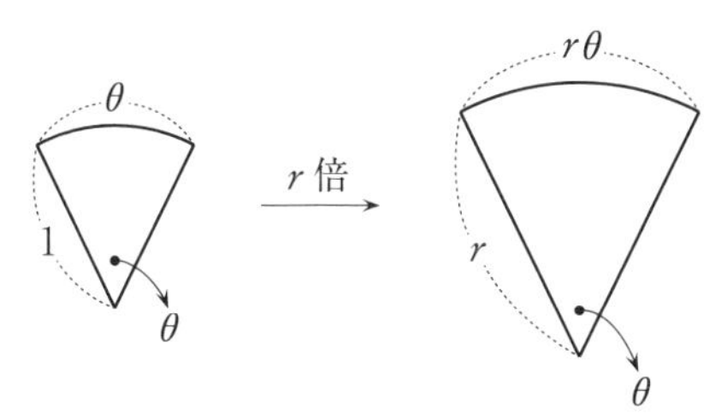

iii▶ 図形の計量の問題で，角度を変数にとった場合，鈍角と鋭角で最初の立式が異なるとか，180°以上以下で立式が異なるということがある。しかし，ほとんどの場合は三角関数がうまくやってくれて，結局同じ関数になることが多い。そうは言っても場合分けを無視することはできないので，考えるべき関数が同じであることを説明する。

iv▶ $r\theta=1$の条件と$\dfrac{1}{2}r^2\theta-\dfrac{1}{2}r^2\sin\theta$の関数を見たときに，$r$と$\theta$のどちらを消去するだろうか。本問は$S(r)$とあるので，最初は$r$の関数で表そうと$\theta$を消去したかもしれない。しかし，微分が煩雑になるのと，三角関数の性質を使いにくいので，rを消去しθの関数にするべきである。$S(r)$とは受験生を藪に引き込む罠のような気がする。

v▶ $f'(\theta)$ の分母は正だから，分子（$=g(\theta)$）の符号を調べるため，このグラフをかく。そこで微分するが $g'(\theta)$ の符号も分からない。さらに $g'(\theta)$ のグラフをかくため，微分し $g''(\theta)$ の符号を調べる。$g''(\theta)$ の符号から $g'(\theta)$ の増減，グラフ，符号を判定する。さらに $g'(\theta)$ の符号から $g(\theta)$ の増減，グラフ，符号を判定する。その符号が $f'(\theta)$ の符号だから $f(\theta)$ の増減につながる。さて，その過程で $g'(\theta)=0$ となる解が分からない。分からないままで大丈夫かどうか α とおいて先に議論を進める。$g(\theta)$ の増減を見れば，$g(0)=0$ から増加して $g(\alpha)$ だから $g(\alpha)>0$ となり，α の値は問題ではなくなった。では同様に $g(\theta)=0$ となる値はどうか。$f(\theta)$ の増減を調べると，この値で最大となり，その値が必要であることが分かる。$g(\theta)=0$ となる θ はグラフの形状からただ1つしかないので，**5.6** でも述べたように，求めるというより見つける感覚である。有名角を片っ端から代入し解を探し出してもらいたい。ただ $2\sin\theta-\theta(1+\cos\theta)=0$ となる θ を見つけることができるとすれば，前半の $\sin\theta$ と後半の $\theta(1+\cos\theta)$ が独立に0になるときであろう。なぜそのようなことを考えるのかというと，有名角である○π を代入すると◎＋▨π となる。π のついている部分とついていない部分が打ち消しあって0になることはない。ということは π がつくところ（$\theta(1+\cos\theta)$）と，そうでないところ（$\sin\theta$）が各々独立に0となる値しか見つけられない。

解答

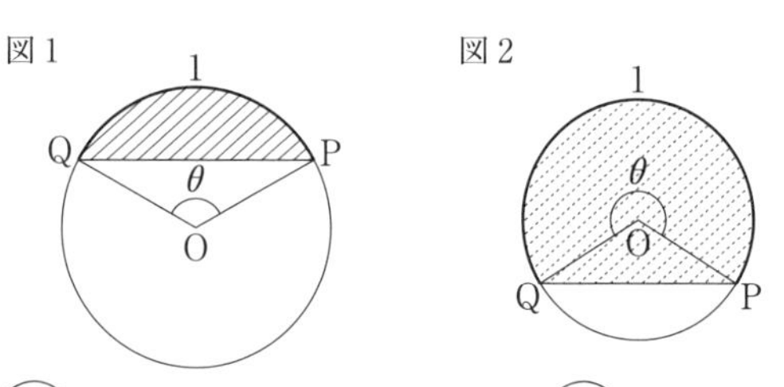

円の中心をO，$\overset{\frown}{PQ}$ に対する中心角を θ とする。$\overset{\frown}{PQ}=1$ より

$$r\theta=1 \quad \therefore \quad r=\frac{1}{\theta} \quad \cdots\cdots①$$

$2\pi r\geqq1$ より　$\dfrac{2\pi}{\theta}\geqq1 \quad \therefore \quad 0<\theta\leqq2\pi$

(i)　$0<\theta\leqq\pi$ のとき，図1の斜線部の面積を求めて

$$S(r)=\frac{1}{2}r^2\theta-\frac{1}{2}r^2\sin\theta$$

(ii)　$\pi<\theta\leqq 2\pi$ のとき，図2の斜線部の面積を求めて

$$S(r)=\frac{1}{2}r^2\theta+\frac{1}{2}r^2\sin(2\pi-\theta)=\frac{1}{2}r^2\theta-\frac{1}{2}r^2\sin\theta$$

(i)，(ii)より

$$S(r)=\frac{1}{2}r^2(\theta-\sin\theta)=\frac{\theta-\sin\theta}{2\theta^2}\quad(①より)$$

これを $f(\theta)$ とおくと

$$f'(\theta)=\frac{(1-\cos\theta)\cdot\theta^2-(\theta-\sin\theta)\cdot 2\theta}{2\theta^4}=\frac{2\sin\theta-\theta(1+\cos\theta)}{2\theta^3}$$

$f'(\theta)$ の分子を $g(\theta)$ とおくと，$f'(\theta)$ と $g(\theta)$ の符号は一致する。

$$g'(\theta)=\cos\theta-1+\theta\sin\theta$$

$$g''(\theta)=\theta\cos\theta$$

これより $g'(\theta)$ の増減と $y=g'(\theta)$ のグラフは下の通り。

θ	0	$\cdots$	$\frac{\pi}{2}$	$\cdots$	$\frac{3}{2}\pi$	$\cdots$	2π
$g''(\theta)$	／	$+$	0	$-$	0	$+$	
$g'(\theta)$	(0)	↗		↘		↗	0

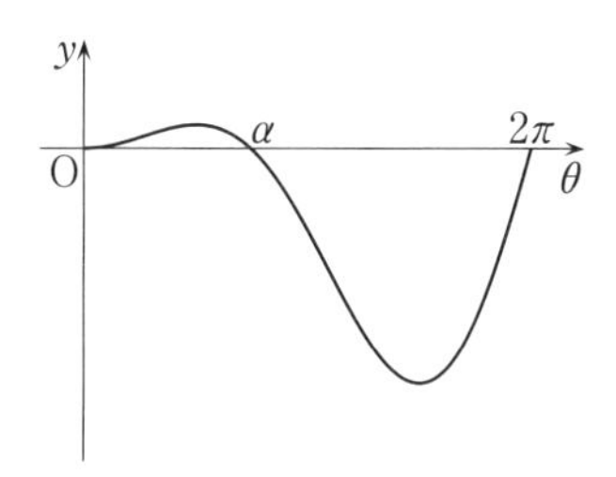

上図のように α を定める。$g(\pi)=0$ に注意すると，$g(\theta)$ の増減と $y=g(\theta)$ のグラフは下の通り。

θ	0	$\cdots$	α	$\cdots$	2π
$g'(\theta)$	／	$+$	0	$-$	
$g(\theta)$	(0)	↗		↘	-4π

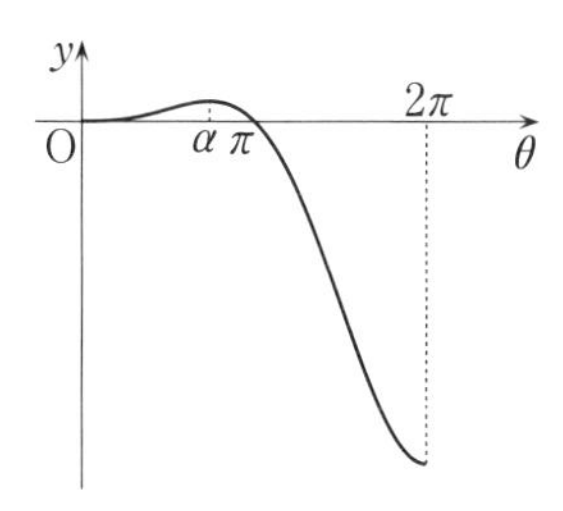

$g(\theta)$ と $f'(\theta)$ の符号は一致するので，$f(\theta)$ の増減は

θ	0	$\cdots$	π	$\cdots$	2π
$f'(\theta)$	／	$+$	0	$-$	
$f(\theta)$	／	↗		↘	

となる。よって，求める最大値は $f(\pi)=\dfrac{1}{2\pi}$ 　　……**(答)**

フォローアップ

〔Ⅰ〕 **別解** （$f'(\theta)$ の分子を $g(\theta)$ とおくところまでは **解答** に同じ）

$g(\theta)=2\cdot2\sin\dfrac{\theta}{2}\cos\dfrac{\theta}{2}-\theta\cdot2\cos^2\dfrac{\theta}{2}=4\cos\dfrac{\theta}{2}\left(\sin\dfrac{\theta}{2}-\dfrac{\theta}{2}\cos\dfrac{\theta}{2}\right)$

ここで $0<\theta<\pi$ つまり $0<\dfrac{\theta}{2}<\dfrac{\pi}{2}$ のとき，$\cos\dfrac{\theta}{2}>0$，$\tan\dfrac{\theta}{2}>\dfrac{\theta}{2}$ より

$$\sin\frac{\theta}{2}-\frac{\theta}{2}\cos\frac{\theta}{2}=\cos\frac{\theta}{2}\left(\tan\frac{\theta}{2}-\frac{\theta}{2}\right)>0$$

$\pi<\theta<2\pi$ つまり $\dfrac{\pi}{2}<\dfrac{\theta}{2}<\pi$ のとき，$\sin\dfrac{\theta}{2}>0$，$\cos\dfrac{\theta}{2}<0$　だから

$$\sin\frac{\theta}{2}-\frac{\theta}{2}\cos\frac{\theta}{2}>0$$

いずれにしても $\sin\dfrac{\theta}{2}-\dfrac{\theta}{2}\cos\dfrac{\theta}{2}>0$ だから $g(\theta)$ の符号，つまり $f'(\theta)$ の符号は $\cos\dfrac{\theta}{2}$ の符号と一致する。（以下同じ）

〔Ⅱ〕 問題 **4.2** の〔アプローチ〕**i** にもあるが，$1\pm\cos\theta$ の形が見えたら，半角の公式を逆向きに利用して $1+\cos\theta=2\cos^2\dfrac{\theta}{2}$，$1-\cos\theta=2\sin^2\dfrac{\theta}{2}$ と変形してみる。これに伴い他の三角関数の角度も半角に変える。本問でのメリットは問題 **5.4** の〔アプローチ〕**ii** にある公式

$$0<x<\frac{\pi}{2} \text{ のとき}\qquad \sin x<x<\tan x$$

を利用できることである。左の不等式は $0<x<\dfrac{\pi}{2}$ の区間だけでなく $x>0$ で常に成り立つ。というのは $x\geqq\dfrac{\pi}{2}$ のとき $x>1$ だから，$x>1>\sin x$ が成り立つので，$x>0$ において $\sin x<x$ が成り立つ。さらに $0<x<\dfrac{\pi}{2}$ のとき $\cos x>0$ だから $\tan x>x$ つまり $\dfrac{\sin x}{\cos x}>x$ より $\sin x>x\cos x$ が成り立つ。これは $\dfrac{\pi}{2}\leqq x<\pi$ のときも成り立つ。なぜなら（左辺）$>0\geqq$（右辺）だからである。ということは，$0<x<\pi$ のとき $\sin x>x\cos x$ が成り立つ。本問はここに $x=\dfrac{\theta}{2}$ を代入したものを用いた。

〔Ⅲ〕 総括すると，$g(\theta)=2\sin\theta-\theta-\theta\cos\theta$ の式を $2\sin\theta-\theta(1+\cos\theta)$ と整理することが大切である。これは $g(\theta)=0$ となる θ を求める作業にもつながるし，$1\pm\cos\theta$ が見えることにもなるし，$\sin x<x<\tan x$ の公式を使える形にすることにもつながる。この公式は x と三角関数を切り離さないと使えない。そのために θ でくくり，その係数で割ればこの公式が使える可能性が出てくる。

〔Ⅳ〕 $1\pm\cos\theta$ は，半角に変形すると簡単になることがある。例えば関数 $f(\theta)=\dfrac{\sin\theta}{1+\cos\theta}$ の増減や最大最小を考えるとき

$$f(\theta)=\frac{2\sin\frac{\theta}{2}\cos\frac{\theta}{2}}{2\cos^2\frac{\theta}{2}}=\tan\frac{\theta}{2}$$

と変形すると分かりやすい。

もう少し練習しておく。

例題　複素数 $1+\cos\theta+i\sin\theta$，$1-\cos\theta+i\sin\theta$ $(0<\theta<\pi)$ を極形式で表せ。

解答

$$(\text{与式第１式})=2\cos^2\frac{\theta}{2}+2i\sin\frac{\theta}{2}\cos\frac{\theta}{2}=2\cos\frac{\theta}{2}\left(\cos\frac{\theta}{2}+i\sin\frac{\theta}{2}\right)$$

$0<\theta<\pi$ より $\cos\dfrac{\theta}{2}>0$ だから，上式は極形式である。

$$\therefore\quad \boldsymbol{2\cos\frac{\theta}{2}\left(\cos\frac{\theta}{2}+i\sin\frac{\theta}{2}\right)} \qquad \cdots\cdots(\text{答})$$

$$\begin{aligned}(\text{与式第２式})&=2\sin^2\frac{\theta}{2}+2i\sin\frac{\theta}{2}\cos\frac{\theta}{2}\\&=2\sin\frac{\theta}{2}\left(\sin\frac{\theta}{2}+i\cos\frac{\theta}{2}\right)\\&=2\sin\frac{\theta}{2}\left\{\cos\left(\frac{\pi}{2}-\frac{\theta}{2}\right)+i\sin\left(\frac{\pi}{2}-\frac{\theta}{2}\right)\right\}\end{aligned}$$

$0<\theta<\pi$ より $\sin\dfrac{\theta}{2}>0$ だから，上式は極形式である。

$$\therefore\quad \boldsymbol{2\sin\frac{\theta}{2}\left\{\cos\left(\frac{\pi}{2}-\frac{\theta}{2}\right)+i\sin\left(\frac{\pi}{2}-\frac{\theta}{2}\right)\right\}} \qquad \cdots\cdots(\text{答})$$

5.8　定積分の不等式

次の不等式を証明せよ。ただし，e は自然対数の底である。

(1)　$0<a\leqq x$ のとき　$\displaystyle\int_a^x e^{-\frac{t^2}{2}}dt\leqq\frac{1}{a}e^{-\frac{a^2}{2}}-\frac{1}{x}e^{-\frac{x^2}{2}}$

(2)　$3<b$ のとき　$\displaystyle\int_3^b e^{-\frac{t^2}{2}+2t}dt<e^{\frac{3}{2}}$

アプローチ

i▶ 定積分の評価で考えることは

1．積分区間内で被積分関数を評価する。

2．被積分関数が具体的な関数で増減凹凸がはっきりしているなら，長方形または台形の面積で評価する。

3．積分区間に x などの変数が含まれているときは差をとって微分を行う。

のいずれかである。

1．について，$a\leqq x\leqq b$ において $f(x)\leqq g(x)$ が成立しているとき

$$\int_a^b f(x)\,dx\leqq\int_a^b g(x)\,dx$$

が成立する。これを利用するのであるが，上式の等号は積分区間内で恒等的に $f(x)=g(x)$ でない限り成立しない。本問で使うなら

$$\begin{aligned}(\text{右辺})&=\frac{1}{a}e^{-\frac{a^2}{2}}-\frac{1}{x}e^{-\frac{x^2}{2}}\\&=\left[-\frac{1}{t}e^{-\frac{t^2}{2}}\right]_a^x\\&=\int_a^x\left(-\frac{1}{t}e^{-\frac{t^2}{2}}\right)'dt\end{aligned}$$

と逆算して $a\leqq t\leqq x$ において $e^{-\frac{t^2}{2}}\leqq\left(-\frac{1}{t}e^{-\frac{t^2}{2}}\right)'$ となることを示す。

2．について，$f'(x)>0$，$f''(x)>0$ と分かっている具体的な関数の場合は $\displaystyle\int_a^b f(x)\,dx$（図 1 の面積）を図 2 ～図 5 の斜線部の面積と比較する。図 4 は接線でできる台形で中点での接線を利用することが多い。図 5 は両端点を通る割線による台形である。図 2 ～図 5 の面積の式にはすべて $b-a$ が含まれる。ということは本問の右辺に $x-a$ がないので，これは利用できないのであろう。

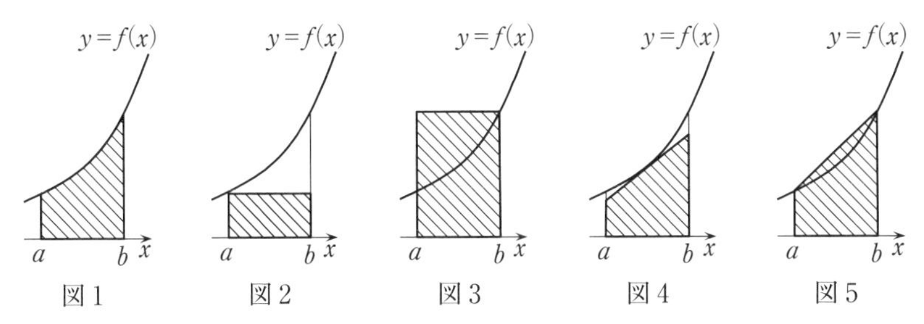

図1　図2　図3　図4　図5

3．について，$\frac{d}{dx}\left(\int_{q(x)}^{p(x)} f(t)\,dt\right)=f(p(x))\cdot p'(x)-f(q(x))\cdot q'(x)$ を利用することが多い。**解答** はこの方針で行った。

ii▶ (2)では(1)の利用を考えるが被積分関数の形が異なる。これはどうしたらいいのか？　$-\frac{t^2}{2}$ が $-\frac{t^2}{2}+2t$ に変化したというのは放物線が平行移動しているのと同じ。そのズレを修正すれば(1)の利用が見えてくる。

解答

(1)　$F(x)=\frac{1}{a}e^{-\frac{a^2}{2}}-\frac{1}{x}e^{-\frac{x^2}{2}}-\int_a^x e^{-\frac{t^2}{2}}dt$ とおく。

$$F'(x)=\frac{1}{x^2}e^{-\frac{x^2}{2}}-\frac{1}{x}e^{-\frac{x^2}{2}}\cdot(-x)-e^{-\frac{x^2}{2}}=\frac{1}{x^2}e^{-\frac{x^2}{2}}>0$$

$F(x)$ は増加関数で $F(a)=0$ だから，$x\geqq a$（>0）のとき　　$F(x)\geqq 0$

∴　(左辺)≦(右辺)　　**(証明終わり)**

(2)　$-\frac{t^2}{2}+2t=-\frac{1}{2}(t-2)^2+2$ より

$$\begin{aligned}(\text{左辺})&=\int_3^b e^{-\frac{1}{2}(t-2)^2+2}dt\\&=e^2\int_3^b e^{-\frac{1}{2}(t-2)^2}dt\\&=e^2\int_1^{b-2} e^{-\frac{1}{2}u^2}du\quad (t-2=u\text{ とおいた})\\&\leqq e^2\left(\frac{1}{1}e^{-\frac{1^2}{2}}-\frac{1}{b-2}e^{-\frac{(b-2)^2}{2}}\right)\end{aligned}$$

（$1<b-2$ だから(1)において $x=b-2$，$a=1$ とした式を利用した）

$$\begin{aligned}&<e^2\cdot e^{-\frac{1}{2}}\quad\left(b>3\text{ だから }\frac{1}{b-2}e^{-\frac{(b-2)^2}{2}}>0\text{ より}\right)\\&=e^{\frac{3}{2}}\end{aligned}$$

∴　(左辺)＜(右辺)　　**(証明終わり)**

フォローアップ

〔Ⅰ〕 (1)は部分積分を用いて右辺と同じ形になる部分を取り出す別解もある。

別解 (1) $\displaystyle\int_a^x e^{-\frac{t^2}{2}}dt=\int_a^x\left(-\frac{1}{t}\right)\left(-te^{-\frac{t^2}{2}}\right)dt$

$$=\left[-\frac{1}{t}e^{-\frac{t^2}{2}}\right]_a^x-\int_a^x\frac{1}{t^2}e^{-\frac{t^2}{2}}dt$$

$$=\frac{1}{a}e^{-\frac{a^2}{2}}-\frac{1}{x}e^{-\frac{x^2}{2}}-\int_a^x\frac{1}{t^2}e^{-\frac{t^2}{2}}dt$$

$$\leqq\frac{1}{a}e^{-\frac{a^2}{2}}-\frac{1}{x}e^{-\frac{x^2}{2}}\quad\left(\int_a^x\frac{1}{t^2}e^{-\frac{t^2}{2}}dt\geqq0\ \text{より}\right)$$

(証明終わり)

〔Ⅱ〕 例えば次の計算を考えてもらいたい。

(1) $\displaystyle\int_1^{\sqrt{3}}(3-x^2)\,dx$ (2) $\displaystyle\int_0^1\frac{1}{1+x^2}dx$ (3) $\displaystyle\int_0^{\frac{1}{2}}\frac{1}{\sqrt{1-x^2}}dx$

おそらく簡単だと感じるだろう。では，次の計算を考えてもらいたい。

(i) $\displaystyle\int_2^{1+\sqrt{3}}(-x^2+2x+2)\,dx$ (ii) $\displaystyle\int_{-1}^0\frac{1}{x^2+2x+2}dx$

(iii) $\displaystyle\int_1^{\frac{3}{2}}\frac{1}{\sqrt{-x^2+2x}}dx$

この(i)(ii)(iii)はそれぞれ前問の(1)(2)(3)と同じである。すべて軸をずらして難しく迷彩をかけているだけである。

(i) $3-(x-1)^2$ として計算。

(ii) $\dfrac{1}{(x+1)^2+1}$ と変形して $x+1=\tan\theta\ \left(-\dfrac{\pi}{2}<\theta<\dfrac{\pi}{2}\right)$ と置換。

(iii) $\sqrt{1-(x-1)^2}$ と変形して $x-1=\sin\theta\ \left(-\dfrac{\pi}{2}<\theta<\dfrac{\pi}{2}\right)$ と置換。

これで前問と同様に計算できる。問題の難易度を上げるために対称軸をずらすことは，我々予備校講師が模擬試験を作るときにも使う手である。

5.9　動かす前に切る，切ったものを動かす

座標空間において，平面 $z=1$ 上に1辺の長さが1の正三角形ABCがある。点A，B，Cから平面 $z=0$ におろした垂線の足をそれぞれD，E，Fとする。動点PはAからBの方向へ出発し，一定の速さで△ABCの周を一周する。動点Qは同時にEからFの方向へ出発し，Pと同じ一定の速さで△DEFの周を一周する。線分PQが通過してできる曲面と△ABC，△DEFによって囲まれる立体を V とする。

(1)　平面 $z=a$ $(0 \leqq a \leqq 1)$ による V の切り口はどのような図形か。

(2)　V の体積を求めよ。

アプローチ

i▶ まず適当に三角形を配置しないと計算ができない。このときの配置は1つの頂点を原点にする，対称軸を y 軸にする，重心を原点にするなどあるが，本問は特にこだわりがない。なぜならすべての辺を動くときを考えようと思っていないからである。1つの辺を動くときを把握できたら，残りは2つの三角形の重心を通る直線を軸として回転して同様とする予定である。

ii▶ 動かしたものを切るときには，動かす前に切る，切ったものを動かすというのが定石である。ある時刻 t の線分PQと平面 $z=a$ との交点 R_t を求め，その後 t を動かして R_t の軌跡を求める。

iii▶ このとき，次の作業は慣れておいてほしい。

A$(\cdots,\ \cdots,\ a)$，B$(\cdots,\ \cdots,\ b)$ を通る直線と平面 $z=t$ との交点をPとする。A，B，Pの z 座標から各点が平面 $z=a$，$z=b$，$z=t$ 上にあることが分かる。この平行な3平面間の距離から分点比を求めて

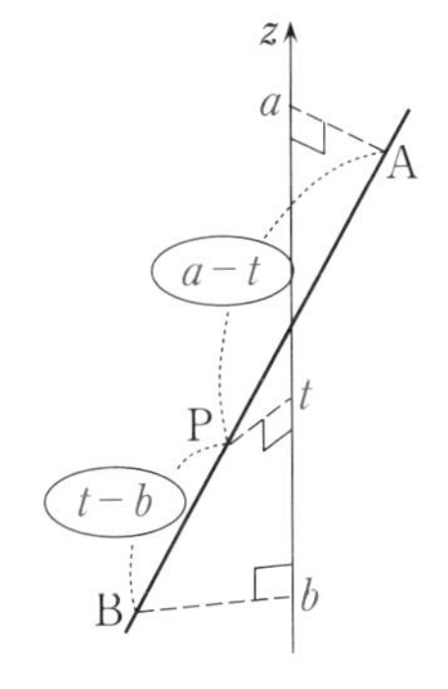

$$\overrightarrow{\mathrm{OP}}=\frac{(t-b)\overrightarrow{\mathrm{OA}}+(a-t)\overrightarrow{\mathrm{OB}}}{(a-t)+(t-b)}$$

となる。これは a，b，t の大小にかかわらず成立する。

iv▶ t を媒介変数として $\vec{a}+t\vec{v}$ の形，$(at+b,\ ct+d)$ の形で表される点の軌跡は直線である。

解答

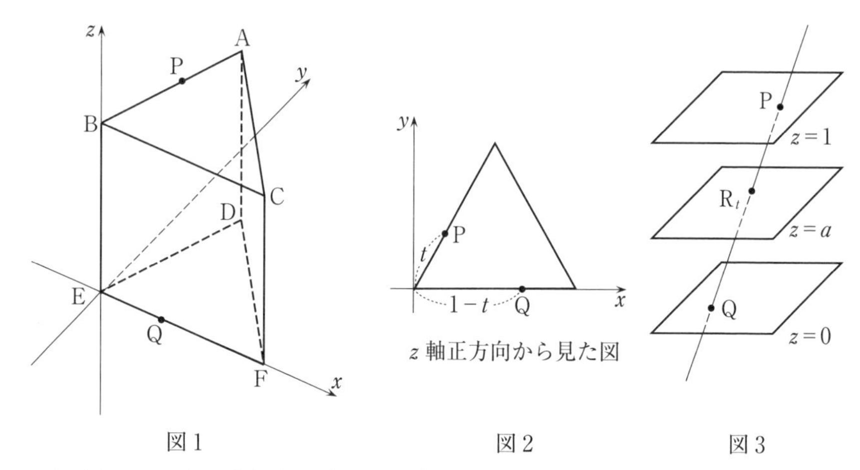

(1) 図1のように座標軸を定めると各点の座標は

$$A\left(\frac{1}{2},\ \frac{\sqrt{3}}{2},\ 1\right),\ B(0,\ 0,\ 1),\ C(1,\ 0,\ 1)$$

$$D\left(\frac{1}{2},\ \frac{\sqrt{3}}{2},\ 0\right),\ E(0,\ 0,\ 0),\ F(1,\ 0,\ 0)$$

となる。P が線分 AB 上，Q が線分 EF 上にあるとき AP=EQ だから BP$=t$ とおくと EQ$=1-t$ となる。よって，図2より

$$P\left(\frac{t}{2},\ \frac{\sqrt{3}t}{2},\ 1\right),\ Q(1-t,\ 0,\ 0)\quad (0\leqq t\leqq 1)$$

とおける。線分 PQ と平面 $z=a$ との交点を R_t とすると，P，Q，R_t の z 座標がそれぞれ1，0，a だから図3より

$$\overrightarrow{OR_t}=a\overrightarrow{OP}+(1-a)\overrightarrow{OQ}$$

となる。t が $0\leqq t\leqq 1$ を満たしながら変化したときの R_t が動く軌跡が，2点 P，Q がそれぞれ線分 AB，EF 上を動いてできる立体 V の平面 $z=a$ による切り口である。そこで $R_t(x,\ y,\ a)$ とおくと

$$\begin{cases} x=\dfrac{at}{2}+(1-a)(1-t) \\ y=\dfrac{\sqrt{3}a}{2}t \end{cases}$$

この2式から t を消去すると x，y の1次式が得られるので R_t は R_0，R_1 を端点とする線分上を動く。

$$\mathrm{R_0}(1-a,\ 0,\ a),\ \mathrm{R_1}\left(\frac{a}{2},\ \frac{\sqrt{3}}{2}a,\ a\right)$$

だから

$$\mathrm{R_0R_1}=\sqrt{\left(1-a-\frac{a}{2}\right)^2+\left(\frac{\sqrt{3}}{2}a\right)^2}=\sqrt{3a^2-3a+1}$$

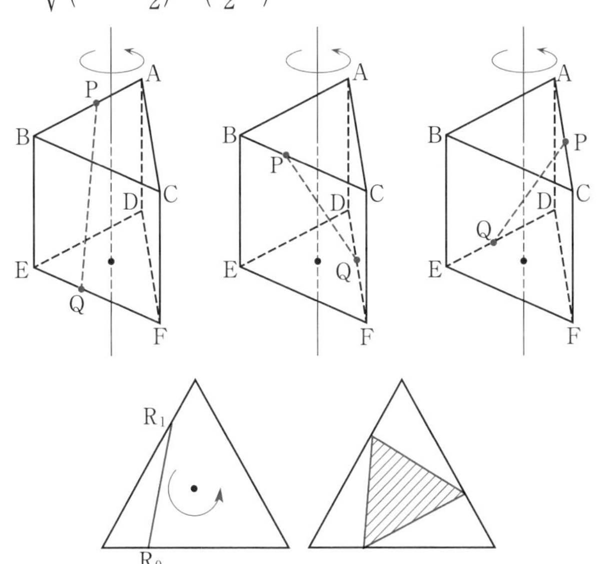

V の切り口は△ABC，△DEF の重心を結ぶ直線のまわりに $\mathrm{R_0R_1}$ を 120°ずつ回転してできる正三角形である。よって V の切り口は

１辺の長さが $\sqrt{3a^2-3a+1}$ の正三角形　　……(答)

(2)　切り口の面積は

$$\frac{1}{2}(3a^2-3a+1)\sin 60^\circ=\frac{\sqrt{3}}{4}(3a^2-3a+1)$$

だから，求める体積は

$$\int_0^1\frac{\sqrt{3}}{4}(3a^2-3a+1)\,da$$

$$=\frac{\sqrt{3}}{4}\left[a^3-\frac{3}{2}a^2+a\right]_0^1=\frac{\sqrt{3}}{8}$$　　……(答)

5.10 媒介変数表示された曲線

媒介変数表示された曲線

$$C: x=e^{-t}\cos t,\ y=e^{-t}\sin t \quad \left(0 \leqq t \leqq \frac{\pi}{2}\right)$$

を考える。

(1) C の長さ L を求めよ。

(2) C と x 軸，y 軸で囲まれた領域の面積 S を求めよ。

アプローチ

i▶ 媒介変数で表された曲線に関する面積は，x，y の増減を調べて概形をかくこと。というのは，軸方向で見たときに「巻き込み」が起こっていれば立式を分ける必要があるからである。

ii▶ $e^{ax}\sin bx$，$e^{ax}\cos bx$ の積分は，まずこれらを微分して，それらを用いて微分してこれらになるものを作る。

$$\begin{cases} (e^{ax}\sin bx)' = ae^{ax}\sin bx + be^{ax}\cos bx & \cdots\cdots ① \\ (e^{ax}\cos bx)' = -be^{ax}\sin bx + ae^{ax}\cos bx & \cdots\cdots ② \end{cases}$$

①$\times a-$②$\times b$ より

$$(ae^{ax}\sin bx - be^{ax}\cos bx)' = (a^2+b^2)\, e^{ax}\sin bx$$

$$\therefore \int e^{ax}\sin bx dx = \frac{1}{a^2+b^2}(ae^{ax}\sin bx - be^{ax}\cos bx) + C \quad (C:積分定数)$$

①$\times b+$②$\times a$ より

$$(be^{ax}\sin bx + ae^{ax}\cos bx)' = (a^2+b^2)\, e^{ax}\cos bx$$

$$\therefore \int e^{ax}\cos bx dx = \frac{1}{a^2+b^2}(be^{ax}\sin bx + ae^{ax}\cos bx) + C \quad (C:積分定数)$$

これが使える形に整えるために $\sin t$，$\cos t$ の 2 次式の次数を下げる。このときに用いる公式は

$$\cos^2 t = \frac{1+\cos 2t}{2},\quad \sin^2 t = \frac{1-\cos 2t}{2},\quad \sin t\cos t = \frac{\sin 2t}{2}$$

である。

①，②の右辺の形が現れたら，そのまま積分できる。本問はそのケースである。

解答

(1)　$x(t)=e^{-t}\cos t$, $y(t)=e^{-t}\sin t$ とおく。

$$x'(t)=e^{-t}(-\cos t-\sin t),\quad y'(t)=e^{-t}(-\sin t+\cos t)$$

これより

$$\{x'(t)\}^2+\{y'(t)\}^2=e^{-2t}\{(-\cos t-\sin t)^2+(-\sin t+\cos t)^2\}=2e^{-2t}$$

よって

$$L=\int_0^{\frac{\pi}{2}}\sqrt{2}e^{-t}dt=\Big[-\sqrt{2}e^{-t}\Big]_0^{\frac{\pi}{2}}=\boldsymbol{\sqrt{2}\,(1-e^{-\frac{\pi}{2}})}\qquad\cdots\cdots(\text{答})$$

(2)

t	0	…	$\frac{\pi}{4}$	…	$\frac{\pi}{2}$
$x'(t)$ $y'(t)$		$-$ $+$	 0	$-$ $-$	
$x(t)$	1	←		←	0
$y(t)$	0	↑		↓	$e^{-\frac{\pi}{2}}$
C		↖		↙	

左の表より，曲線 C の概形は下の通り。

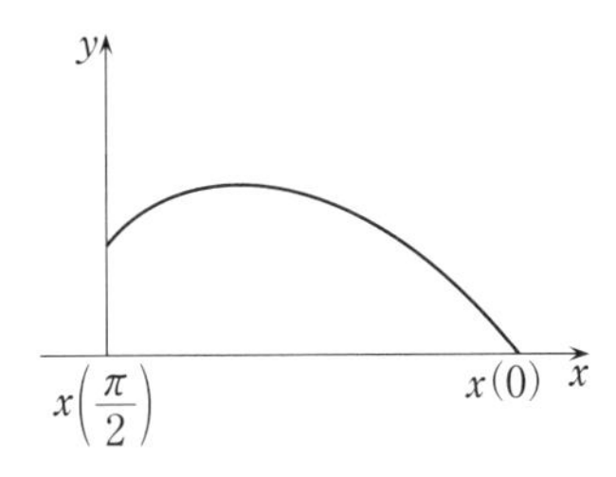

よって

$$S=\int_{x\left(\frac{\pi}{2}\right)}^{x(0)}ydx=\int_{\frac{\pi}{2}}^{0}y(t)\cdot x'(t)\,dt\quad(y=y(t),\ dx=x'(t)\,dt\ \text{より})$$

$$=\int_0^{\frac{\pi}{2}}e^{-t}\sin t\cdot e^{-t}(\cos t+\sin t)\,dt$$

$$=\int_0^{\frac{\pi}{2}}e^{-2t}(\sin t\cos t+\sin^2 t)\,dt$$

$$=\frac{1}{2}\int_0^{\frac{\pi}{2}}(e^{-2t}\sin 2t-e^{-2t}\cos 2t+e^{-2t})\,dt$$

$$=\frac{1}{2}\Big[-\frac{1}{2}e^{-2t}\sin 2t-\frac{1}{2}e^{-2t}\Big]_0^{\frac{\pi}{2}}=\boldsymbol{\frac{1}{4}(1-e^{-\pi})}\qquad\cdots\cdots(\text{答})$$

フォローアップ

〔I〕〔アプローチ〕 **i** で所謂「巻き込み」があれば立式で場合分けが必要だと注意した。しかし，次の問題を見てもらうとわかるように，結局，巻き込みがあろうがなかろうが最終的には関係ない。

例題 t を媒介変数として $x=x(t)$, $y=y(t)$ $(a \leqq t \leqq b)$ と表される曲線の概形は右図の通りであるとする。この曲線と x 軸で囲まれた領域の面積が $\int_a^b y(t)x'(t)\,dt$ と表されることを示せ。

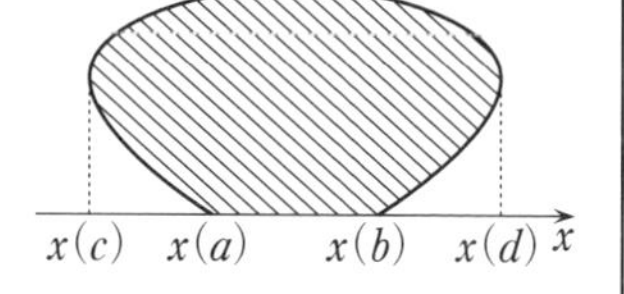

解答

図 1 の斜線部の面積から図 2，図 3 の斜線部の面積を引く。

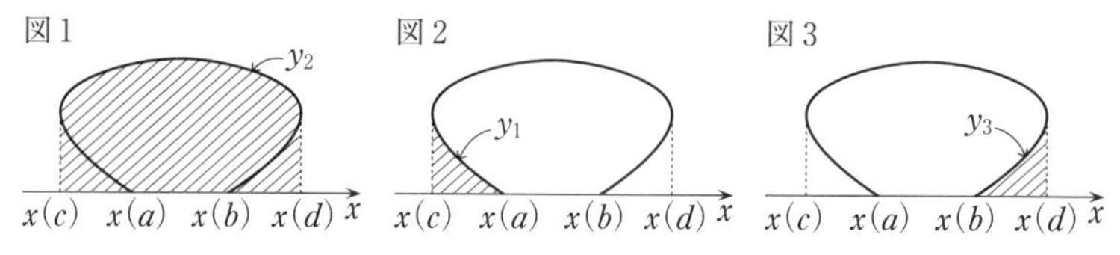

t の値が区間 $[a,\ c]$, $[c,\ d]$, $[d,\ b]$ にあるときの y をそれぞれ y_1, y_2, y_3 とすると，求める面積 S は

$$S=\int_{x(c)}^{x(d)} y_2 dx-\int_{x(c)}^{x(a)} y_1 dx-\int_{x(b)}^{x(d)} y_3 dx$$

となる。$y=y(t)$, $dx=x'(t)\,dt$ より

$$S=\int_c^d y(t)\cdot x'(t)\,dt-\int_c^a y(t)\cdot x'(t)\,dt-\int_b^d y(t)\cdot x'(t)\,dt$$

$$=\int_c^d y(t)x'(t)\,dt+\int_a^c y(t)x'(t)\,dt+\int_d^b y(t)x'(t)\,dt$$

$$=\int_a^b y(t)x'(t)\,dt$$

（証明終わり）

x, y の積分の立式の段階で 3 つに分かれていたが，t の式に置換を行うと必ず 1 つの積分にまとめられる。ということは，媒介変数で表された曲線に関する面積は，途中の極値は必要でない。スタートとゴールの媒介変数だけが分かれば立式できるということ。もし極値やそれに対応する媒介変数が求められないときは，何か文字を使って設定だけしておけばよい。この文字は最終的に消えるはずである。この事実を知っているからといって，いきなり最後の式から立式してはだめである。この計算過程を必ず答案に明示すること。

〔Ⅱ〕 極方程式 $r=f(\theta)$ を媒介変数表示に変えるとき，$x=r\cos\theta$, $y=r\sin\theta$ に極方程式 $r=f(\theta)$ を代入して $x=f(\theta)\cos\theta$, $y=f(\theta)\sin\theta$ となる。本問はこれを逆にすれば媒介変数表示を極方程式に変えることができる。

普通の定積分の面積公式 $\int_a^b ydx$ は次の図 1 のように微小の面積を長方形で

近似している。極方程式の面積公式 $\int_{\alpha}^{\beta}\frac{1}{2}r^2d\theta$ は微小の面積を図2のように扇形で近似している。

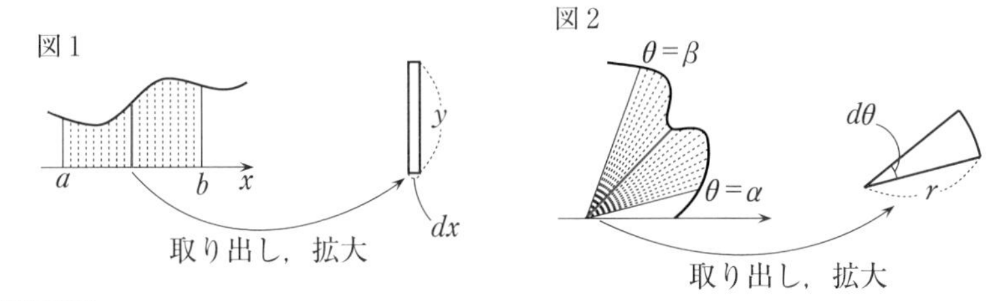

別解

(2)　C の極方程式は $r=e^{-\theta}$ $\left(0\leqq\theta\leqq\frac{\pi}{2}\right)$ だから

$$S=\int_0^{\frac{\pi}{2}}\frac{1}{2}r^2d\theta=\frac{1}{2}\int_0^{\frac{\pi}{2}}e^{-2\theta}d\theta$$

$$=-\frac{1}{4}\left[e^{-2\theta}\right]_0^{\frac{\pi}{2}}=\boldsymbol{\frac{1}{4}(1-e^{-x})} \quad \cdots\cdots(答)$$

5.11　回転体の体積

a は与えられた実数で，$0<a\leqq 1$ を満たすものとする。xyz 空間内に1辺の長さ $2a$ の正三角形△PQR を考える。辺 PQ は xy 平面上にあり，△PQR を含む平面は xy 平面と垂直で，さらに点Rの z 座標は正であるとする。

(1)　辺 PQ が xy 平面の単位円の内部（周を含む）を自由に動くとき，△PQR（内部を含む）が動いてできる立体の体積 V を求めよ。

(2)　a が $0<a\leqq 1$ の範囲を動くとき，体積 V の最大値を求めよ。

アプローチ

i▶ 体積を求めるときは，積分軸を定め，それに対して垂直な断面をとり，その断面積を求めて積分で集める。本問の立体は実質 z 軸のまわりの回転体である。回転体は回転軸に垂直な平面で切るのが基本である。それは切り口は円のみが現れ，半径をつかむだけでよいからである。

ii▶ この立体の中に空洞はないので，側面をつかむことができればよい。そこでその側面の切り口を考える。基本は回転させる前に切る，切ったものを回転させるのである。△PQR を z 軸から一番離れた状態にして平面 $z=t$ で切る。その切り口において z 軸から一番遠い点が回転したときにできる円が切り口の円である。この半径が分かれば切り口の円の面積が分かり立体の体積が求まる。

解答

(1)

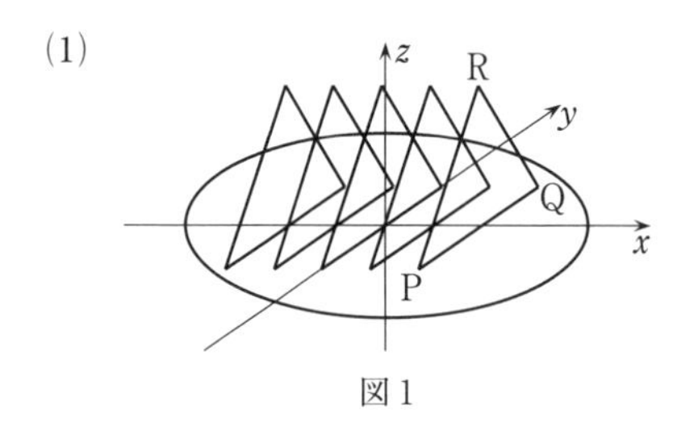

図1

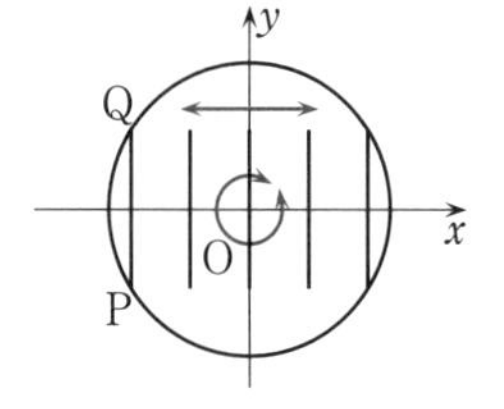

図2　z 軸正方向から見た図

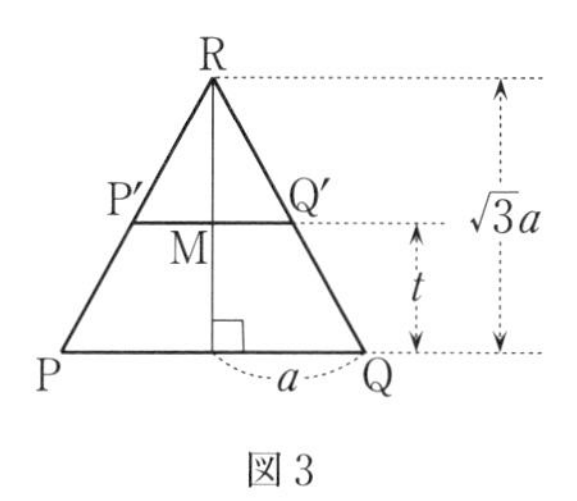

図3

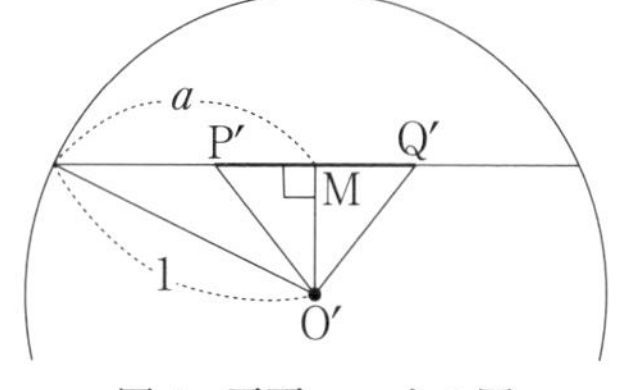

図4　平面 $z=t$ 上の図

この立体の側面はP，Qが単位円周上にある状態で動いたときの立体の側面に等しく，この側面の内側がすべて含まれる立体である。P，Qが単位円周上にあるときの辺PR，QRと平面 $z=t\ (0\leqq t\leqq\sqrt{3}a)$ との交点をそれぞれP′，Q′とする。P′Q′の中点をMとし，$\mathrm{O}'(0,\ 0,\ t)$ とする。図4は平面 $z=t$ 上の図である。

$$\mathrm{O'M}=\sqrt{1-a^2}$$

$$\mathrm{P'M}=\frac{1}{\sqrt{3}}\mathrm{MR}=\frac{1}{\sqrt{3}}(\sqrt{3}a-t)$$

$$\mathrm{O'P'}^2=\mathrm{P'M}^2+\mathrm{O'M}^2=\frac{1}{3}(\sqrt{3}a-t)^2+1-a^2$$

この立体の平面 $z=t$ による切り口の面積は $\pi\mathrm{O'P'}^2$ だから

$$V=\pi\int_0^{\sqrt{3}a}\left\{\frac{1}{3}(\sqrt{3}a-t)^2+1-a^2\right\}dt$$

$$=\pi\left[-\frac{1}{9}(\sqrt{3}a-t)^3+(1-a^2)t\right]_0^{\sqrt{3}a}$$

$$=\pi\left\{\frac{1}{9}(\sqrt{3}a)^3+(1-a^2)\sqrt{3}a\right\}=\left(-\frac{2}{3}\sqrt{3}\boldsymbol{a}^3+\sqrt{3}\boldsymbol{a}\right)\pi \qquad \cdots\cdots(答)$$

(2)　$\dfrac{dV}{da}=\sqrt{3}\pi(1-2a^2)$ より，V の増減は以下のようになる。

a	0	$\cdots$	$\frac{1}{\sqrt{2}}$	$\cdots$	1
$\frac{dV}{da}$	／	+	0	−	
V	／	↗		↘	

よって，V は $a=\dfrac{1}{\sqrt{2}}$ のとき最大値 $\dfrac{\sqrt{6}}{3}\pi$ をとる。　……(答)

フォローアップ

参考までにこの立体の方程式を立式できるだろうか。立体$f(x,\ y,\ z)=0$を平面$z=t$で切ったときの断面は$f(x,\ y,\ t)=0$である。この逆の作業を行えばよい。

本問は平面$z=t$で切るとO′を中心とする半径$\sqrt{\frac{1}{3}(\sqrt{3}a-t)^2+1-a^2}$の円周および内部だから，その切り口の方程式は

$$x^2+y^2 \leqq \frac{1}{3}(\sqrt{3}a-t)^2+1-a^2,\ z=t,\ 0 \leqq t \leqq \sqrt{3}a$$

である。この3式からtを消去すると

$$x^2+y^2 \leqq \frac{1}{3}(\sqrt{3}a-z)^2+1-a^2,\ 0 \leqq z \leqq \sqrt{3}a$$

となる。これが立体の方程式である。

第6章　誘導形式の小問

京大の特徴の一つに誘導形式の小問分けをしないということがある。(1)(2)(3)…… などという設問があることはほとんどない。ただ稀に難しすぎるときは誘導形式の小問をつけることがある。この誘導は絶妙で，目の前に餌を置かれたハトのように何も考えずパクパク食べていてもゴールまでは到達できないように設定されている。よく意味を考えながら議論を進めていくことが大切である。

6.1　(2)で利用する有名事実を(1)で証明させる

(1)　底辺の長さ a が一定で，他の2辺の和 m も一定（$m>a$）であるような三角形のうち，面積最大のものは，二等辺三角形であることを示せ。

(2)　周囲の長さが一定な四辺形のうち，面積最大のものは正方形であることを示せ。

アプローチ

i ▶ 楕円，双曲線，放物線の定義を確認したい。2定点からの距離の和が一定である点の軌跡は，その和が長軸の長さで2定点を焦点とする楕円である。2定点からの距離の差が一定である点の軌跡は，その差が2頂点間の距離で2定点を焦点とする双曲線である。ある定点からの距離とある定直線までの距離が等しい点の軌跡は，その点を焦点としその直線を準線とする放物線である。(1)は底辺一定で残りの2辺の和が一定ということから楕円の定義を思い出してほしい。

ii ▶ (2)では独立多変数関数の最大最小と同じで，すべての変数を同時に動かすのではなく，1つを動かし残りは固定して考える。この作業を繰り返すと，すべての辺の長さが等しいとき最大となるところまで追い込める。最後は角度を変数にとって議論すれば終了である。

解答

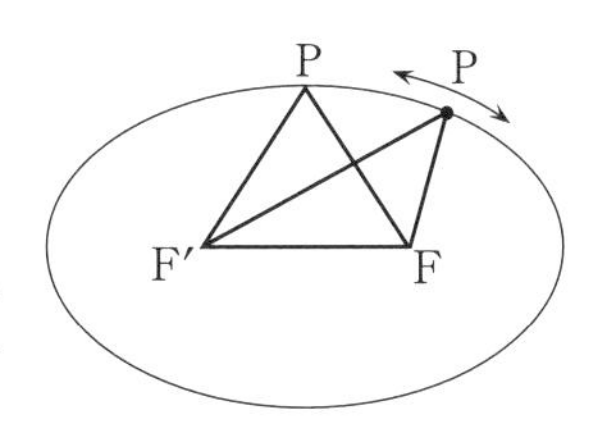

(1)　3頂点をF，F′，Pとし

$$\mathrm{FP}+\mathrm{F'P}=m \quad (m：定数)$$

とする。PはF，F′を焦点とし長軸の長さが m であるような楕円の円周上にある。底辺をFF′

としたときの高さが最大となるのは短軸上にPがあるときだから，△FF′P の面積が最大になるのは

　　二等辺三角形のときである。　　　　　　　　　　　　　**(証明終わり)**

(2)　4頂点をA，B，C，Dとする。

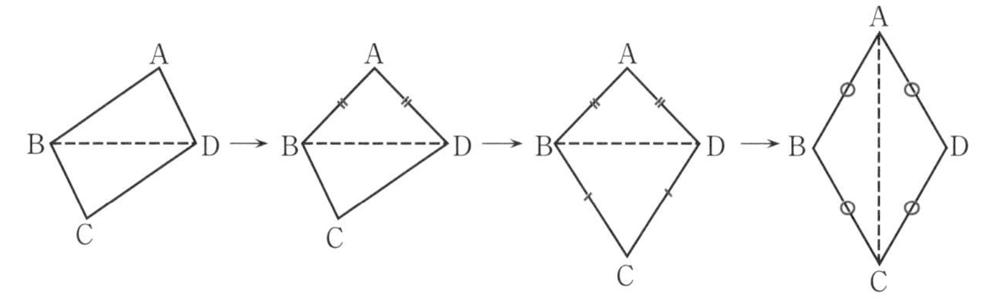

AB＋BC＋CD＋DA＝(一定) だから，B，C，Dを固定してAを動かすと AB＋AD＝(一定) だから(1)より AB＝AD のとき面積が最大である。さらにこの状態でA，B，Dを固定しCを動かすと同様に BC＝CD のとき面積が最大になる。つまり AB＝AD，BC＝CD が最大となる形である。次にA，Cを固定すると AB＋BC＝CD＋DA＝(一定) だからひし形のときに面積が最大であることが分かる。そこでひし形の1辺の長さを c とし $\angle ABC=\theta$ とすると四角形 ABCD の面積は

$$2\cdot\frac{1}{2}c^2\sin\theta=c^2\sin\theta$$

これが最大となるのは $\sin\theta=1$ のとき，つまり $\theta=90°$ のときである。したがって，周の長さが一定である四角形の面積が最大となるのは正方形である。

(証明終わり)

フォローアップ

辺の長さ a，b，c だけで三角形の面積を表す公式（ヘロンの公式）がある。

> $s=\dfrac{a+b+c}{2}$ とおくと三角形の面積は
>
> $$\boldsymbol{\sqrt{s(s-a)(s-b)(s-c)}}$$
>
> となる。

まず導出から示しておこう。

$$\frac{1}{2}ab\sin C=\sqrt{\frac{1}{4}a^2b^2\sin^2C}$$

$$=\sqrt{\frac{1}{4}a^2b^2(1-\cos^2C)}=\sqrt{\frac{1}{4}(a^2b^2-a^2b^2\cos^2C)}$$

$$=\sqrt{\frac{1}{4}(ab+ab\cos C)(ab-ab\cos C)}$$

$$=\sqrt{\frac{1}{4}\left(ab+ab\cdot\frac{a^2+b^2-c^2}{2ab}\right)\left(ab-ab\cdot\frac{a^2+b^2-c^2}{2ab}\right)}$$

$$=\sqrt{\frac{1}{4}\cdot\frac{2ab+a^2+b^2-c^2}{2}\cdot\frac{2ab-a^2-b^2+c^2}{2}}$$

$$=\sqrt{\frac{(a+b)^2-c^2}{2^2}\cdot\frac{c^2-(a-b)^2}{2^2}}$$

$$=\sqrt{\frac{a+b+c}{2}\cdot\frac{a+b-c}{2}\cdot\frac{c+a-b}{2}\cdot\frac{c-a+b}{2}}$$

$$=\sqrt{\frac{a+b+c}{2}\left(\frac{a+b+c}{2}-a\right)\left(\frac{a+b+c}{2}-b\right)\left(\frac{a+b+c}{2}-c\right)}$$

$$=\sqrt{s(s-a)(s-b)(s-c)}\quad\left(s=\frac{a+b+c}{2}\text{とおいた}\right)$$

これを用いると計算で示すことができる。

別解　(1)　a 以外の2辺の長さを b，c とすれば $b+c=m$ である。

a，m が定数だから $s=\dfrac{a+b+c}{2}=\dfrac{a+m}{2}$ も定数である。三角形の面積を S とおくと

$$S=\sqrt{s(s-a)(s-b)(s-c)}=\sqrt{s(s-a)\{s^2-(b+c)s+bc\}}$$

$$=\sqrt{\underline{s(s-a)(s^2-ms}+bc)}$$

上式のうち波線部は定数なので S が最大となるのは bc が最大となるときである。b，c は正だから相加相乗平均の関係より

$$\frac{b+c}{2}\geqq\sqrt{bc}\qquad\therefore\quad bc\leqq\frac{m^2}{4}$$

等号成立は $b=c$ のとき。

よって，二等辺三角形のとき面積が最大となる。　　**（証明終わり）**

6.2 (2)で行う計算だけを(1)で準備

(1) 変数 t が $t>0$ の範囲を動くとき

$$f(t)=\sqrt{t}+\frac{1}{\sqrt{t}}+\sqrt{t+\frac{1}{t}+1}$$

$$g(t)=\sqrt{t}+\frac{1}{\sqrt{t}}-\sqrt{t+\frac{1}{t}+1}$$

について，$f(t)$ の最小値は $2+\sqrt{3}$，$g(t)$ の最大値は $2-\sqrt{3}$ であることを示せ。

(2) $a=\sqrt{x^2+xy+y^2}$，$b=p\sqrt{xy}$，$c=x+y$ とおく。任意の正数 x，y (>0) に対して a，b，c を 3 辺の長さとする三角形が常に存在するように，p の値の範囲を定めよ。

アプローチ

相加相乗平均の関係より $\sqrt{t}+\dfrac{1}{\sqrt{t}}$ と $t+\dfrac{1}{t}$ が同時に最小となることが分かるので，$f(t)$ の最小値は解決できる。問題は $g(t)$ の最大値である。次のような式を扱った経験はあるだろうか。$\sqrt{x^2+a}\pm x$ と $\sqrt{x^2+a}\mp x$ の積は a（＝一定）だから，これらは対にして考えることができる。三角関数でいえば sin が分かれば同時に cos も分かったという感覚と同じ。使い方の一例は次のようなものである。

例題 $\sqrt{x^2+1}+x=t$ のとき $\sqrt{x^2+1}$，x を t で表せ。

解答 $(\sqrt{x^2+1}+x)(\sqrt{x^2+1}-x)=1$ より $\sqrt{x^2+1}-x=\dfrac{1}{t}$ となるので，これら 2 式より

$$\sqrt{x^2+1}=\frac{1}{2}\left(t+\frac{1}{t}\right)\qquad x=\frac{1}{2}\left(t-\frac{1}{t}\right)$$ ……(答)

この他 t が x の増加関数であることを示したいなら，$x>0$ の区間は $t=\sqrt{x^2+1}+x$ の形から分かるし，$x<0$ の区間は $t=\dfrac{1}{\sqrt{x^2+1}-x}$（$x<0$ のとき x^2+1，$-x$ が減少関数だから）の形から分かる。

さて，何のためにこの話をしているのか。それはこのような経験がないと本問もやってみようと思わないだろうからである。$f(t)$ と $g(t)$ の積は一定である。かければ分かることだが，かけてみようと思わないと話にならない。本問の関数も実は同じ形をしている。$\sqrt{t}+\dfrac{1}{\sqrt{t}}=x$ とおくと

$$f(t)=x+\sqrt{x^2-1},\quad g(t)=x-\sqrt{x^2-1}$$

となる。これなら $f(t)\cdot g(t)=1$ に気がつきやすい。

解答

(1)　$t>0$ だから相加相乗平均の関係より

$$f(t)\geqq 2\sqrt{\sqrt{t}\cdot\frac{1}{\sqrt{t}}}+\sqrt{2\sqrt{t\cdot\frac{1}{t}}+1}=2+\sqrt{3}$$

等号成立は $\sqrt{t}=\frac{1}{\sqrt{t}}$，$t=\frac{1}{t}$ のとき，つまり $t=1$ のとき。よって $f(t)$ の最小値は

$$2+\sqrt{3}$$　**(証明終わり)**

また

$$f(t)\cdot g(t)=\left(\sqrt{t}+\frac{1}{\sqrt{t}}\right)^2-\left(t+\frac{1}{t}+1\right)=1$$

したがって

$$g(t)=\frac{1}{f(t)}$$

だから $g(t)$ の最大値は $f(t)$ が最小となるときである。よって，$g(t)$ の最大値は

$$\frac{1}{2+\sqrt{3}}=2-\sqrt{3}$$　**(証明終わり)**

(2)　三角形成立条件 $a+b>c$，$b+c>a$，$c+a>b$ より

$$\begin{cases}\sqrt{x^2+xy+y^2}+p\sqrt{xy}>x+y\\ \sqrt{x^2+xy+y^2}+x+y>p\sqrt{xy}\\ x+y+p\sqrt{xy}>\sqrt{x^2+xy+y^2}\end{cases}\quad\cdots\cdots(*)$$

これが任意の正の x，y に対して成立する p の範囲を求める。$\sqrt{xy}$（>0）で辺々を割ると

$$\begin{cases}\sqrt{\frac{x}{y}+1+\frac{y}{x}}+p>\sqrt{\frac{x}{y}}+\sqrt{\frac{y}{x}}\\ \sqrt{\frac{x}{y}+1+\frac{y}{x}}+\sqrt{\frac{x}{y}}+\sqrt{\frac{y}{x}}>p\\ \sqrt{\frac{x}{y}}+\sqrt{\frac{y}{x}}+p>\sqrt{\frac{x}{y}+1+\frac{y}{x}}\end{cases}$$

$\dfrac{x}{y}=t\ (>0)$ とおくと

$$\begin{cases} \sqrt{t+1+\dfrac{1}{t}}+p>\sqrt{t}+\dfrac{1}{\sqrt{t}} \\ \sqrt{t+1+\dfrac{1}{t}}+\sqrt{t}+\dfrac{1}{\sqrt{t}}>p \\ \sqrt{t}+\dfrac{1}{\sqrt{t}}+p>\sqrt{t+1+\dfrac{1}{t}} \end{cases}$$

$\therefore\ \ p>g(t),\ p<f(t),\ p>-g(t)$

$f(t)>0$ と $f(t)\cdot g(t)=1$ より $g(t)>0$ である。よって，上式は

$$g(t)<p<f(t)$$

となる。これが任意の $t\ (>0)$ について成立する条件は

$$(g(t)\ の最大値)<p<(f(t)\ の最小値)$$

だから

$$\mathbf{2-\sqrt{3}<p<2+\sqrt{3}} \qquad \cdots\cdots(答)$$

フォローアップ

〔Ⅰ〕 解答 のように $g(t)$ の最大値を求められない場合は次のように求める。

別解 (1) $\sqrt{t}+\dfrac{1}{\sqrt{t}}=x$ とおくと，相加相乗平均の関係より

$$x\geqq 2\sqrt{\sqrt{t}\cdot\dfrac{1}{\sqrt{t}}}=2$$

等号は $t=1$ のときに成立する。$t+\dfrac{1}{t}=x^2-2$ を利用すると

$$g(t)=x-\sqrt{x^2-1}$$

これを $G(x)$ とおくと $x\geqq 2$ のとき

$$G'(x)=\frac{\sqrt{x^2-1}-x}{\sqrt{x^2-1}}=\frac{-1}{\sqrt{x^2-1}\,(\sqrt{x^2-1}+x)}<0$$

したがって，$G(x)$ は減少関数だから求める最大値は

$$G(2)=2-\sqrt{3} \qquad \textbf{(証明終わり)}$$

〔Ⅱ〕 $(*)$から次の変形は定数 (p) の分離である。結果的に1変数化することができた。無意識にできることだが，この$(*)$に関しては同次式と見て意識的に1変数化してもらいたい。同次式はいずれかの文字の最高次で割る

（or くくる）と1変数化できる。（＊）の両辺はx，yの1次式である。だから両辺をx or yで割るとよい。例えばyで割って **解答** のようにtをおくと

$$(＊) \iff \begin{cases} \sqrt{t^2+t+1}+p\sqrt{t}>t+1 \\ \sqrt{t^2+t+1}+t+1>p\sqrt{t} \\ t+1+p\sqrt{t}>\sqrt{t^2+t+1} \end{cases}$$

となり，1変数化できる。

6.3 (1)で(2)の議論の入り口を見せる

互いに異なる n 個（$n \geqq 3$）の実数の集合 $S=\{a_1,\ a_2,\ \cdots\cdots,\ a_n\}$ が次の性質をもつという。

「S から相異なる要素 a_i, a_j をとれば a_i-a_j, a_j-a_i の少なくとも一方は必ず S に属する」

このとき

(1) 次の2つのうちのいずれか一方が成り立つことを示せ。

(イ) $a_i \geqq 0$　($i=1,\ 2,\ \cdots\cdots,\ n$)

(ロ) $a_i \leqq 0$　($i=1,\ 2,\ \cdots\cdots,\ n$)

(2) a_1, a_2, ……, a_n の順序を適当に変えれば等差数列になることを示せ。

アプローチ

i▶(1)によると，条件が成り立つときは(イ)すべてが0以上 or (ロ)すべてが0以下しかない。つまり(ハ)正と負が混ざると条件を満たさない。(イ)を直接示すなら最小数が0以上を示す。(ロ)を直接示すなら最大数が0以下を示す。(ハ)の感覚なら(イ) or (ロ)を否定して背理法で示す。正と負が混ざるとき最大数は必ず正，最小数は必ず負。直接示すにしても背理法で示すにしても，注目するべき2数（最大数，最小数）は同じ。

ii▶(2)は例えば，$S=\{a,\ b,\ c\}$, $0 \leqq a<b<c$ 程度で実験するべきである。
条件より，$a-b$ or $b-a$ が S に属するが $a-b<0$ だから，$b-a$ が S に属する。同様に $c-a$ も S に属する。そこで $b-a$, $c-a$ が S のどの要素と一致するかを考える。$b-a$ は b より小さく，$c-a$ は c より小さい。さらに $b-a<c-a$ だから，$b-a=a$, $c-a=b$ となる。以上から3数は a, $2a$, $3a$ となる。この感覚を一般化すればよい。

解答

(1) (イ)または(ロ)でないと仮定すると正と負の要素が少なくとも一つずつ存在する。そこで最大の要素を a，最小の要素を b とすると

$$b<0<a$$

集合の性質より，$a-b$ または $b-a$ の少なくとも一方は S に含まれる。$b<0$ より $a-b>a$ となり $a-b$ は最大数より大きいので S の要素ではない。また $a>0$ より $b-a<b$ となり $b-a$ は最小数より小さいので S の要素ではない。いずれも S の要素ではないので矛盾。

背理法より(イ)または(ロ)が成立する。　　　　　　　　　　**(証明終わり)**

(2)　$a_i>0$ $(i=1, 2, \cdots, n)$ のとき，要素を小さい順に並べそれを改めて $b_1, b_2, \cdots, b_n$ と定める。つまり

$$0<b_1<b_2<\cdots<b_n$$

b_2-b_1 または b_1-b_2 が S の要素となるが，S の要素はすべて正であり $b_1-b_2<0$ だから b_2-b_1 が S の要素である。同様にすると

$$b_2-b_1,\ b_3-b_1,\ \cdots,\ b_n-b_1$$

が S の要素である。

これらは

$$0<b_2-b_1<b_3-b_1<\cdots<b_n-b_1$$

を満たす異なる $n-1$ 個の要素ですべて b_n 未満であるから

$$b_2-b_1=b_1,\ b_3-b_1=b_2,\ \cdots,\ b_n-b_1=b_{n-1}$$

$$\therefore\ b_2-b_1=b_1,\ b_3-b_2=b_1,\ \cdots,\ b_n-b_{n-1}=b_1$$

これより，$\{b_n\}$ は公差が b_1 である等差数列であることがいえる。

つまり

$$b_1,\ 2b_1,\ 3b_1,\ \cdots,\ nb_1$$

となる。

$a_i<0$ $(i=1, 2, \cdots, n)$ のとき，要素を大きい順に並べそれを改めて $b_1, b_2, \cdots, b_n$ と定める。つまり

$$0>b_1>b_2>\cdots>b_n$$

b_2-b_1 または b_1-b_2 が S の要素となるが，S の要素はすべて負であり $b_1-b_2>0$ だから b_2-b_1 が S の要素である。同様にすると

$$b_2-b_1,\ b_3-b_1,\ \cdots,\ b_n-b_1$$

が S の要素である。

これらは

$$0>b_2-b_1>b_3-b_1>\cdots>b_n-b_1$$

を満たす異なる $n-1$ 個の要素ですべて b_n より大きいので

$$b_2-b_1=b_1,\ b_3-b_1=b_2,\ \cdots,\ b_n-b_1=b_{n-1}$$

$$\therefore\ b_2-b_1=b_1,\ b_3-b_2=b_1,\ \cdots,\ b_n-b_{n-1}=b_1$$

これより，$\{b_n\}$ は公差が b_1 である等差数列であることがいえる。

また0を要素に含むときはこれ以外の $n-1$ 個について上と同様の議論を行うと

$$b_1,\ 2b_1,\ \cdots,\ (n-1)b_1$$

となることがいえる。これに0を加えて

$$0,\ b_1,\ 2b_1,\ \cdots,\ (n-1)b_1$$

としても公差が b_1 の等差数列である。
以上より題意は示せた。 **(証明終わり)**

フォローアップ

〔Ⅰ〕 背理法のメリットの一つとして，条件を増やすことができるということがある。P ⟹ Q を背理法で示すときは，P かつ $\overline{\mathrm{Q}}$ から矛盾を引き出す。感覚的には P だけで議論が進められないときに，嘘でもいいから $\overline{\mathrm{Q}}$ の条件を追加して議論を進めようとするのが背理法である。(1)の **解答** はこの方針であった。

〔Ⅱ〕 (1)を直接示すときも最大数と最小数に注目する。

別解 (1) 最大の要素を a，最小の要素を b とすると，a_i-a_j の中で最大値は $a-b$ であり，最小値は $b-a$ である。これらのいずれか一方は S に含まれるので

$$a-b \leqq a \quad \text{または} \quad b \leqq b-a$$

つまり

$$0 \leqq b \quad \text{または} \quad a \leqq 0$$

が成立する。
したがって，(イ)または(ロ)のいずれか一方が成立する。 **(証明終わり)**

〔Ⅲ〕 (2)の等差数列であることを示すとは

$$b_2-b_1=b_3-b_2=b_4-b_3=\cdots\cdots=b_n-b_{n-1}$$

を示すということ。これが等差である定義であろう。〔アプローチ〕にある実験で $b_1=a$ とすると $a,\ 2a,\ 3a,\ \cdots\cdots,\ na$ という形の数列であることが予想できる。ということは，$b_1 \neq 0$ のときであれば

$$b_2-b_1=b_3-b_2=b_4-b_3=\cdots\cdots=b_n-b_{n-1}=b_1$$

を示すことが目標。最右辺の b_1 を移項すると

$$b_2-b_1=b_1,\ \ b_3-b_1=b_2,\ \ b_4-b_1=b_3,\ \ \cdots\cdots,\ \ b_n-b_1=b_{n-1}$$

となる。これが糸口になるかもしれない。

〔Ⅳ〕 この問題には等比数列バージョンの類題がある。

例題 1より大きい相異なる n 個（$n \geqq 3$）の数の集合
$M=\{a_1,\ a_2,\ \cdots,\ a_n\}$ が
「M の相異なる要素 $a_i,\ a_j$ について $\dfrac{a_i}{a_j}$ か $\dfrac{a_j}{a_i}$ の一方が必ず M に属する」

という性質をもつという。このとき，a_1，a_2，a_3，…，a_n の順序を適当に変えると，等比数列になることを示せ。

解答　M の要素を小さい順に並べたものを b_1，b_2，…，b_n とする。つまり

$$1<b_1<b_2<b_3<\cdots<b_n$$

である。条件より $\dfrac{b_1}{b_2}$ または $\dfrac{b_2}{b_1}$ が M に含まれるが，$\dfrac{b_1}{b_2}$ は1より小さいので M の要素になりえない。よって $\dfrac{b_2}{b_1}$ が M の要素である。同様に考えると $\dfrac{b_3}{b_1}$，$\dfrac{b_4}{b_1}$，…，$\dfrac{b_n}{b_1}$ が M の要素で

$$\frac{b_2}{b_1}<\frac{b_3}{b_1}<\cdots<\frac{b_n}{b_1}$$

を満たす。これらは b_n より小さい $n-1$ 個の M の要素だから

$$\frac{b_2}{b_1}=b_1,\quad \frac{b_3}{b_1}=b_2,\quad \cdots,\quad \frac{b_n}{b_1}=b_{n-1}$$

$$\therefore\quad \frac{b_2}{b_1}=b_1,\quad \frac{b_3}{b_2}=b_1,\quad \cdots,\quad \frac{b_n}{b_{n-1}}=b_1$$

よって，等比数列である。　　　　　　　　　　　　　　　　**（証明終わり）**

6.4 (1)で(2)の考え方の指針を見せる

つぼの中にr個($r\geqq1$)の赤球と，s個($s\geqq1$)の白球が入っている。AとBの2人が，交互に球を1個ずつとり出し，先に赤球をとり出した者を勝者とするゲームをする。ただし，とり出した球は，もとにもどさないものとする。

(1) ちょうどi回目(すなわちA，B 2人のとり出した球の合計が，ちょうどi個になったとき)に勝者が決まる確率をP_iとするとき，$P_i\geqq P_{i+1}$　($i=1,\ 2,\ \cdots$)となることを示せ。

(2) このゲームをAからはじめるとする。任意のr，sに対して，Aが勝者となる確率は，$\dfrac{1}{2}$またはそれ以上であることを示せ。また，Aが勝者となる確率が$\dfrac{1}{2}$となるための，rとsの条件を求めよ。

アプローチ

i▶ 例えば次のような問題を考えてほしい。

> **例題** 当たりくじが3本，はずれくじが5本入った袋から5人が1本ずつくじを引く。ただし引いたくじは元に戻さないとする。5人目に初めて当たりくじを引く確率を求めよ。

これを$\dfrac{5}{8}\cdot\dfrac{4}{7}\cdot\dfrac{3}{6}\cdot\dfrac{2}{5}\cdot\dfrac{3}{4}$と求める人がいる。これはあまりいい姿勢ではない。答えはもちろん合っている。しかし，もし3人目と5人目が当たりくじを引く確率を求めるならどうするのか？　本問のような非復元抽出型の確率を求めるときは，$\dfrac{\text{場合の数}}{\text{場合の数}}$として求めるように姿勢を正してほしい。例題の設定なら，5本のはずれくじから4本を選び1番目から4番目の人の前に並べ，5番目の人の前に3本の当たりくじから1本を選んで並べると考え

$$\frac{{}_5\mathrm{P}_4\cdot{}_3\mathrm{P}_1}{{}_8\mathrm{P}_5}$$

3人目と5人目が当たりくじを引く確率を求める問題なら，当たりくじを先に3人目と5人目の前に並べ，残りの当たりくじとはずれくじを混ぜて1人目，2人目，4人目の前に並べると考え

$$\frac{{}_3\mathrm{P}_2\cdot{}_6\mathrm{P}_3}{{}_8\mathrm{P}_5}$$

と立式してもらいたい。

ii▶ **1.5** の問題でも述べたが，２数の大小比較をするときは，差をとって正か負かを判断する，または２数が正の場合は商をとって１より大きいか否かを判断する。後者の方法を積極的にとるのは，○! や ○^{n} などを含むときである。なぜなら約分ができて大小比較すべき本質が残るからである。

iii▶ $1 \leqq i \leqq s+1$ は P_i の定義域といってもよいのだが，問題文が $i=1,\ 2,\ \cdots\cdots$ となっているということは，念のため i の区間によって場合分けしておきたい。

iv▶ (2)　Aが勝者となる確率を求めて $\dfrac{1}{2}$ 以上であることを示そうとしないこと。$\dfrac{1}{2}$ とはAとBが対等ということ。(1)で誘導したことは P_i が減少するので，先にとり出すAの方が有利という感覚。ということはAが勝者となる確率とBが勝者となる確率を比較することによって $\dfrac{1}{2}$ 以上であることを示すことになる。

解答

(1)　$1 \leqq i \leqq s+1$ のとき

１回目から $(i-1)$ 回目まで白球，i 回目が赤球となる確率を求めて

$$P_i = \frac{{}_s\mathrm{P}_{i-1} \cdot {}_r\mathrm{P}_1}{{}_{r+s}\mathrm{P}_i} = \frac{s! \cdot r \cdot (r+s-i)!}{(s+1-i)! \cdot (r+s)!}$$

$i \geqq s+2$ のとき

$$P_i = 0$$

$1 \leqq i \leqq s$ のとき

$$\begin{aligned}\frac{P_{i+1}}{P_i} - 1 &= \frac{s! \cdot r \cdot (r+s-i-1)!}{(s-i)! \cdot (r+s)!} \cdot \frac{(s+1-i)! \cdot (r+s)!}{s! \cdot r \cdot (r+s-i)!} - 1 \\ &= \frac{s+1-i}{r+s-i} - 1 \\ &= \frac{1-r}{r+s-i} \leqq 0 \quad (r \geqq 1 \text{ より}) \qquad \cdots\cdots①\end{aligned}$$

$\therefore\quad P_i \geqq P_{i+1}$

したがって

$$P_1 \geqq P_2 \geqq \cdots \geqq P_{s+1} > 0 = P_{s+2} = P_{s+3} = \cdots$$

よって題意は示せた。　　　　　　　　　　　　　　　　**(証明終わり)**

(2)　A，Bが勝者になる確率をそれぞれ P_A，P_B とする。

(i)　s が偶数のとき

$$\begin{cases} P_\mathrm{A} = P_1 + P_3 + \cdots + P_{s-1} + P_{s+1} \\ P_\mathrm{B} = P_2 + P_4 + \cdots + P_s \end{cases}$$

(1)より $P_1 \geqq P_2$, $P_3 \geqq P_4$, …, $P_{s-1} \geqq P_s$ であり, $P_{s+1}>0$ だから

$$P_A > P_B$$

(ii) s が奇数のとき

$$\begin{cases} P_A = P_1 + P_3 + \cdots + P_s \\ P_B = P_2 + P_4 + \cdots + P_{s+1} \end{cases}$$

(1)より $P_1 \geqq P_2$, $P_3 \geqq P_4$, …, $P_s \geqq P_{s+1}$ だから ……②

$$P_A \geqq P_B$$

(i), (ii)より

$$P_A \geqq P_B \qquad \therefore \quad P_A \geqq 1 - P_A \quad (P_A + P_B = 1 \text{ より})$$

$$\therefore \quad P_A \geqq \frac{1}{2}$$

(証明終わり)

等号成立は(ii)のときかつ②の等号が成立するときである。②の等号は①の等号成立を考えると $r=1$ のときである。よって, $P_A = \dfrac{1}{2}$ となる条件は

s が奇数かつ $r=1$ ……(答)

6.5　(1)で場合分けの指針を見せる

b, c は実数とし，$x^2+2bx+c=0$ の2解を α, β とする。

(1)　$b^2-c<0$, $b\neq 0$ とすれば，いかなる複素数 γ に対しても $\gamma=t\alpha+u\beta$ となる実数 t, u が存在することを示せ。

(2)　$f(x)=x^2+2(b-1)x+5-c$ とおくとき，次の条件(＊)を満たす点 $(b,\ c)$ 全体の集合 D を決定し，図示せよ。

(＊)　t, u がともに実数なら，$f(t\alpha+u\beta)\neq 0$

アプローチ

i▶ 平面において $\vec{a}$, $\vec{b}$ が1次独立（平行でなく $\vec{0}$ でない）とする。任意のベクトル $\vec{c}$ はある実数 s, t を用いて

$$\vec{c}=s\vec{a}+t\vec{b} \qquad \cdots\cdots(☆)$$

と表せる。これに近い話が(1)であろう。$b^2-c<0$ だから α, β は共役な虚数（実軸対称）で $b\neq 0$ より純虚数でないということ。ということはA(α), B(β) とおくと $\overrightarrow{\mathrm{OA}}$, $\overrightarrow{\mathrm{OB}}$ は1次独立となるので任意の複素数 γ は問題文のように表せる。しかし，これをこのまま解答にするのは気がひける。

出題者としては(☆)自体を証明せよと要求しているようにも感じるので，きちんと計算で示したい。

ii▶ (2)について，$f(x)=0$ となる x は実数なのか虚数なのか分からないが必ず存在する。(＊)のいいたいことは，t, u が実数であるとき $t\alpha+u\beta$ が表せる複素数の集合に，$f(x)=0$ の解が含まれないような条件を求めよということである。例えば(1)の状況は不適である。というのも $t\alpha+u\beta$ はどんな複素数でも表すことができる。ということは $f(x)=0$ の解が実数でも虚数でもこの解を表す t, u が存在するので，その t, u に対して $f(t\alpha+u\beta)=0$ となる。α, β の形によって $t\alpha+u\beta$ が表せる集合が異なるだろうから，その場合分けの方向性を見せてくれているのが(1)である。

解答

(1)　$x^2+2bx+c=0 \qquad \cdots\cdots(★)$

(★)の解は $b^2-c<0$ より

$$x=-b\pm\sqrt{b^2-c} \qquad \therefore\quad x=-b\pm\sqrt{c-b^2}\,i$$

$d=\sqrt{c-b^2}$ とおいて $\alpha=-b+di$, $\beta=-b-di$ としてよい。ただし b, d は条件より0でない実数である。

$\gamma=x+yi$（x, y は実数）とおく。

いかなる複素数 γ に対しても $\gamma=t\alpha+u\beta$ となる実数 t, u が存在するという

のは，任意の x，y に対して

$$x+yi=t(-b+di)+u(-b-di) \qquad \cdots\cdots①$$

を満たす実数 t，u が存在することである。①より

$$x=-b(t+u),\ \ y=d(t-u)$$

を満たす実数 t，u が存在することを示せばよいが，$b\neq0$，$d\neq0$ だからこれらの連立方程式を解くと

$$t=\frac{1}{2}\left(-\frac{x}{b}+\frac{y}{d}\right),\ \ u=\frac{1}{2}\left(-\frac{x}{b}-\frac{y}{d}\right)$$

として存在することがいえる。よって題意は示せた。 **（証明終わり）**

(2) (∗)とは任意の実数 t，u に対して $t\alpha+u\beta$ が $f(x)=0$ の解となりえないことである。それは t，u が実数のとき $t\alpha+u\beta$ が表せる集合 A に $f(x)=0$ の解が含まれないことである。そこで集合 A を求める。

(i) $b^2-c<0$，$b\neq0$ のとき(1)より A は複素数全体

(ii) $b^2-c<0$，$b=0$，つまり $b=0$，$c>0$ のとき

(★)の解は $\pm\sqrt{c}\,i$ だから，$\alpha=\sqrt{c}\,i$，$\beta=-\sqrt{c}\,i$ としてよく

$$t\alpha+u\beta=(t-u)\sqrt{c}\,i$$

は $\sqrt{c}>0$ だから，A は任意の純虚数または 0

(iii) $b^2-c>0$ のとき

α，β は相異なる実数だから少なくとも一方は 0 でない。そこで $\alpha\neq0$ としてよく，$t\alpha+u\beta$ は任意の実数を表すことができる。なぜなら任意の実数 γ を $t\alpha+u\beta$ で表すなら $\alpha\neq0$ より $t=\dfrac{\gamma}{\alpha}$，$u=0$ とすればよい。よって A は実数全体

(iv) $b^2-c=0$ のとき

$c=b^2$ より(★)の解は $-b$（重解）だから $\alpha=\beta=-b$

(a) $b\neq0$ のとき

α，β は 0 でない実数だから，(iii)と同様で A は実数全体

(b) $b=0$ のとき

$\alpha=\beta=0$ だから A の要素は 0 のみ

整理すると

(イ) $c>b^2$，$b\neq0$ のとき　$A=\{x|x$ は複素数$\}$

(ロ) $b=0$，$c>0$ のとき　$A=\{ki|k$ は実数$\}$

(ハ) $c<b^2$ または「$c=b^2$，$b\neq0$」のとき　$A=\{x|x$ は実数$\}$

(ニ) $b=c=0$ のとき　$A=\{0\}$

では，$f(x)=0$ の解が A に含まれない条件を求める。

(イ)　$f(x)=0$ の解は常に A に含まれるので不適。

(ロ)　$f(x)=x^2-2x+5-c$

ki（k：実数）が $f(x)=0$ の解となるとき，$f(ki)=0$ より

$$-k^2-2ki+5-c=0 \qquad \therefore \quad (5-c-k^2)-2ki=0$$

c，k は実数だから　$5-c-k^2=0$，$-2k=0$　$\therefore$　$c=5$，$k=0$

よって $f(x)=0$ の解が A に含まれるときその解は0しかなく，このとき $c=5$ だから，$f(x)=0$ の解が A に含まれない条件は　$c\neq5$

(ハ)　$f(x)=0$ が実数解をもたないことが条件になるので，$f(x)=0$ の判別式を D とすると

$$\frac{D}{4}=(b-1)^2-(5-c)<0 \qquad \therefore \quad c<-(b-1)^2+5$$

(ニ)　$f(x)=x^2-2x+5$，$A=\{0\}$ だから，$f(x)=0$ の解は A に含まれないので条件を満たす。

以上をまとめると

(ロ) $b=0$　かつ　$c>0$　かつ　$c\neq5$

(ハ)『$c<b^2$　または　「$c=b^2$，$b\neq0$」』　かつ　$c<-(b-1)^2+5$

(ニ) $b=c=0$

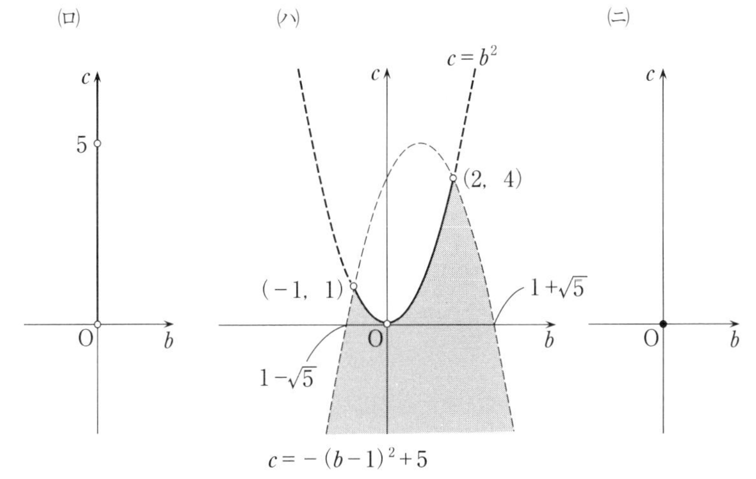

したがって D は以下の通り。ただし境界は実線のみ含む。

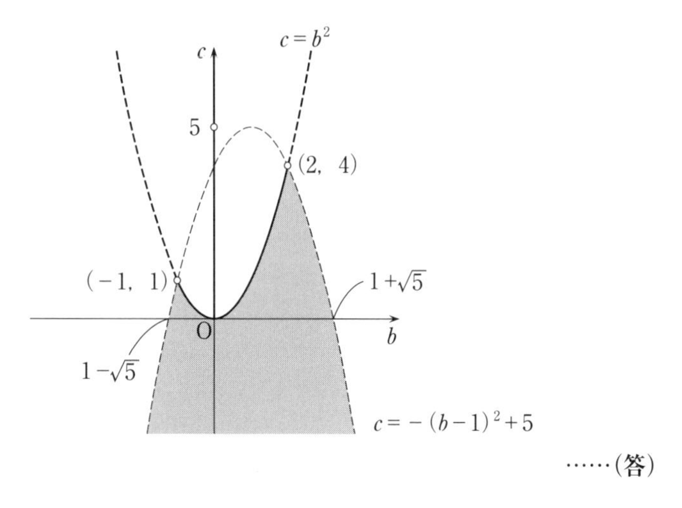

……(答)

フォローアップ

解法を理解するためベクトルを併用して解説してみたい。(i)のとき α, β はベクトルでいうと1次独立だから $t\alpha+u\beta$ は $f(x)=0$ の解を表せる。(i)以外は α, β はベクトルでいうと1次独立ではない。(ii)のとき $t\alpha+u\beta$ は虚軸上の数だけ表すことができるので，$f(x)=0$ が虚軸上の解をもたないようにすればよい。(iii)のとき $t\alpha+u\beta$ は実軸上の数だけ表すことができるので，$f(x)=0$ が実数解をもたないようにすればよい。(iv)-(a)のときも(iii)と同様である。(iv)-(b)は $t\alpha+u\beta=0$ となるが，かなり特殊なケースですべての文字が決定できるので具体的に吟味すればよい。

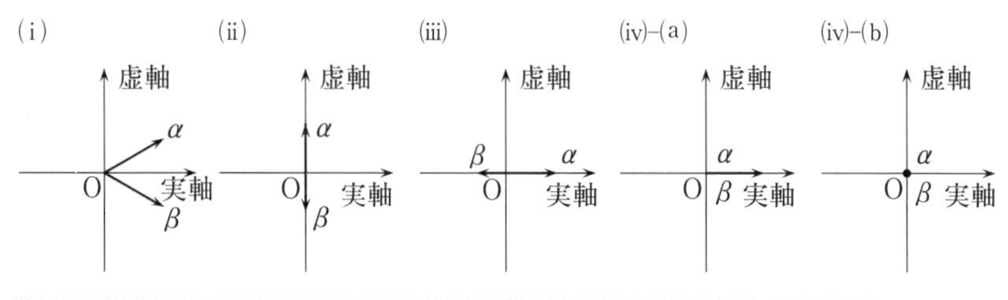

6.6　(1)の等号成立が(2)の状況

同一平面上に2つの三角形△ABC，△A′B′C′ があり，それぞれの外接円の半径は共に1であるとする。この2つの外接円の中心を結ぶ線分の中点をM，線分 AA′，BB′，CC′ の中点をそれぞれP，Q，Rとする。

(1)　$\mathrm{MP} \leqq 1$，$\mathrm{MQ} \leqq 1$，$\mathrm{MR} \leqq 1$ となることを示せ。

(2)　もし△PQR が鋭角三角形でその外接円の半径が1となるならば，点Mはこの外接円の中心と一致することを示せ。さらにこのとき△ABC，△A′B′C′，△PQR はすべて合同となることを示せ。

アプローチ

i▶ $\overrightarrow{\mathrm{MP}}$ を捉えるときに $\overrightarrow{\mathrm{OA}}$，$\overrightarrow{\mathrm{O'A'}}$ を用いたい。というのはこのベクトルは単位ベクトルであるから，大きさの議論をするときに役に立ちそうである。最終的にこの2つのベクトルの和となるので大きさは同じ向きに平行なときに最大となる。このあたりは三角不等式が説明しやすい。

ii▶ (1)よりP，Q，RはMを中心とする半径1の円の周および内部にある。(2)ではこれがすべて周にあることを示すのである。ここに鋭角三角形である条件が効いてくるのであろう。鋭角三角形ならばP，Q，Rのすべてが円周上にあることを示す。逆にP，Q，Rのうち少なくとも一つが円周上にないなら鋭角三角形になれないということを示してもよい。背理法や対偶を用いるメリットの一つは，解答のスタート地点を変更できるところである。鋭角三角形からスタートしてもこの条件をどのように利用すれば円周上にあることがいえるか想像がつかない。そこでスタート地点を変更し矛盾を引き出す。

解答

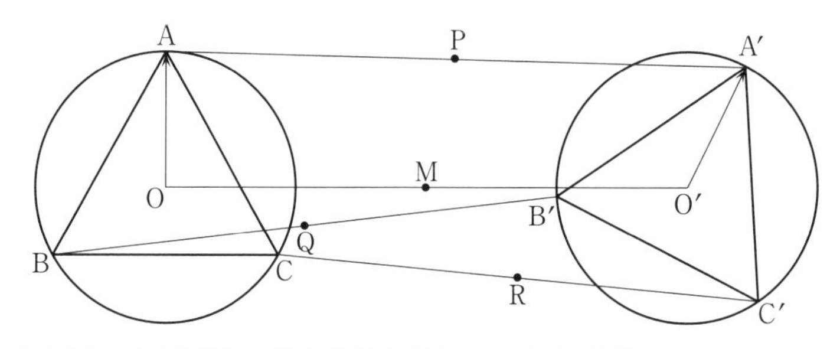

(1)　△ABC，△A′B′C′ の外心をそれぞれ O，O′ とする。

$$|\overrightarrow{MP}|=\left|\frac{\overrightarrow{MA}+\overrightarrow{MA'}}{2}\right|$$
$$=\frac{|\overrightarrow{MO}+\overrightarrow{OA}+\overrightarrow{MO'}+\overrightarrow{O'A'}|}{2}$$
$$=\frac{|\overrightarrow{OA}+\overrightarrow{O'A'}|}{2}\quad\left(\overrightarrow{MO}+\overrightarrow{MO'}=\vec{0}\text{ より}\right)$$
$$\leqq\frac{|\overrightarrow{OA}|+|\overrightarrow{O'A'}|}{2}\quad(\text{三角不等式より})\qquad\cdots\cdots①$$
$$=\frac{1+1}{2}\quad\left(|\overrightarrow{OA}|=|\overrightarrow{O'A'}|=1\text{ より}\right)$$

∴　$|\overrightarrow{MP}|\leqq 1$

同様に　　$|\overrightarrow{MQ}|\leqq 1$，$|\overrightarrow{MR}|\leqq 1$　　　　**（証明終わり）**

(2)　(1)よりP，Q，RはMを中心とする半径1の円周または内部にある。△PQRの外心をM′とする。M≠M′とすると円Mと円M′は共に半径1だから図1のような太実線部の弧上にP，Q，Rが存在することになる。ところが，この弧は半円周より小さいので，

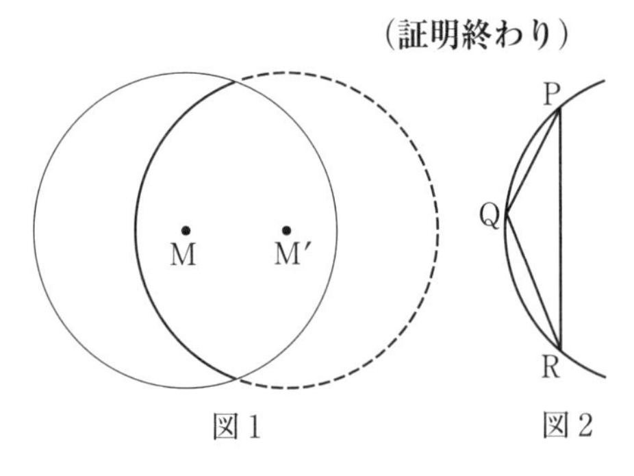

図1　　図2

△PQRは鋭角三角形にならず（図2参照）不適である。したがって，M＝M′となる。さらにこのとき①の等号が成立するので，$\overrightarrow{OA}$ と $\overrightarrow{O'A'}$ は同じ向きで平行である。

$|\overrightarrow{OA}|=|\overrightarrow{O'A'}|$ だから $\overrightarrow{OA}=\overrightarrow{O'A'}$ となる。

同様に　　$\overrightarrow{OB}=\overrightarrow{O'B'}$，$\overrightarrow{OC}=\overrightarrow{O'C'}$

したがって，△ABCを $\overrightarrow{OM}$，$\overrightarrow{OO'}$ だけ平行移動したものがそれぞれ△PQR，△A′B′C′であるから

　　△ABC≡△PQR≡△A′B′C′　　　　**（証明終わり）**

フォローアップ

〔Ⅰ〕　(1)は座標を用いても説明できる。

別解　(1)

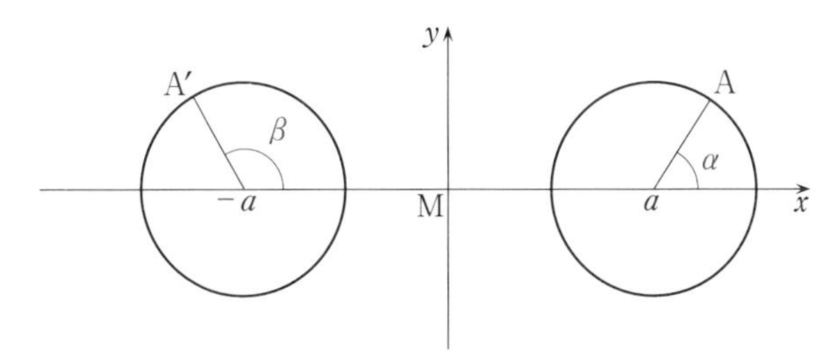

M(0, 0), O(a, 0), O′($-a$, 0) とおけるような座標軸を定める。すると

$$A(a+\cos\alpha,\ \sin\alpha),\ A'(-a+\cos\beta,\ \sin\beta)$$

とおけるので

$$P\left(\frac{\cos\alpha+\cos\beta}{2},\ \frac{\sin\alpha+\sin\beta}{2}\right)$$

となる。

$$\begin{aligned}
&|\overrightarrow{MP}|^2\\
&=\left(\frac{\cos\alpha+\cos\beta}{2}\right)^2+\left(\frac{\sin\alpha+\sin\beta}{2}\right)^2\\
&=\frac{\cos^2\alpha+\sin^2\alpha+\cos^2\beta+\sin^2\beta+2(\cos\alpha\cos\beta+\sin\alpha\sin\beta)}{4}\\
&=\frac{1+\cos(\alpha-\beta)}{2}\\
&\leqq\frac{1+1}{2}=1 \quad (\cos(\alpha-\beta)\leqq 1 \text{ より})
\end{aligned}$$

$\therefore\ |\overrightarrow{MP}|\leqq 1$

同様に　$|\overrightarrow{MQ}|\leqq 1,\ |\overrightarrow{MR}|\leqq 1$　**(証明終わり)**

〔Ⅱ〕 同じ半径の2円を重ねて置いて少しずつずらしてみてもらいたい。必ず共通弦と円弧でできる領域に，その円弧の中心が含まれることはない。ということはその円弧上で3点を選び三角形を作るとその三角形の内部に中心を含まない。三角形の内部に外心を含むものが鋭角三角形で，三角形の周上に外心があるものが直角三角形で，三角形の外部に外心があるものが鈍角三角形である。

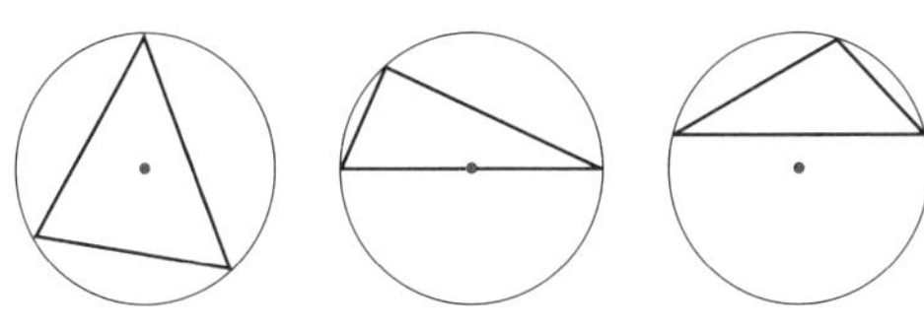

6.7 不動点があることのヒント

実数 a, b に対し，$f(x)=x^2+ax+b$, $g(x)=f(f(x))$ とする。

(1) $g(x)-x$ は $f(x)-x$ で割り切れることを示せ。

(2) $g(p)=p$ かつ $f(p)\neq p$ を満たす実数 p が存在するような点 $(a,\ b)$ の範囲を図示せよ。

アプローチ

i▶ 方程式 $f(x)=x$ の解はすべて $f(f(x))=x$ の解に含まれる。それは $f(x)=x$ の解を α とすると $f(\alpha)=\alpha$ が成り立つので，$f(f(x))=x$ の左辺に α を代入すると

$$(\text{左辺})=f(f(\alpha))=f(\alpha)=\alpha=(\text{右辺})$$

となる。これは $f(f(f(\cdots)))=x$ でも同様にいえる。この内容は $f(x)$ が多項式なら $f(f(x))-x=\{f(x)-x\}(\cdots\cdots)$ と因数分解できるということ。

ii▶ $\{f(x)\}^n-x^n=\{f(x)-x\}[\{f(x)\}^{n-1}+\{f(x)\}^{n-2}x+\cdots+x^{n-1}]$

と因数分解できることを利用して $\{f(x)\}^n=\{f(x)\}^n-x^n+x^n$ と変形していく。

解答

(1)
$$\begin{aligned} g(x)-x&=\{f(x)\}^2+af(x)+b-x\\ &=\{f(x)\}^2-x^2+af(x)-ax+x^2+ax+b-x\\ &=\{f(x)-x\}\{f(x)+x\}+a\{f(x)-x\}+f(x)-x\\ &=\{f(x)-x\}\{f(x)+x+a+1\} \qquad \cdots\cdots① \end{aligned}$$

だから $g(x)-x$ は $f(x)-x$ で割り切れる。 **(証明終わり)**

(2) ①より

$$g(p)=p,\ f(p)\neq p \iff g(p)-p=0,\ f(p)-p\neq 0$$
$$\iff \{f(p)-p\}\{f(p)+p+a+1\}=0,\ f(p)-p\neq 0$$
$$\iff f(p)+p+a+1=0,\ f(p)\neq p \qquad \cdots\cdots(*)$$
$$\iff f(p)+p+a+1=0,\ -p-a-1\neq p$$

(第一式の $f(p)=-p-a-1$ を第二式に代入した)

$$\iff p^2+(a+1)p+b+a+1=0 \quad \cdots\cdots②,\quad p\neq -\frac{a+1}{2} \quad \cdots\cdots③$$

これらを満たす p が存在する条件を求める。②の左辺を $F(p)$ とすると

$$F(p)=\left(p+\frac{a+1}{2}\right)^2+b+a-\frac{1}{4}(a+1)^2+1$$

$$=\left(p+\frac{a+1}{2}\right)^2+b-\frac{1}{4}(a-1)^2+1$$

$y=F(p)$ の軸が $p=-\dfrac{a+1}{2}$ であることを考えると $F(p)=0$ が③を満たす解をもつ条件は図1より

$$F\left(-\frac{a+1}{2}\right)=b-\frac{1}{4}(a-1)^2+1<0$$

$$\therefore\quad b<\frac{1}{4}(a-1)^2-1$$

これを図示すると図2の斜線部分。ただし境界は含まず。

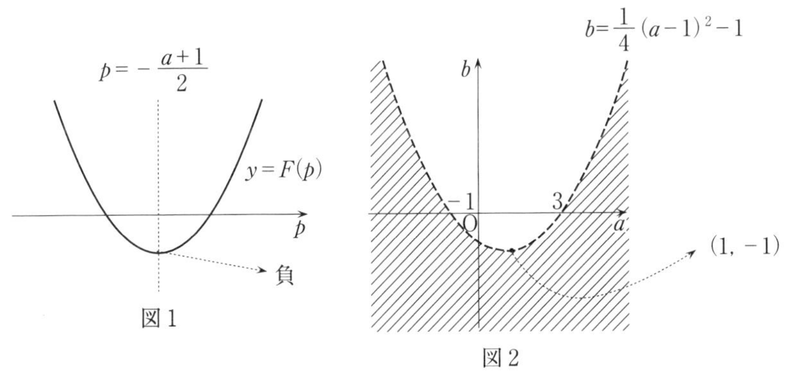

図1　　図2

……(答)

フォローアップ

〔Ⅰ〕 (1) $f(x)-x=0$ が異なる2解をもつときは次のように説明できる。
$f(x)-x=0$ の2解を α, β とおく。
$g(\alpha)-\alpha=f(f(\alpha))-\alpha=f(\alpha)-\alpha=0$ だから α は $g(x)-x=0$ の解である。同様に β に関してもいえる。ということは $g(x)-x$ は $f(x)-x$ を因数にもつ。よって，題意は示せた。

〔Ⅱ〕 (1)は次のように示すこともできる。

別解 (1) $f(x)-x=h(x)$ とおいて $f(x)=h(x)+x$ を代入すると

$$\begin{aligned}g(x)-x&=\{f(x)\}^2+af(x)+b-x\\&=\{h(x)+x\}^2+a\{h(x)+x\}+b-x\\&=\{h(x)\}^2+2xh(x)+ah(x)+x^2+ax+b-x\\&=\{h(x)\}^2+2xh(x)+ah(x)+\underline{f(x)-x}\\&=h(x)\{h(x)+2x+a+1\}\end{aligned}$$

（下線部は $h(x)$ より）

よって，$g(x)-x$ は $h(x)=f(x)-x$ で割り切れる。 **(証明終わり)**

〔Ⅲ〕 (＊)の段階で $f(p)\neq p$ に $f(p)=p^2+ap+b$ を代入してしまうと遠回りになるだけでなく，２つの２次方程式の共通解問題に発展しそうで大変である。(＊)の２式を組み合わせて同値変形するところがポイントである。さらに②の２解のうち少なくとも一つが③を満たせばよい。ということは異なる２実数解をもつときは，一つが③に反しても残り一つがクリアできる。なので，重解をもつときだけ吟味する必要がある。これが一般論である。しかし，②の軸が③の右辺と一致することを見抜けたら，最後は楽に処理できる。

第7章　説明しにくい論証

京大は昔から論証の京大といわれ，求値問題と証明問題が約半分ずつ出題されていた。これは他大学と比べ証明問題のウェイトが高いといえる。分野は整数をはじめ多岐にわたっている。その証明問題でも何を示せばよいのかはっきり分からないものとか，感覚的に分かっても表現しにくいものなどがある。普段目にする入試問題は，この条件はこのように立式するとか，このような使い方をするという方針が確立していることが多く，さらに示すべき内容もこれを示せばよいというのがはっきりしていることが多い。しかし，京大の場合，条件をどう表現するべきなのか，何を示せば題意は示せたことになるのかというのが分かりにくいこともある。このような問題でも立ち向かうことができるよう訓練したい。

7.1　背理法の利用

(1)　平行四辺形 ABCD が与えられている。この中に最大面積の三角形 PQR がはいっている。△PQR の位置について，次のことを証明せよ。

　(イ)　頂点 P，Q，R は平行四辺形 ABCD の周上にある。

　(ロ)　△PQR の少なくとも 1 辺は，平行四辺形 ABCD の 1 辺と一致する。

(2)　面積が 1 の三角形は，面積が 2 より小さい平行四辺形の中には，はいらないことを証明せよ。

第7章

アプローチ

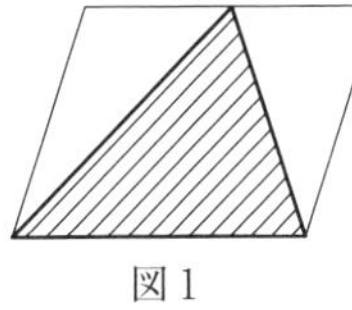
図 1

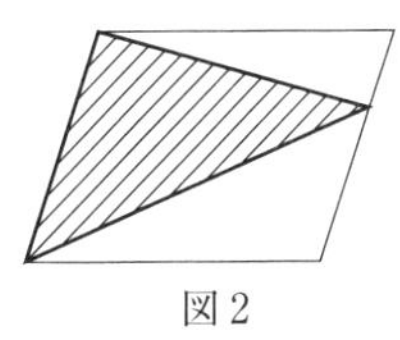
図 2

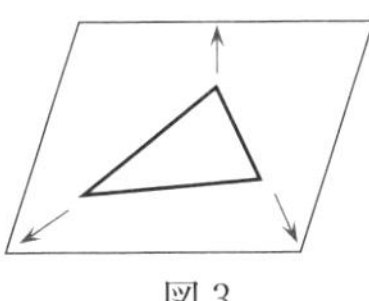
図 3

平行四辺形の中にはいる三角形で最も面積が大きいのは図 1，図 2 のような状態であろうことは予想できる。このことを示すのにまず 3 点を平行四辺形の中に配置し（図 3 参照），一つずつ動かして最大となる状況は図 1 または図 2 の状況になることを説明できなくもない。ただ，最初の位置により最大となるのは図 1 なのか，それとも図２なのか，それともそれ以外か。答案が書きにくい。さらに２点を固定し１点を動かしたとき，その点が辺上にあるときの面積が最大と答案に書いたとしよう。その辺はどこの辺なのか。さらに，実は最初からその点は辺上にあるかもしれない。とにかく答案が書きにくい。そこで，最大となるのが図１または図２のような状況でなければおかしいという感覚の解答を書くと書きやすい。

解答

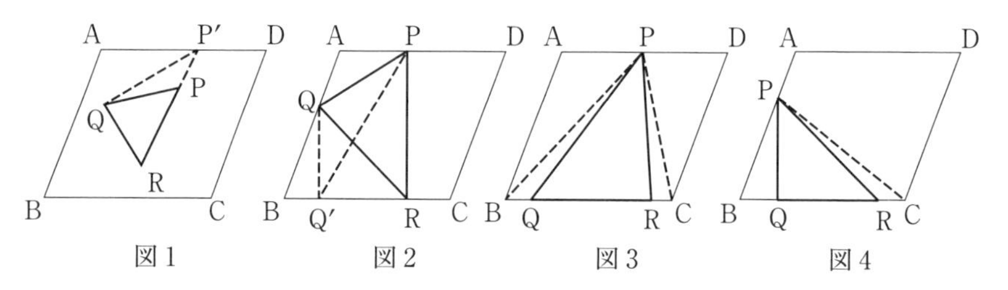

図１　図２　図３　図４

⑴　(イ)面積が最大である△PQR の頂点の一つが平行四辺形の内部にあるとする。この頂点がＰであるとする。図１のように半直線 RP と平行四辺形の周との交点を P′ とすると，△PQR＜△P′QR となり面積が最大である三角形が△PQR であることに反す。したがって，頂点Ｐ，Ｑ，Ｒは平行四辺形の周上にある。　**（証明終わり）**

(ロ)　面積が最大である△PQR のどの辺も平行四辺形の辺と一致しないとする。これは次の３つの場合が考えられる。

　(a)　平行四辺形の３辺に３頂点がある。　（図２）

　(b)　平行四辺形の向かい合う２辺に３頂点がある。　（図３）

　(c)　平行四辺形の隣り合う２辺に３頂点がある。　（図４）

(b)(c)のとき図３，図４のようにＰ，Ｑ，Ｒがある場合は△PQR＜△PBC となるので，面積が最大である三角形が△PQR であることに反す。さらに(a)のとき図２のようにＰ，Ｑ，Ｒがある場合はＱを通り PR に平行な直線と平行四辺形の周との交点を Q′ とすると△PQR＝△PQ′R＜△PBCとなり同様。したがって，△PQR の少なくとも１辺は平行四辺形の１辺と一致する。

（証明終わり）

⑵　⑴より平行四辺形にはいる最大面積の三角形は，その１辺が平行四辺形の１辺と一致し，残りの頂点がそれと平行な辺上にある三角形で，その面積は平行四辺形の面積の $\frac{1}{2}$ である。したがって，面積が１の三角形は面積が２より小さい平行四辺形に，はいらない。　**（証明終わり）**

7.2　どの条件が示すべき内容につながるか

平地に３本のテレビ塔がある。ひとりの男がこの平地の異なる３地点Ａ，Ｂ，Ｃに立って，その先端を眺めたところ，どの地点でもそのうちの２つの先端が重なって見えた。このとき，Ａ，Ｂ，Ｃは一直線上になければならない。この理由を述べよ。

アプローチ

「ひとりの男」と問題文にあるので目線の高さは（が）同じであるとしてよい。条件は異なる３地点Ａ，Ｂ，Ｃから見ると２つの先端が重なったということ。この条件をどう表現することがゴールにつながるのかが分かりにくい。仰角が等しいということを使うのかと思った人も多いだろう。本質は，３本の塔の先端を通る平面上に目線があるということ。これでゴールに向かって解答が書けるだろう。

解答

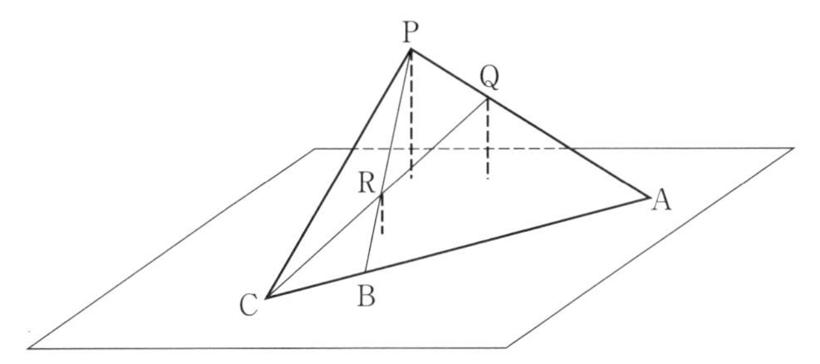

塔の先端をそれぞれＰ，Ｑ，Ｒとし，Ａから見てＰ，Ｑが重なって見え，Ｂから見てＰ，Ｒが重なって見え，Ｃから見てＱ，Ｒが重なって見えたとする。このときの目線の高さは地面と同じとしても示すべき内容に影響はない。Ｐ，Ｑ，Ｒが同一直線上にあるとき，地上の異なる３点から見て２つの頂点が重なるように見えることはない。よってＰ，Ｑ，Ｒは同一直線上にはない。この３点を通る平面はただ一つでその平面を α とする。Ａ，Ｂ，Ｃは平面 α 上にあり，地平面上にあるので，この２平面の交線上に３点Ａ，Ｂ，Ｃがある。したがって，Ａ，Ｂ，Ｃは同一直線上にある。　　　　**（証明終わり）**

7.3 (1)の利用を考える

座標平面において，x，yがともに整数であるような点（x，y）を格子点とよぶことにする。この平面上で，

(1) 辺の長さが1で，辺が座標軸に平行な正方形（周をこめる）は少なくとも一つの格子点を含むことを証明せよ。

(2) 辺の長さが$\sqrt{2}$の正方形（周をこめる）は，どんな位置にあっても，少なくとも一つの格子点を含むことを証明せよ。

アプローチ

i▶(1)は少し図を描いてみれば自明だと感じるだろう。本質は数直線上に区間の幅が1である閉区間があるなら，その中に整数は含まれるということ。これを表現するだけ。

ii▶(2)の正方形の1辺の長さは(1)の正方形の対角線の長さと一致する。ということは(2)の正方形に(1)の正方形を内包させることができそうである。(1)の正方形には格子点を含むので，(2)の正方形にも格子点を含むことがいえそうである。さて(2)の正方形に必ず(1)の正方形を内包させることができるのかが論証のポイントになる。どんなに(2)の正方形を回転させても大丈夫なのか。回転ときて円がピンとくると，円を媒介としてうまく説明できることが分かる。

解答

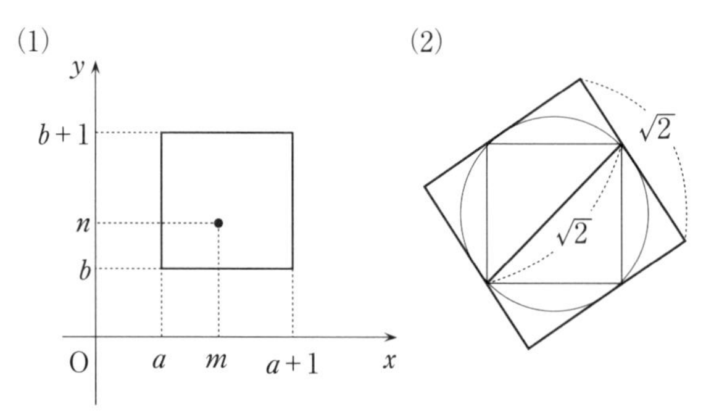

(1) 正方形の周および内部は$a \leqq x \leqq a+1$，$b \leqq y \leqq b+1$と表される。また$a \leqq m \leqq a+1$，$b \leqq n \leqq b+1$を満たす整数m，nが存在するので，正方形の周および内部に少なくとも一つの格子点（m，n）を含む。　**(証明終わり)**

(2) 1辺の長さが$\sqrt{2}$の正方形の内接円の直径は$\sqrt{2}$である。また(1)の正方

形の対角線の長さが $\sqrt{2}$ だから，この正方形の外接円の直径も $\sqrt{2}$ である。ということは１辺の長さが $\sqrt{2}$ の正方形の周および内部に必ず座標軸に平行な辺をもつ１辺の長さが１である正方形を含むことができる。⑴よりこの１辺の長さが１である正方形の周および内部には格子点を含むので，１辺の長さが $\sqrt{2}$ の正方形はどんな位置にあっても周および内部に必ず格子点を含む。

（証明終わり）

フォローアップ

この内容を空間に拡張すると，１辺の長さが $\sqrt{3}$ の立方体はどんな位置にあっても，少なくとも１つの格子点を含むことがいえる。
まず，辺の長さが１で，辺が座標軸に平行な立方体（周をこめる）は少なくとも１つの格子点を含むことは **解答** と同様に示せる。この立方体の対角線の長さが $\sqrt{3}$ だから外接球の直径が $\sqrt{3}$ となる。この外接球に１辺の長さが $\sqrt{3}$ の立方体が外接する。
よって，１辺の長さが $\sqrt{3}$ の立方体はどんな位置にあっても，１辺の長さが１で辺が座標軸に平行な立方体を含むことができ，その中には少なくとも１つの格子点を含む。

7.4 凸図形がポイント

三角形 ABC の内部の 1 点 P を頂点とする一つの平行四辺形を PQRS とする。P から Q へ向かう半直線が三角形 ABC の周と交わる点を Q′ とし，R′, S′ も同様の点とする。$\overrightarrow{PQ}=a\overrightarrow{PQ'}$, $\overrightarrow{PR}=b\overrightarrow{PR'}$, $\overrightarrow{PS}=c\overrightarrow{PS'}$ とおくとき，$a+c\geqq b$ が成立することを示せ（$\overrightarrow{PQ}$ などはベクトルを表す）。

アプローチ

i▶ 平行四辺形ができる 3 本の半直線は図 1 のような半直線ではなく，始点を通るある直線に関して同じ側に向かう半直線である（図 2）。これを三角形の内部の点を始点として図 3 のように動かしてみる。一体何が本質であるか分かるだろうか。半直線と三角形の周の 3 交点のうち真ん中の交点は，残りの交点を通る直線上か，その直線に関して始点と反対側に出る。これが本質である。ということは三角形はあまり関係ない。凹みのない図形であればいつでもいえることである。

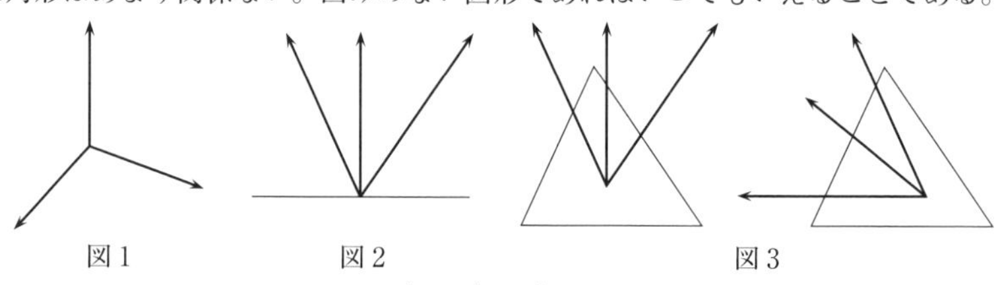

図 1　　図 2　　図 3

ii▶ 平行四辺形ということを $\overrightarrow{PR}=\overrightarrow{PQ}+\overrightarrow{PS}$ と表現し，問題文の式を代入すると $b\overrightarrow{PR'}=a\overrightarrow{PQ'}+c\overrightarrow{PS'}$ となる。ここから PQ′, PR′, PS′ が下図のいずれかの状態であることを係数の条件で表現する。

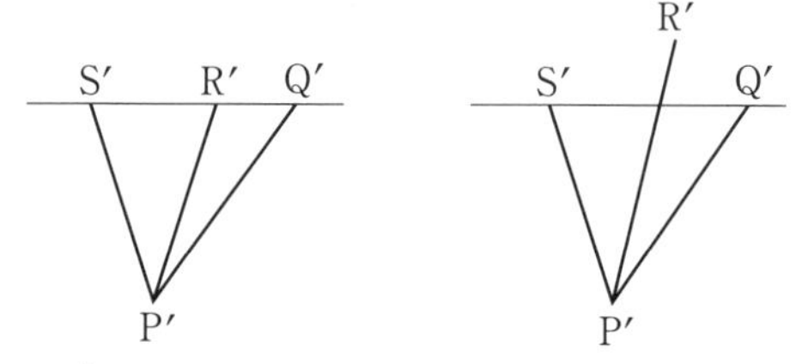

iii▶ $\overrightarrow{OP}=m\overrightarrow{OA}+n\overrightarrow{OB}$ と表される点 P の位置を把握するときは，分点公式の形を作る（**3.5** 参照）。それはこの式を

$$(m+n)\cdot\frac{m\overrightarrow{OA}+n\overrightarrow{OB}}{m+n}$$

$$(1-n)\cdot\frac{m}{1-n}\overrightarrow{OA}+n\overrightarrow{OB}$$

$$m\overrightarrow{OA}+(1-m)\cdot\frac{n}{1-m}\overrightarrow{OB}$$

と変形すると位置が把握できる。ここで

$$\frac{m\overrightarrow{\mathrm{OA}}+n\overrightarrow{\mathrm{OB}}}{m+n}=\overrightarrow{\mathrm{OC}},\quad \frac{m}{1-n}\overrightarrow{\mathrm{OA}}=\overrightarrow{\mathrm{OA'}},\quad \frac{n}{1-m}\overrightarrow{\mathrm{OB}}=\overrightarrow{\mathrm{OB'}}$$

とおくと

$$(m+n)\overrightarrow{\mathrm{OC}},\quad (1-n)\overrightarrow{\mathrm{OA'}}+n\overrightarrow{\mathrm{OB}},\quad m\overrightarrow{\mathrm{OA}}+(1-m)\overrightarrow{\mathrm{OB'}}$$

となるのでPの位置が分かる。

解答

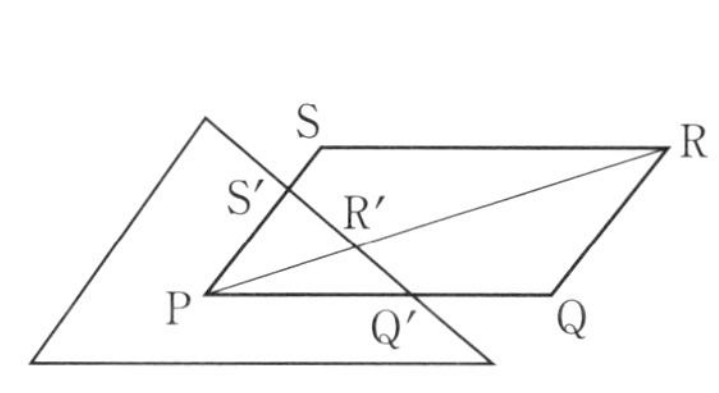

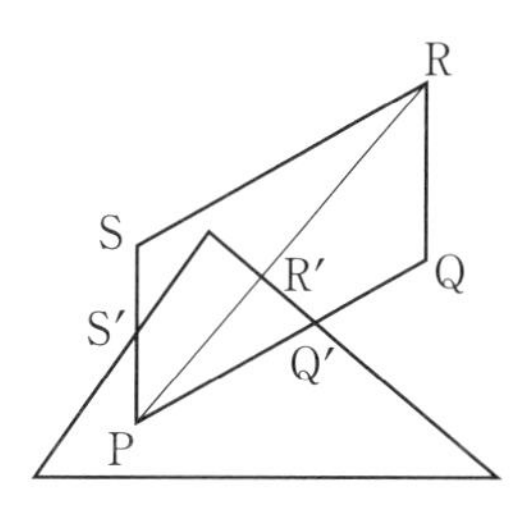

四角形PQRSが平行四辺形より

$$\overrightarrow{\mathrm{PR}}=\overrightarrow{\mathrm{PQ}}+\overrightarrow{\mathrm{PS}}$$

ここに $\overrightarrow{\mathrm{PQ}}=a\overrightarrow{\mathrm{PQ'}}$，$\overrightarrow{\mathrm{PR}}=b\overrightarrow{\mathrm{PR'}}$，$\overrightarrow{\mathrm{PS}}=c\overrightarrow{\mathrm{PS'}}$ を代入すると

$$b\overrightarrow{\mathrm{PR'}}=a\overrightarrow{\mathrm{PQ'}}+c\overrightarrow{\mathrm{PS'}}$$

Pは三角形の内部だから $a>0$，$b>0$，$c>0$ としてよく，上式は

$$\overrightarrow{\mathrm{PR'}}=\frac{a}{b}\overrightarrow{\mathrm{PQ'}}+\frac{c}{b}\overrightarrow{\mathrm{PS'}}=\frac{a+c}{b}\cdot\frac{a\overrightarrow{\mathrm{PQ'}}+c\overrightarrow{\mathrm{PS'}}}{a+c}$$

と変形できる。

$\dfrac{a\overrightarrow{\mathrm{PQ'}}+c\overrightarrow{\mathrm{PS'}}}{a+c}=\overrightarrow{\mathrm{PX}}$ とおけばXは直線Q′S′上にある。

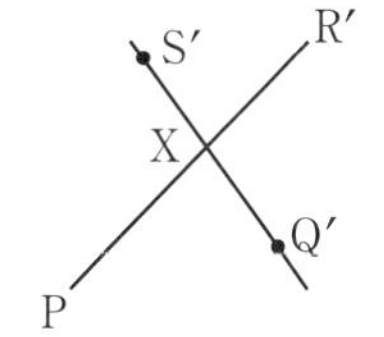

$$\overrightarrow{\mathrm{PR'}}=\frac{a+c}{b}\overrightarrow{\mathrm{PX}}$$

R′は線分S′Q′上に，または線分S′Q′に関してPと反対側にあるので

$$\frac{a+c}{b}\geqq 1 \qquad \therefore\quad a+c\geqq b$$

（証明終わり）

フォローアップ

〔Ⅰ〕　この問題は三角形でなくてもよく，凸図形なら成立する。凸図形（周だけでなく内部も含む）とは，図形上の任意の2点を結ぶ線分上の点はまた

図形上の点であるというのが定義である。

〔Ⅱ〕 係数に関する不等式を導くので，斜交系の考え方を用いてもよい。斜交系とは $\triangle$OAB と実数 x，y で表される点 $\overrightarrow{OP}=x\overrightarrow{OA}+y\overrightarrow{OB}$ があるとき，x，y の１次以下の関係式を下図のような座標で考えることである。

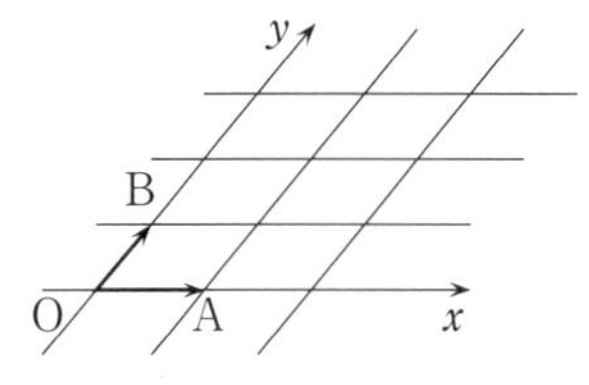

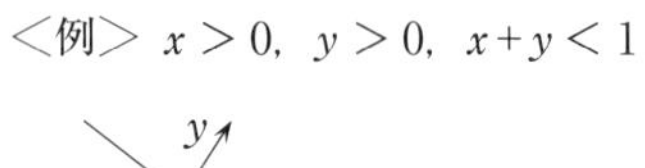

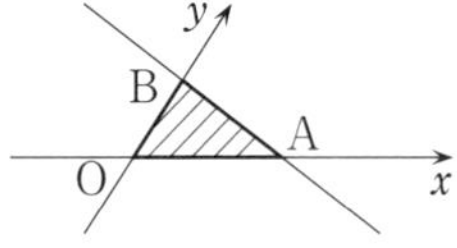

このことより

$$\overrightarrow{PR'}=x\overrightarrow{PQ'}+y\overrightarrow{PS'}$$

と表すと

$$x+y\geqq 1$$

を満たす。$x=\dfrac{a}{b}$，$y=\dfrac{c}{b}$ だから

$$\frac{a}{b}+\frac{c}{b}\geqq 1$$

$b>0$ より　　$a+c\geqq b$

第8章　グローバルな視点

数式を観察するときに，「ここの係数が2で，ここがマイナスで，ここが奇数で……」と細かく分析するときと，「あんまり大きくないな，0に近いな，これが最大量だな……」と大雑把に捉えるときがある。特に整数問題を解くときにこの2つの視点が大切である。ここではこの後者の見方をグローバルな（全体的）視点と呼んで，柔らかく式を捉える練習をしたい。
例えば（これは過去問の一部であるが），任意の自然数 n に対して

$$0<\beta<\alpha,\ \beta-1<\left(\frac{\alpha}{\beta}\right)^n(\alpha-1)$$

が成立するとき，$\alpha\geqq1$ であることを示したいとしよう。式を変形して $\alpha\geqq1$ が出てくるとは思えない式である。そこで柔らかく式を観察する。第1式より $\dfrac{\alpha}{\beta}>1$ だから $\alpha<1$ とすると，第2式で $\displaystyle\lim_{n\to\infty}$(右辺) $=-\infty$ となり $\beta>0$ に矛盾。よって，$\alpha\geqq1$ が必要であることが分かる。
この柔らかい捉え方を習得してほしい。

8.1　十分大きいとき0に近い（その1）

正の定数 a，b に対し，不等式 $4m<n^2<4m+\dfrac{a}{\sqrt{m}}+\dfrac{b}{m}$ を考え，次の問いに答えよ。

(1)　$m>0$，かつ m，n ともに整数であって，この不等式を満たすような m，n の組は有限個しか存在しないことを証明せよ。

(2)　$a=8$，$b=9$，$m\geqq9$ であるときは，上の不等式を満たす整数 m，n の組は $n^2=4m+1$ を満たすことを証明せよ。

(3)　(2)の場合の m，n の組のうち，n が最も大きいものを求めよ。

アプローチ

i ▶ (1)与えられた不等式は m を決めると n が有限個求まるという形。だから m が有限個であれば題意は示せる。$\displaystyle\lim_{m\to\infty}\left(\frac{a}{\sqrt{m}}+\frac{b}{m}\right)=0$ だから m が大きくなると

$4m<n^2<4m+0.0\cdots\cdots$ というイメージ。だからこの不等式を満たす n は存在しなくなる。この感覚を説明すればよい。

ii▶(2)$n^2=4m+1$ となるということは，予想できるストーリーは，与えられた不等式から $4m<n^2<4m+2$ が得られ，$4m$，$4m+2$ の間は $4m+1$ のみとなる。ところがそうではなくいろいろ候補が現れる。そこで n ではなく n^2 であることの意味を考える。ここで平方数，立方数などの剰余に関しての有名な話を思い出せるかどうかがポイントである。

iii▶(3)は(2)の結果を用いて一文字消去すればよい。

解 答

(1)　$$4m<n^2<4m+\frac{a}{\sqrt{m}}+\frac{b}{m} \quad \cdots\cdots ①$$

m が十分大きいとき

$$0<\frac{a}{\sqrt{m}}+\frac{b}{m}<1$$

であるから

$$4m<n^2<4m+\frac{a}{\sqrt{m}}+\frac{b}{m}<4m+1$$

となる。$4m$，$4m+1$ は連続する 2 整数だから①を満たす n は存在しない。ということは m は有限個で，m が一つに決まれば①を満たす n は有限個であるから，題意は示せた。　**(証明終わり)**

(2)　$a=8$，$b=9$，$m\geqq 9$ であるから

$$\frac{a}{\sqrt{m}}+\frac{b}{m}=\frac{8}{\sqrt{m}}+\frac{9}{m}\leqq\frac{8}{\sqrt{9}}+\frac{9}{9}=\frac{11}{3}<4$$

だから①は

$$4m<n^2<4m+\frac{a}{\sqrt{m}}+\frac{b}{m}<4m+4$$

となる。よって①を満たす m，n が存在すれば

$$n^2=4m+1,\ 4m+2,\ 4m+3$$

のいずれかである。ところで，一般に整数は $2k+r$（k は整数，$r=0,\ 1$）と表され，この平方は $4k^2+4kr+r^2$（$r^2=0,\ 1$）だから，平方数を 4 で割ると 0 または 1 余る。よって，n は奇数であり，①を満たす m，n は

$$n^2=4m+1 \quad \cdots\cdots ②$$

を満たす。　**(証明終わり)**

(3)　②を①に代入すると

$$4m<4m+1<4m+\frac{8}{\sqrt{m}}+\frac{9}{m}$$

右半分の不等式より

$$1<\frac{8}{\sqrt{m}}+\frac{9}{m} \qquad \therefore \quad m<8\sqrt{m}+9$$

$$(\sqrt{m})^2-8\sqrt{m}-9<0$$

$$(\sqrt{m}-9)(\sqrt{m}+1)<0$$

$$\therefore \quad \sqrt{m}<9 \qquad \therefore \quad m<81$$

これと②より

$$n^2<4\cdot 81+1=325$$

これを満たす奇数の最大値 n は 17 である。このとき②より $m=72$ だから求める m, n は

$\boldsymbol{m=72,\ n=17}$ ……(答)

フォローアップ

〔Ⅰ〕 整数を◯乗した数をある整数で割った余りに特徴があることだけは覚えておいてほしい。細かい内容はその都度求めればよいが，何か特徴があったなということは記憶に残しておいてほしい。例えば $3m+r$（$r=0,\ \pm 1$）を平方すると $9m^2+6mr+r^2$（$r^2=0,\ 1$）だから平方数は 3 で割ると 0 または 1 余る。2 余ることはない。さらに立方すると $27m^3+27m^2r+9mr^2+r^3$（$r^3=0,\ \pm 1$）だから立方数を 9 で割ると 0 または 1 または 8 余る。このようにすべての余りが現れないところが，問題解決の糸口になることが多い。さらに 3 で割った余りで分類した数を立方すると 9 で割った余りが分かる。本問も 2 で割った余りで分類した数を平方すると 4 で割った余りが分かる。このような問題は合同式で考えると解けないことがある。合同式は余りしか見ない。それ以外の部分に重要な条件が隠れていると解けないので合同式はすぐに利用しない習慣にしておいた方がよい。ただ，最初から最後まで同じ数で割った余りを見る場合は合同式でもよい。

〔Ⅱ〕 ちなみに，過去には n^6, n^7 を 7 で割った余りを考える問題があり，この場合は合同式でもよかった。mod7 として以下の表を得る。計算は例えば n^4 の段の数に n の段の数をかけて n^5 の段の数を作るということを繰り返した。

$n\equiv$	0	1	2	3	4	5	6
$n^2\equiv$	0	1	4	2	2	4	1
$n^3\equiv$	0	1	1	6	1	6	6
$n^4\equiv$	0	1	2	4	4	2	1
$n^5\equiv$	0	1	4	5	2	3	6
$n^6\equiv$	0	1	1	1	1	1	1
$n^7\equiv$	0	1	2	3	4	5	6

これをみると $n^7-n\equiv 0$ であるとか，$n=1$，2，3，4，5 のとき $\sum_{k=1}^{7}k^n\equiv 0$ であることが分かる。これが問題の本質であった。原題を紹介しよう（問題文が面白い）。

例題　自然数 n の関数 $f(n)$，$g(n)$ を

$f(n)=n$ を 7 で割った余り

$g(n)=3f\left(\sum_{k=1}^{7}k^n\right)$

によって定める。

(1)　すべての自然数 n に対して $f(n^7)=f(n)$ を示せ。

(2)　あなたの好きな自然数 n を一つ定めて $g(n)$ を求めよ。その $g(n)$ の値をこの設問(2)におけるあなたの得点とする。

方針　(1)は上にある表を書けば終わりである。

(2)は 7 で割った余りの最大値は 6 だから，得点は最大で 18 点である。表より $1^6+2^6+\cdots+7^6\equiv 6\ (\mathrm{mod}\,7)$ だから，$n=6$ で満点 18 点を得られる。

8.2　十分大きいとき最大数

多項式$f(x)$ で，等式

$$f(x)f'(x)+\int_1^x f(t)\,dt=\frac{4}{9}x-\frac{4}{9}$$

を満たしているものをすべて求めよ。ただし，$f'(x)$ は$f(x)$ の導関数を表す。

アプローチ

i▶ 計算できない定積分を含む等式は積分区間にxが含まれるか否かを確認する。xが含まれないときは，$\int$ 内にxがないことを確認して定数扱いをする。それは$\int_a^b f(t)\,dt=C$ とおくことである。積分区間にxが含まれるとき，つまり$\int_a^x f(t)\,dt$ のときは，$x=a$ を代入することと$\int$ 内にxがないことを確認してxで微分する。このときは微分方程式を解くことになることが多い。本問は後者のタイプになるが，ルール通り処理できない。こういう場合は整式・多項式の条件がついているので，違うルールで処理することになる。

ii▶ 恒等式を満たす整式・多項式の決定問題は，次数の決定が最大の仕事である。次数が分かれば形を設定して恒等式に代入して係数比較を行えば$f(x)$ を決定することができる。このとき，「この式はn次式，この式は$n-1$次式で…」と次数だけを追って決定できるときもあるが，これはあまりよい習慣ではない。例えば$2f(x)=xf'(x)$ を満たす定数ではない整式$f(x)$ の次数を求めたいとする。$f(x)$ をn次式とすると，両辺ともにn次式だからnが決定できない。そこで，$f(x)=ax^n+\cdots$　$(a\neq 0,\ n\geqq 1)$ と設定し代入すると$2ax^n+\cdots=nax^n+\cdots$ となる。この両辺の最高次の指数を比較しても決定できないが，係数を比較すると$n=2$と決定できる。またn次式とn次式の和は何次式か？　分からない。n次の項が消えて$n-1$次かもしれない。きちんと$f(x)$ の形を設定し最高次の指数と係数を比較する習慣をつけておいてほしい。さらに$f(x)=ax^n+\cdots$　$(a\neq 0,\ n\geqq 0)$ と設定したことで$f(x)$ が恒等的に0であるときが表せないので別扱いする必要がある。もしくは$n\geqq 1$として定数全体を別扱いしてもよい。

iii▶ 本問は左辺にx^{2n-1}，x^{n+1}が現れるが何次式になるのだろうか。$2n-1>n+1$のときは$2n-1$次，$2n-1<n+1$のときは$n+1$次，$2n-1=n+1$のときは$n+1$次か？　最高次が打ち消しあってこれより次数が低い可能性もある。話を元に戻そう。要するに，整式を設定するとき$f(x)=a_0+a_1x+a_2x^2+a_3x^3+\cdots\cdots$ とどこまで設定すればよいのかを知りたいのである。$n=3$と分からなくても$n\leqq 3$と分かれば，$f(x)=ax^3+bx^2+cx+d$ と設定できるのである。このときは$a=0$の可能性も

ある。その場合は$n=2$であったということ。それは後から分かればよい。だからnの上限が分かればよいのである。これ以上次数の高い項はないということが分かれば十分である。nが十分大きいとき$2n-1>n+1$となるだろうから，nがある値を超えると不適であることを示せばよい。$(2n-1)-(n+1)=n-2>0$となるnを考えて解答の入り口に至る。

解答

$f(x)$ が3次以上の多項式であると仮定すると

$$f(x)=ax^n+\cdots\cdots \quad (a\neq 0,\ n\geqq 3)$$

とおける。ただし「……」のように明記していない部分は明記している部分より次数が低いものとする。これを等式に代入すると

$$(ax^n+\cdots)(nax^{n-1}+\cdots)+\left(\frac{a}{n+1}x^{n+1}+\cdots\right)=\frac{4}{9}x-\frac{4}{9}$$

$$(na^2x^{2n-1}+\cdots)+\left(\frac{a}{n+1}x^{n+1}+\cdots\right)=\frac{4}{9}x-\frac{4}{9}$$

$(2n-1)-(n+1)=n-2>0$だから左辺は$2n-1$次である。さらに$2n-1\geqq 5$だから左辺は5次以上である。ところが右辺は1次だから不適。よって，$f(x)$ は高々2次だから

$$f(x)=px^2+qx+r$$

とおける。これを等式の左辺に代入し整理すると

$$\left(2p^2+\frac{p}{3}\right)x^3+\left(3pq+\frac{q}{2}\right)x^2+(2pr+q^2+r)x+qr-\frac{p}{3}-\frac{q}{2}-r$$

これと右辺の係数を比較して

$$\begin{cases} p\left(p+\dfrac{1}{6}\right)=0 \qquad \therefore\quad p=0,\ -\dfrac{1}{6} & \cdots\cdots① \\ q\left(3p+\dfrac{1}{2}\right)=0 & \cdots\cdots② \\ 2pr+q^2+r=\dfrac{4}{9} & \cdots\cdots③ \\ qr-\dfrac{p}{3}-\dfrac{q}{2}-r=-\dfrac{4}{9} & \cdots\cdots④ \end{cases}$$

$p=0$のとき②より$q=0$であり，③，④より　　$r=\dfrac{4}{9}$

$p=-\dfrac{1}{6}$のとき②は成立する。③，④より

$$r=\frac{2}{3}-\frac{3}{2}q^2,\ \ 2(q-1)r-q+1=0$$

2式より r を消去して整理すると

$$9q^3-9q^2-q+1=0 \qquad \therefore \quad (q-1)(3q-1)(3q+1)=0$$

よって　　$(q,\ r)=\left(1,\ \ -\frac{5}{6}\right),\ \left(\pm\frac{1}{3},\ \frac{1}{2}\right)$

以上より

$$\boldsymbol{f(x)=\frac{4}{9},\ \ -\frac{1}{6}x^2+x-\frac{5}{6},\ \ -\frac{1}{6}x^2\pm\frac{1}{3}x+\frac{1}{2}} \qquad \cdots\cdots(答)$$

フォローアップ

例えば x の恒等式が

$$(ax^{3n}+\cdots)+(bx^{2n+1}+\cdots)+(cx^{n+3}+\cdots)+(dx^4+\cdots)=0$$

(ただし $abcd \neq 0$) であったとき，n が十分大きいとき x^{3n} が最高次になることは分かる。だから n がある値を超えると左辺に x^{3n} の項が残り，恒等式になれないということを示せば，n の上限が決まる。

$$3n-(2n+1)=n-1>0,\ \ 3n-(n+3)=2n-3>0,\ \ 3n-4>0$$

を同時に満たす n は $n \geqq 2$ だから，解答の書き方は，$n \geqq 2$ と仮定すると

$$3n>2n+1,\ \ 3n>n+3,\ \ 3n>4$$

となるので左辺は $3n$ 次式である。$n \geqq 2$ より左辺は6次以上になり恒等的に0にならず不適。したがって $f(x)=px+q$ とおけるとして，恒等式の問題を解けばよいのである。

8.3　十分大きいとき 0 に近い（その 2）

整数を係数とする 3 次の多項式 $f(x)$ が次の条件（$*$）を満たしている。

（$*$）　任意の自然数 n に対し $f(n)$ は $n(n+1)(n+2)$ で割り切れる。

このとき，ある整数 a があって，$f(x)=ax(x+1)(x+2)$ となることを示せ。

アプローチ

i▶ 整式 $\dfrac{x(x+1)}{2}$ は整式 $x+1$ で割り切れるが，整数 $\dfrac{n(n+1)}{2}$ は整数 $n+1$ で割り切れないこと（例えば $n=1$ のとき）がある。また，整数 $n+4$ は整数 $n+2$ で割り切れること（例えば $n=0$ のとき）があるが，整式 $x+4$ は整式 $x+2$ で割り切れない。整数として割り切れることと整式として割り切れることは異なることが分かるだろう。これが「任意の自然数」という条件がつくと同値になるというのが示すべき本質である。

ii▶ 整式の割り算に関して「割り切れることを示せ」「割り切れるための条件を求めよ」という問題は，「割ったときの余りを求めよ」という問題と同じである。$f(x)$ を $g(x)$ で割った余りを求める問題は商 $Q(x)$ と余り $R(x)$ を設定して，$f(x)=g(x)Q(x)+R(x)$ という式からスタートを切るであろう。このとき $R(x)=0$ と求まれば割り切れることを示したことになるし，$R(x)$ を求めこれが恒等的に 0 になる条件を求めれば割り切れるための条件を求めたことになる。

iii▶ $ax^2+bx+c=0$　……（★）が $x=1$，2 のときに成立するというのは，方程式（★）が 1，2 を解にもつということ。しかし，これが $x=3$ のときも成立するとなると，（★）が恒等式に変わり $a=b=c=0$ となる。一般に n 次方程式が $(n+1)$ 個以上の解をもてば，それは恒等式である。

解答

$f(x)$ は 3 次式だから，$x(x+1)(x+2)$ で割ったときの商は a，余りを bx^2+cx+d とおける。さらに整数係数であることから，a，b，c，d は整数である。よって

$$f(x)=ax(x+1)(x+2)+bx^2+cx+d \quad (a,\ b,\ c,\ d：整数)$$

と設定できる。（$*$）より任意の整数 n に対して

$$\frac{f(n)}{n(n+1)(n+2)}=a+\frac{bn^2+cn+d}{n(n+1)(n+2)}$$

が整数となる。a は整数なので後半の分数式が整数となる条件を求めること

になる。

$$\lim_{n\to\infty}\frac{bn^2+cn+d}{n(n+1)(n+2)}=0$$

だから，十分大きな整数 n に対してこの分数式は区間（-1，1）におさまる。ということは常に整数値をとるときその値は0である。よって，$bn^2+cn+d=0$ が無数の n に対して成立する，つまり恒等式になるので $b=c=d=0$ となる。よって $f(x)$ は整数 a を用いて

$$f(x)=ax(x+1)(x+2)$$

と書ける。　　　　　　　　　　　　　　　　　　　　**(証明終わり)**

フォローアップ

〔Ⅰ〕 $\dfrac{低次}{高次}$ は n が十分大きいとき0に近いので，整数となるのは n が小さい値のときで，常に整数となれるのは恒等的に0のときだけ，ということになる。この内容は何度も出題されてきた。

〔Ⅱ〕 結局 $f(x)$ が $x(x+1)(x+2)$ で割り切れることを示すので，x，$x+1$，$x+2$ で割り切れることを別々に示してもよい。これは整数 N が pq で割り切れることを証明するときに，p，q が互いに素な整数であれば N が p の倍数かつ N が q の倍数であることを示すことに等しい。

別解　整数係数の3次式 $f(x)$ を $x+1$ で割ったときの商を ax^2+bx+c とし余りを r とおくと，a，b，c，r はすべて整数である。

$$f(x)=(x+1)(ax^2+bx+c)+r$$

(＊)は任意の自然数 n に対して $\dfrac{f(n)}{n(n+1)(n+2)}$ が整数になることである。

そのためには

$$\frac{f(n)}{n+1}=an^2+bn+c+\frac{r}{n+1}$$

が整数になることが必要。右辺の $\dfrac{r}{n+1}$ 以外は整数だからこれが整数になる条件を求める。$\displaystyle\lim_{n\to\infty}\frac{r}{n+1}=0$ だからこれが常に整数となるのは $r=0$ のときのみ。よって，$f(x)$ は $x+1$ で割り切れる。同様に x，$x+2$ でも割り切れるので $f(x)=ax(x+1)(x+2)$ と書ける。$f(x)$ は整数係数であるから a は整数である。　　　　　　　　　　　　　　　　　　**(証明終わり)**

〔Ⅲ〕 本問は整式で割り切れることを示す問題であったが，過去には割り切

れるかどうか分からない問題もあった。こういうときは，とにかく商と余りを設定し余りを求めにいけばよいのである。

例題 $(x^{100}+1)^{100}+(x^2+1)^{100}+1$ は x^2+x+1 で割り切れるか。

解答 $f(x)=(x^{100}+1)^{100}+(x^2+1)^{100}+1$ とおき，これを x^2+x+1 で割ったときの商を $Q(x)$，余りを $ax+b$ とおくと

$$f(x)=(x^2+x+1)Q(x)+ax+b \qquad \cdots\cdots ①$$

となる。ただし a，b は実数である。

そこで $x^2+x+1=0$ の解 $\dfrac{-1\pm\sqrt{3}i}{2}$ を ω とおくと

$$\omega^2+\omega+1=0 \qquad \cdots\cdots ②$$

$$\omega^3=\left\{\cos\left(\pm\frac{2}{3}\pi\right)+i\sin\left(\pm\frac{2}{3}\pi\right)\right\}^3=\cos(\pm 2\pi)+i\sin(\pm 2\pi)$$

$$=1 \qquad \cdots\cdots ③$$

これを利用すると

$$\begin{aligned} f(\omega)&=(\omega^{100}+1)^{100}+(\omega^2+1)^{100}+1\\ &=(\omega+1)^{100}+(\omega^2+1)^{100}+1 \quad (③利用)\\ &=(-\omega^2)^{100}+(-\omega)^{100}+1 \quad (②利用)\\ &=\omega^{200}+\omega^{100}+1\\ &=\omega^2+\omega+1 \quad (③利用)\\ &=0 \quad (②利用) \end{aligned}$$

これより①に $x=\omega$ を代入すると左辺は 0 となるので

$$a\omega+b=0$$

a，b は実数，ω は虚数だから　　$a=b=0$

したがって，余りが恒等的に 0 となるので**割り切れる**。　　……(答)

8.4　十分大きいとき0に近い（その3）

a，b，c，d，e を正の実数として整式

$$f(x)=ax^2+bx+c$$
$$g(x)=dx+e$$

を考える。すべての正の整数 n に対して $\dfrac{f(n)}{g(n)}$ は整数であるとする。このとき，$f(x)$ は $g(x)$ で割り切れることを示せ。

アプローチ

i▶ 前問と同じポイントである。ただこちらの方が難易度が高い。商と余りを設定し分数式を帯分数化したとき，前問は商の部分が常に整数であったので，残りの分数部分が整数となる条件を考えればよかった。しかし，本問は商の部分が実数係数だから整数とは限らない。なのでこの部分を議論から外す工夫が必要である。

ii▶ 実数変数の関数 $F(x)$ の増減は $F'(x)$ の符号を調べる。整数変数の関数 $F(n)$ の増減は $F(n+1)-F(n)$ の符号を調べる。

また，x が実数のとき，$F(x)=px+q+\dfrac{r}{dx+e}$ の式で $px+q$ の部分が消える作業は，微分である。

$$F'(x)=p-\frac{dr}{(dx+e)^2},\quad F''(x)=\frac{2d^2r}{(dx+e)^3}$$

では，n が整数で $F(n)=pn+q+\dfrac{r}{dn+e}$ の式で $pn+q$ の部分が消える作業は何になるか分かるだろう。

解答

$f(x)$ を $g(x)$ で割ったときの商を $px+q$，余りを r とすると

$$\frac{f(n)}{g(n)}=\frac{g(n)(pn+q)+r}{g(n)}=pn+q+\frac{r}{g(n)}=F(n)$$

$F(n)$ が任意の正の整数 n に対して整数値をとるので

$$F(n+1)-F(n)=p-\frac{dr}{g(n)g(n+1)}=G(n)$$

も整数値をとる。さらにこれより

$$G(n+1)-G(n)=\frac{2d^2r}{g(n)g(n+1)g(n+2)}$$

も整数値をとる。十分大きい n のとき上式は区間（-1, 1）の値をとる。この区間に含まれる整数値は 0 だけだから

$$d^2r=0 \qquad \therefore \quad r=0 \quad (d>0\text{より})$$

したがって，$f(x)$ は $g(x)$ で割り切れる。　　　　　　　　　**（証明終わり）**

第9章　必要から十分

必要十分条件を求めるときに，「こうであれば十分なのは分かるが，さてその必要性はあるのかな？」と考えるときがある。例えば任意の x に対し $ax^2+bx+c=0$ が成立する条件を求めたいとする。このとき $a=b=c=0$ なら十分だと分かる。逆にその必要性があるのかと考え特別な $x=0$，± 1 のとき成立することが最低限必要だと議論をスタートする。答案を書くときには，必要条件を求め十分性の確認という流れをとるが，頭の中は先に十分な条件が見え逆にその必要性があるのかと考えている。このような議論をする練習をしてみたい。

9.1　常に成り立つとき特別なときも成立する

a_1，a_2，$\cdots$，a_n，$\cdots$を数列とし

$$f_n(x)=\cos\left(x+\frac{a_{n+1}+a_n}{2}\right)\sin\frac{a_{n+1}-a_n}{2}\quad(n=1,\ 2,\ \cdots\cdots)$$

とおく。

(1)　すべての x の値について，$\sum_{n=1}^{\infty}f_n(x)$ が収束するためには，数列 a_1，a_2，$\cdots$，a_n，$\cdots$がどのような条件を満たすことが必要十分であるか。

(2)　(1)の条件が満たされているときについて，和 $F(x)=\sum_{n=1}^{\infty}f_n(x)$ を求め，$\int_0^{\frac{\pi}{2}}F(x)\,dx$ と級数の和 $\sum_{n=1}^{\infty}\left(\int_0^{\frac{\pi}{2}}f_n(x)\,dx\right)$ とを比較せよ。

アプローチ

i▶ まず部分和 $\sum_{k=1}^{n}f_k(x)$ を求める。このとき和の公式などが使えなければ，階差の形を作る。三角関数の積の形だから積和(差)の公式を利用する。

ii▶ $\sin(x+a_{n+1})=\sin x\cos a_{n+1}+\cos x\sin a_{n+1}$ が収束する条件を求めるのだが，$\cos a_n$，$\sin a_n$ が収束すれば十分であろうことはすぐに分かる。なのでその必要性を導くため，その係数 $\cos x$，$\sin x$ が消えるような値を代入する。

解答

(1)　$f_n(x)=\dfrac{1}{2}\{\sin(x+a_{n+1})-\sin(x+a_n)\}$

だから，$F_n(x)=\sum_{k=1}^{n}f_k(x)$ とおくと

$$\begin{aligned}&F_n(x)\\&=\sum_{k=1}^{n}\frac{1}{2}\{\sin(x+a_{k+1})-\sin(x+a_k)\}\\&=\frac{1}{2}[\{\sin(x+a_2)-\sin(x+a_1)\}+\{\sin(x+a_3)-\sin(x+a_2)\}+\cdots\\&\qquad\qquad\cdots\cdots+\{\sin(x+a_{n+1})-\sin(x+a_n)\}]\\&=\frac{1}{2}\{\sin(x+a_{n+1})-\sin(x+a_1)\}\end{aligned}$$

$\sum_{n=1}^{\infty}f_n(x)$ が収束する条件はその部分和である $F_n(x)$ が収束することである。

$F_n(x)$ が任意の x について収束するためには $x=0,\ \dfrac{\pi}{2}$ のときに収束することが必要である。つまり

$$F_n(0)=\frac{1}{2}(\sin a_{n+1}-\sin a_1),\quad F_n\left(\frac{\pi}{2}\right)=\frac{1}{2}(\cos a_{n+1}-\cos a_1)$$

が収束することが必要。その条件は $\sin a_1$，$\cos a_1$ は定数だから

　　$\{\sin a_n\}$，$\{\cos a_n\}$ が収束すること

である。逆にこのとき

$$F_n(x)=\frac{1}{2}\{\sin x\cos a_{n+1}+\cos x\sin a_{n+1}-\sin(x+a_1)\}\qquad\cdots\cdots①$$

より $F_n(x)$ は収束する。したがって，求める条件は

　　$\{\sin a_n\}$，$\{\cos a_n\}$ が収束すること　　……(答)

(2)　$n\to\infty$ のとき $\sin a_n\to\alpha$，$\cos a_n\to\beta$ とする。①より

$$\boldsymbol{F(x)=\lim_{n\to\infty}F_n(x)=\frac{1}{2}\{\beta\sin x+\alpha\cos x-\sin(x+a_1)\}}\qquad\cdots\cdots(答)$$

よって

$$\begin{aligned}&\int_0^{\frac{\pi}{2}}F(x)\,dx\\&=\frac{1}{2}\int_0^{\frac{\pi}{2}}\{\beta\sin x+\alpha\cos x-\sin(x+a_1)\}dx\end{aligned}$$

$$=\frac{1}{2}\Big[-\beta\cos x+\alpha\sin x+\cos(x+a_1)\Big]_0^{\frac{\pi}{2}}$$

$$=\frac{1}{2}(\alpha+\beta-\sin a_1-\cos a_1) \quad \cdots\cdots②$$

また

$$\int_0^{\frac{\pi}{2}} f_n(x)\,dx$$

$$=\int_0^{\frac{\pi}{2}}\frac{1}{2}\{\sin(x+a_{n+1})-\sin(x+a_n)\}dx$$

$$=\frac{1}{2}\Big[-\cos(x+a_{n+1})+\cos(x+a_n)\Big]_0^{\frac{\pi}{2}}$$

$$=\frac{1}{2}(\sin a_{n+1}-\sin a_n+\cos a_{n+1}-\cos a_n)$$

$$\therefore\quad \sum_{k=1}^{n}\int_0^{\frac{\pi}{2}} f_k(x)\,dx$$

$$=\sum_{k=1}^{n}\frac{1}{2}(\sin a_{k+1}-\sin a_k+\cos a_{k+1}-\cos a_k)$$

$$=\frac{1}{2}\{(\sin a_2-\sin a_1+\cos a_2-\cos a_1)$$

$$+(\sin a_3-\sin a_2+\cos a_3-\cos a_2)+\cdots\cdots$$

$$\cdots\cdots+(\sin a_{n+1}-\sin a_n+\cos a_{n+1}-\cos a_n)\}$$

$$=\frac{1}{2}(\sin a_{n+1}-\sin a_1+\cos a_{n+1}-\cos a_1)$$

よって

$$\sum_{n=1}^{\infty}\left(\int_0^{\frac{\pi}{2}} f_n(x)\,dx\right)=\lim_{n\to\infty}\sum_{k=1}^{n}\left(\int_0^{\frac{\pi}{2}} f_k(x)\,dx\right)$$

$$=\frac{1}{2}(\alpha+\beta-\sin a_1-\cos a_1) \quad \cdots\cdots③$$

②，③より両者は等しい。　……(答)

9.2 端の必要条件が結局必要十分になる

$m \leqq l$ である2数 l, m に対して，不等式 $m \leqq x \leqq l$ を満たすすべての数 x の集合 S が

条件：x が S に属しているときには，x^2 もまた S に属している

を満たすとする。このとき

(1) $0 \leqq l \leqq 1$ であることを示せ。

(2) $m=1$，または $m \leqq 0$ であることを示せ。

(3) $m=1$ であるとき，S はどのような集合か。

(4) $m \neq 1$ であるとき，与えられた数 $l\,(0 \leqq l \leqq 1)$ に対して，m のとりうる値の範囲を定めよ。

アプローチ

i▶ $m \leqq x \leqq l \Longrightarrow m \leqq x^2 \leqq l$ が成立するというのは，例えば次のようなイメージ。

$$0 \leqq x \leqq 1 \Longrightarrow 0 \leqq x^2 \leqq 1$$

$$-\frac{1}{2} \leqq x \leqq 1 \Longrightarrow 0 \leqq x^2 \leqq 1 \qquad \therefore \quad -\frac{1}{2} \leqq x^2 \leqq 1$$

$$-\frac{1}{\sqrt{2}} \leqq x \leqq \frac{1}{2} \Longrightarrow 0 \leqq x^2 \leqq \frac{1}{2} \qquad \therefore \quad -\frac{1}{\sqrt{2}} \leqq x^2 \leqq \frac{1}{2}$$

感覚的には $0 \leqq l \leqq 1$, $-1 \leqq m \leqq 0$, $l^2 \leqq m$ であろう。これに近い条件が出てくるまで具体的な値で必要条件を導き出す。それは極端な値にするのが有効である。

ii▶ 2文字の不等式は座標平面上のある領域を表す。不等式だけを見て考えるのではなく，領域を図示した方が見通しよく解ける。

解答

$l \in S$, $m \in S$ より $l^2 \in S$, $m^2 \in S$ である。よって

$$m \leqq l^2 \leqq l, \quad m \leqq m^2 \leqq l$$

が成立する。第1式の右半分，第2式の左半分から

$$l(l-1) \leqq 0 \qquad \therefore \quad 0 \leqq l \leqq 1$$

$$m(m-1) \geqq 0 \qquad \therefore \quad m \leqq 0, \ 1 \leqq m$$

これと第1式の左半分 $m \leqq l^2$，第2式の右半分 $m^2 \leqq l$ とあわせて ml 平面に図示すると図5（図1から図4までの共通部分）の網かけ部分。（ただし境界と（1，1）を含む）

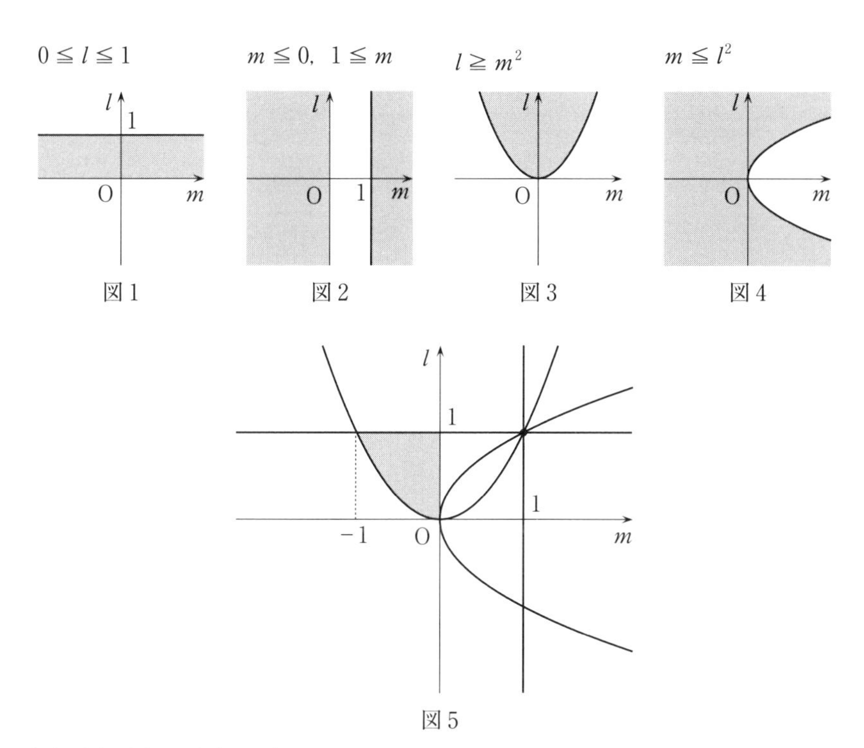

(1)・(2)　図1，図2より

$$0 \leqq l \leqq 1,\ (-1 \leqq) m \leqq 0,\ m=1$$

が成立する。　　　　　　　　　　　　　　　　　　**(証明終わり)**

(3)　$m=1$ のとき $l=1$ だから　　$S=\{1\}$

このとき条件を満たす。

　$\therefore$　$S=\{1\}$　　　　　　　　　　　　　　　　……(答)

(4)　l を固定すると $m \neq 1$ のとき図6より $-\sqrt{l} \leqq m \leqq 0$ であるが，これは必要条件であるから十分性を確認する。そこで $0 \leqq l \leqq 1$, $-\sqrt{l} \leqq m \leqq 0$ のとき

$$m \leqq x \leqq l$$
$$\Longrightarrow 0 \leqq x^2 \leqq \{m^2,\ l^2 \text{ の小さくない方}\}$$

$0 \leqq l \leqq 1$ より　　$l^2 \leqq l$

$-\sqrt{l} \leqq m \leqq 0$ より　　$m^2 \leqq l$

よって

$$0 \leqq x^2 \leqq \{m^2,\ l^2 \text{ の小さくない方}\} \leqq l$$

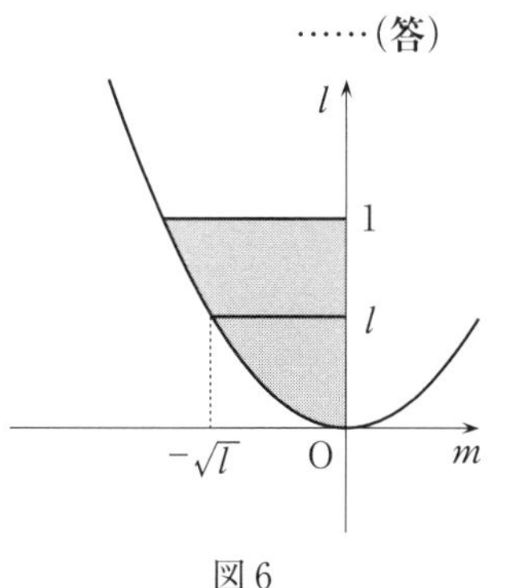

図6

が成立する。これより $x \in S \Longrightarrow x^2 \in S$ が成立するので条件を満たし十分である。したがって，m のとりうる値の範囲は

$$-\sqrt{l} \leqq m \leqq 0 \qquad \cdots\cdots(\text{答})$$

フォローアップ

(1)・(2)の「～であることを示せ」とは条件を満たすならば「～である」ことを示せなので，必要条件のみでよい。十分性のチェックは不要である。

(3)は $m=1$ のとき条件を満たす集合 S はどのような集合かを問うている。

(4)は $m \neq 1$ のとき条件を満たす m のとりうる値の範囲を問うている。これは必要条件だけで答えてはいけない。十分性のチェックが要る。もし m のとりうる値の範囲を要求するのではなく，ただ単に「$-\sqrt{l} \leqq m \leqq 0$ であることを示せ」であれば十分性のチェックは不要である。

9.3　(A) $\Longleftrightarrow$ (B)の証明

$f(x)$ は実数を係数とする x の多項式とする。

(1)　すべての整数 k について，$f(k)$ が整数であるための必要十分条件は，$f(0)$ が整数であって，すべての整数 k について，$f(k)-f(k-1)$ が整数となることである。これを証明せよ。

(2)　$f(x)=ax^2+bx+c$ のとき，すべての整数 k について，$f(k)$ が整数となるために，係数 a，b，c が満たすべき必要十分条件を求めよ。

アプローチ

i▶ (A) $\Longleftrightarrow$ (B) であることの証明で，直接示すことができないときは (A) $\Longrightarrow$ (B) と (B) $\Longrightarrow$ (A) に分けて議論する。

これは京大の先生のコメントとして聞いた話だが，このように2つに分けて議論すると気がつくことも含めて数学の力だから

(1)　(A) $\Longrightarrow$ (B)(易しい方)を示せ。

(2)　(B) $\Longrightarrow$ (A)(難しい方)を示せ。

と小問分けしない方針だそうだ。しかし学内でも意見が分かれていて，選抜試験として機能させるため点数差がつくように小問分けすべきだという人もいるらしい。

ii▶ a，b を $a \leqq b$ を満たす整数として

$$\begin{aligned}&\sum_{k=a}^{b}\{f(k)-f(k-1)\}\\&=\{f(a)-f(a-1)\}+\{f(a+1)-f(a)\}+\cdots+\{f(b)-f(b-1)\}\\&=f(b)-f(a-1)\end{aligned}$$

となる。よって，$f(n)$ と $f(0)$ をつなげるとき，$n>0$ のときは $a=1$，$b=n$ とすればよく，$n<0$ のときは $a=n+1$，$b=0$ とすればよい。

解答

(1)　次のように(A)・(B)を定める。

(A)すべての整数 k について $f(k)$ が整数である。

(B)すべての整数 k について，$f(0)$ と $f(k)-f(k-1)$ が整数である。

(A) $\Longrightarrow$ (B) は真である。

(B)が成り立つとする。n を自然数として

$$\begin{aligned}f(n)&=\{f(n)-f(n-1)\}+\{f(n-1)-f(n-2)\}+\cdots\\&\qquad\cdots\cdots+\{f(1)-f(0)\}+f(0)\\f(-n)&=f(0)-\{f(0)-f(-1)\}-\{f(-1)-f(-2)\}-\cdots\end{aligned}$$

$\cdots\cdots-\{f(-(n-1))-f(-n)\}$

と書ける。(B)より｛　｝内と $f(0)$ は整数だから $f(\pm n)$ は整数である。
$f(0)$ が整数であることとあわせて(B)$\Longrightarrow$(A)は真である。
したがって，(A)$\Longleftrightarrow$(B)　**（証明終わり）**

(2)　$f(k)-f(k-1)=ak^2+bk+c-a(k-1)^2-b(k-1)-c=2ak-a+b$
これを $g(k)$ とおくと，求める条件は(1)より

$f(0)=c$ が整数，かつ $g(k)$ が整数

である。さらに

$g(k)-g(k-1)=2ak-a+b-2a(k-1)+a-b=2a$

だから，すべての整数 k について $g(k)$ が整数となるための条件は

$g(0)=b-a$ が整数，かつ $g(k)-g(k-1)=2a$ が整数

である。よって，求める必要十分条件は

$b-a$，c，$2a$ が整数　……（答）

フォローアップ

〔Ⅰ〕(2)は単独で出題されてもおかしくない。その場合の別解を示す。

別解　(2)　任意の整数 k に対して $f(k)$ が整数となるためには，$f(0)=c$，$f(\pm 1)=a\pm b+c$ が整数であることが必要である。これは $a\pm b$，c が整数であるということ。逆にこのとき十分であることを示す。
そこで整数 p，q，r を用いて次のように表す。

$$a+b=p,\ a-b=q,\ c=r \qquad \therefore\ a=\frac{p+q}{2},\ b=\frac{p-q}{2},\ c=r$$

これを用いて

$$f(k)=ak^2+bk+c=\frac{p+q}{2}k^2+\frac{p-q}{2}k+r$$

$$=p\cdot\frac{k(k+1)}{2}+q\cdot\frac{k(k-1)}{2}+r$$

$k(k\pm 1)$ は連続2整数の積だから偶数である。よって上式より $f(k)$ は整数となるので十分である。したがって，求める必要十分条件は

$a\pm b$，c が整数であること　……（答）

〔Ⅱ〕**解答** と違う条件が得られたように見えるが，$2a-(a-b)=a+b$ だから

$a\pm b$ が整数 $\Longleftrightarrow 2a$，$a-b$ が整数

である。

9.4　必要条件から答を絞り十分性のチェック

定数 c（$c \neq 0$）に対して，等式 $f(x+c)=f(x)$ がすべての x について成り立つとき，関数 $f(x)$ は周期関数であるといい，またこの等式を満たすような正の数 c のうちの最小値を $f(x)$ の周期という。

次の関数は周期関数であるか否かを，理由をつけて答えよ。また，周期関数である場合には，その周期を求めよ。

(1)　$f(x)=\sin(\sin x)$

(2)　$f(x)=\cos(\sin x)$

(3)　$f(x)=\sin(x^3)$

アプローチ

i▶ 一般に問題文で定義している c のうち正の最小値 p を基本周期といい，$\pm p$，$\pm 2p$，$\pm 3p$，……をすべて周期という。しかし，この基本周期を単に周期ということも多い。本問はその流儀に従っている。

ii▶ まず任意の x について $f(x+c)=f(x)$ が成立する条件を，多項式の恒等式のように求めるのは難しい。さらに(1)(2)は π，2π，……あたりが周期であろうと予想できる。なので具体的な値を代入しこれらが得られたら，小さい順に代入して十分性を確認する。

iii▶ (3)は x^3 が周期関数ではないので，$f(x)$ も周期関数ではないと予想できる。証明としては否定命題となるので，周期関数として矛盾を引き出そうとする。しかし，いろいろ恒等式を動かさないといけないので難問であろう。

解答

任意の x について

$$f(x+c)=f(x) \quad \cdots\cdots①$$

が成り立つような c（>0）の最小値を求める。

(1)　①の $x=0$ のときを考えると $f(c)=f(0)$ より

$$\sin(\sin c)=0$$

となる。これより

$$\sin c=n\pi \quad (n：整数)$$

$-1 \leqq \sin c \leqq 1$ だから $n=0$ となり　　$\sin c=0$

$$\therefore \quad c=\pi,\ 2\pi,\ \cdots$$

となる。そこで小さい順に①が成立するか確認していく。

$c=\pi$ のとき

$$f(x+\pi)=\sin(\sin(x+\pi))$$
$$=\sin(-\sin x)$$
$$=-\sin(\sin x)=-f(x)$$

となり，常に①が成立することにならないので不適。

$c=2\pi$ のとき

$$f(x+2\pi)=\sin(\sin(x+2\pi))$$
$$=\sin(\sin x)$$
$$=f(x)$$

となり，常に①が成立する。

よって，$f(x)$ は周期関数で，その（正の最小の）周期は 2π ……（答）

(2)　(1)と同様 $x=0$ を代入すると $f(c)=f(0)$ より

$$\cos(\sin c)=1$$

となる。これより

$$\sin c=2n\pi \quad (n：整数)$$

$-1\leqq\sin c\leqq 1$ だから $n=0$ となり　　$\sin c=0$

$\therefore\quad c=\pi,\ 2\pi,\ \cdots$

となる。そこで小さい順に①が成立するか確認していく。

$c=\pi$ のとき

$$f(x+\pi)=\cos(\sin(x+\pi))$$
$$=\cos(-\sin x)$$
$$=\cos(\sin x)$$
$$=f(x)$$

となり，常に①が成立する。

よって，$f(x)$ は周期関数で，その（正の最小の）周期は π ……（答）

(3)　(1)と同様 $x=0$ を代入すると $f(c)=f(0)$ より

$$\sin c^3=0 \quad \cdots\cdots②$$

となる。また①は x の恒等式だから両辺を x で微分した式も成立する。

$\sin(x+c)^3=\sin x^3$ の両辺を x で微分すると

$$3(x+c)^2\cdot\cos(x+c)^3=3x^2\cdot\cos x^3$$

$x=0$ を代入すると　　$3c^2\cos c^3=0$　　$\therefore\quad \cos c^3=0$（$c>0$より）　……③

②，③を同時に満たす c は存在しない。

したがって，$f(x)$ は周期関数でない。 ……（答）

第10章　存在条件

xが実数のとき，$y=x^2+2x+2$と表されるyのとりうる値の範囲を求めたいとしよう。普通は$y=(x+1)^2+1$と平方完成してグラフをかいて$y\geqq 1$としてよい。しかし，グラフがかけないような式のときはどうすればよいのか。例えば実数x，yが$x^2+xy+y^2=1$を満たすときyのとりうる値の範囲を求めたいならどうすればよいのか。そこで$y=x^2+2x+2$の問題をグラフがかけないと想定して考えてみよう。xy平面でx軸に平行な直線$y=k$を動かす。グラフの範囲を知ろうとするなら，この直線を動かして交点をもつような範囲を調べればよい。そこでグラフと交点をもつkの範囲を求める。それはyを消去したxの2次方程式$x^2+2x+2-k=0$が実数解をもつ条件だから，

$D/4=1-(2-k)\geqq 0$　　$\therefore$　$k\geqq 1$　これがyのとりうる値の範囲である。これと同様にして，グラフがかけない$x^2+xy+y^2=1$ならこの式をxの2次方程式$x^2+yx+(y^2-1)=0$とみて，実数xの存在条件から$D=y^2-4(y^2-1)\geqq 0$より$-\dfrac{2}{\sqrt{3}}\leqq y\leqq\dfrac{2}{\sqrt{3}}$とすればよい。

上の考え方を一般化すると，$F(x,\ y)=0$なる関係式からyのとりうる値の範囲を知りたいとき，$y=f(x)$と変形できて，このグラフや増減が求まるときはそれでよい。しかし，そうではないときは，$F(x,\ y)=0$をxの方程式とみて，解xが定義域に存在するようなyの範囲を求めればよい。このようなものの考え方が必要な問題を練習してみたい。

10.1　相方の存在する条件で己の範囲を知る

実数x，y，zの間に

$$x^2+y^2+z^2+2xyz=1$$

という関係があるときは，x，y，zの絶対値は同時に1以上であるか，または同時に1以下であることを証明せよ。

アプローチ

xのとりうる値の範囲を求めたいなら，$F(x,\ y,\ z)=0$を満たす実数$y,\ z$が存在する条件を求めればよい。しかし1つの2次式を満たす$y,\ z$の存在条件というのを求めることができるのか。問題文のユルい表現に注意したい。決して「とりうる値の範囲が…」とはいっていない。この範囲に存在しているというレベルの表現である。だから1以上をくまなくとりうるなどということを要求していない。したがって，必要条件でよい。

解答

xについて整理すると

$$x^2+2yzx+y^2+z^2-1=0$$

xが実数であるから上のxの2次方程式の判別式をDとすると

$$\frac{D}{4}=y^2z^2-(y^2+z^2-1)\geqq 0 \qquad \therefore\quad (y^2-1)(z^2-1)\geqq 0$$

同様に$y,\ z$の2次方程式とみて実数条件を求めると

$$(x^2-1)(z^2-1)\geqq 0,\ \ (x^2-1)(y^2-1)\geqq 0$$

$|x|\geqq 1$とすると上の不等式から$|y|\geqq 1$，$|z|\geqq 1$がいえ，$|x|\leqq 1$とすると上の不等式から$|y|\leqq 1$，$|z|\leqq 1$がいえる。

したがって，$x,\ y,\ z$の絶対値は同時に1以上か1以下である。

（証明終わり）

フォローアップ

解答では，$|x|\geqq 1$とすると$x^2-1\geqq 0$だから$(x^2-1)(y^2-1)\geqq 0$，$(x^2-1)(z^2-1)\geqq 0$から$y^2-1\geqq 0$，$z^2-1\geqq 0$とした。なので2つの不等式だけで示すことができるが，対称性からついでに3つ目の不等式も答案に示した。最後の示し方は次のようにしてもよい。

$(x^2-1)(y^2-1)\geqq 0$より，x^2-1，y^2-1はともに0以上または0以下。

$(y^2-1)(z^2-1)\geqq 0$より，y^2-1，z^2-1はともに0以上または0以下。

$(z^2-1)(x^2-1)\geqq 0$より，z^2-1，x^2-1はともに0以上または0以下。

これらから，x^2-1，y^2-1，z^2-1はすべて0以上または0以下となる。

したがって，$|x|$，$|y|$，$|z|$はすべて1以上または1以下となる。

10.2　x, yの存在条件からzの最小値を得る

次の6つの条件を満たすx, y, zのうち，zを最小にするx, y, zの値を求めよ。

$$a>2,\ \frac{1}{x}+\frac{1}{y}=1,\ x>1,\ 1<z<2,\ xz\geqq a,\ yz\geqq 2$$

アプローチ

i▶x, y, zの関係式が与えられて，zのとりうる値の最小値を求めたいので，x, yの存在条件を考えればよい。つまり与えられた条件はx, yの等式・不等式

$$\frac{1}{x}+\frac{1}{y}=1,\ x>1,\ x\geqq\frac{a}{z},\ y\geqq\frac{2}{z}\quad (1<z<2\text{より}z\text{で割った})$$

とみる。このままxy平面で等式・不等式を同時に満たす共有点$(x,\ y)$が存在する条件を求めてもよい。また等式からx or yを消去して，残りの文字の存在条件で考えてもよい。

ii▶例えば1より大きいx, yが$(\log_{10}x)(\log_{10}y)=1$を満たすとき$xy$の最小値を求めたいとしよう。条件は「logあり」，考えるべき式は「logなし」。2つの式の土俵が異なる。こういうときは同じ土俵にして考えるべきである。「logあり」のこの条件からlogを外すことはできないので，逆にxyの対数をとって$\log_{10}xy=\log_{10}x+\log_{10}y$としてまずこの式の最小値を求めようとする。$\log_{10}x>0$, $\log_{10}y>0$だから相加相乗平均の関係を用いると

$$\log_{10}x+\log_{10}y\geqq 2\sqrt{\log_{10}x\cdot\log_{10}y}=2$$

$$\therefore\quad xy\geqq 10^2\quad (x=y=10\text{のとき等号成立})\qquad \therefore\quad xy\text{の最小値}100$$

本問も$\frac{1}{x}$, $\frac{1}{y}$の条件とx, yの条件が混ざっているので，どちらかの土俵にそろえるのがよい。

解答

$$\begin{cases} a>2 & \cdots\cdots① & \dfrac{1}{x}+\dfrac{1}{y}=1 & \cdots\cdots② \\ x>1 & \cdots\cdots③ & 1<z<2 & \cdots\cdots④ \\ xz\geqq a & \cdots\cdots⑤ & yz\geqq 2 & \cdots\cdots⑥ \end{cases}$$

②，③，⑤，⑥を同時に満たすx, yが存在するようなzの範囲を求めればよい。

④より$z>0$だから，⑥より$y>0$としてよい。

そこで $x=\dfrac{1}{X}$，$y=\dfrac{1}{Y}$ とおくと，②，③，⑤，⑥は

$$\begin{cases} X+Y=1 & \cdots\cdots②' \qquad 0<X<1 \quad \cdots\cdots③' \\ 0<X\leqq\dfrac{z}{a} & \cdots\cdots⑤' \qquad 0<Y\leqq\dfrac{z}{2} \quad \cdots\cdots⑥' \end{cases}$$

となる。②′，③′，⑤′，⑥′ を同時に満たす X，Y が存在するような z の範囲を求める。さらに②′，⑥′ から Y を消去して整理すると

$$1-\frac{z}{2}\leqq X<1 \qquad \cdots\cdots⑦$$

③′，⑤′，⑦′ を同時に満たす X が存在するような z の範囲を求めればよい。

①，④より

$$\frac{z}{a}<\frac{2}{a}<\frac{2}{2}=1$$

だから {③′ かつ⑤′} は⑤′ である。⑤′，⑦を同時に満たす X が存在する条件より

$$1-\frac{z}{2}\leqq\frac{z}{a} \qquad \therefore \quad z\geqq\frac{2a}{a+2}$$

①より

$$\frac{2a}{a+2}-1=\frac{a-2}{a+2}>0$$

$$2-\frac{2a}{a+2}=\frac{4}{a+2}>0$$

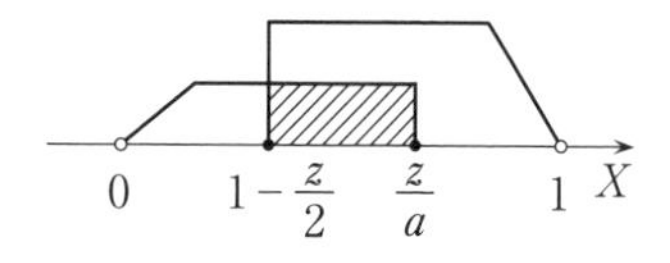

よって $1<\dfrac{2a}{a+2}<2$ だから，④とあわせて z のとりうる値の範囲は

$$\frac{2a}{a+2}\leqq z<2$$

これより z の最小値は $z=\dfrac{2a}{a+2}$ である。このとき $\dfrac{z}{a}=1-\dfrac{z}{2}$ であり

⑤′ かつ⑦ $\Longleftrightarrow X=\dfrac{z}{a}=1-\dfrac{z}{2}$ だから

$$X=\frac{2}{a+2}$$

これと②′ より　　$Y=\dfrac{a}{a+2}$

したがって求める $x,\ y,\ z$ は

$$\boldsymbol{x=\frac{a+2}{2},\ y=\frac{a+2}{a},\ z=\frac{2a}{a+2}} \qquad \cdots\cdots(答)$$

フォローアップ

〔Ⅰ〕 解答 では Y を消去して数直線上で共通部分が存在する条件から X の存在条件を求めた。それを XY 平面で共有点をもつ条件から $X,\ Y$ の存在条件を求めてもよい。

別解 1　(②′〜⑥′ を求めるところまでは 解答 に同じ)

①，④より

$$\frac{z}{a}<\frac{2}{2}=1$$

だから {③′かつ⑤′} は⑤′ である。⑤′，⑥′ を XY 平面に図示すると

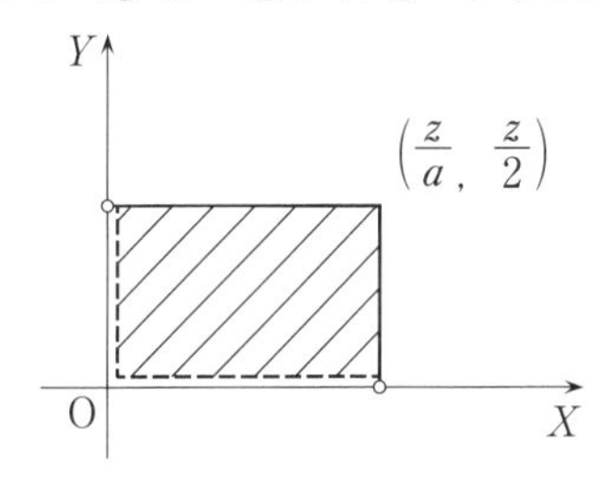

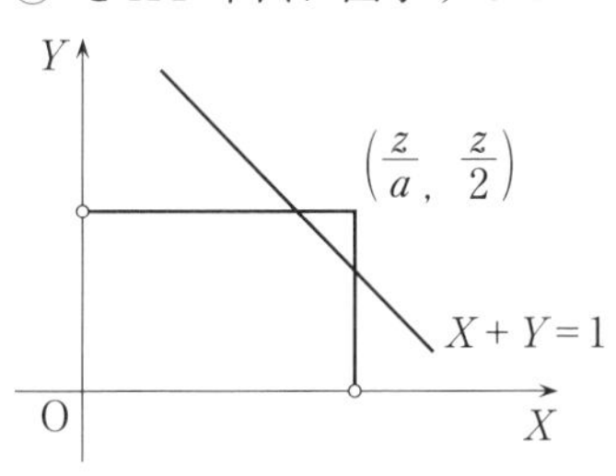

この領域と②′ が共有点をもつ条件は，点 $\left(\frac{z}{a},\ \frac{z}{2}\right)$ が $X+Y\geqq 1$ の領域に含まれることだから

$$\frac{z}{a}+\frac{z}{2}\geqq 1 \qquad \therefore\ z\geqq\frac{2a}{a+2}$$

$z=\frac{2a}{a+2}$ のとき $X=\frac{z}{a},\ Y=\frac{a}{a+2}$ だから

$$X=\frac{2}{a+2},\ Y=\frac{a}{a+2}$$

したがって求める $x,\ y,\ z$ は

$$\boldsymbol{x=\frac{a+2}{2},\ y=\frac{a+2}{a},\ z=\frac{2a}{a+2}} \qquad \cdots\cdots(答)$$

〔Ⅱ〕　逆数に置きかえずにそのままx，yのままで存在条件を考えるなら以下のようになる。

別解 2　$\dfrac{1}{x}+\dfrac{1}{y}=1$，$x>1$ より　　$y=\dfrac{1}{x-1}+1$，$x>1$

このグラフは図1のとおり。$1<z<2$ だから

$$x\geqq\frac{a}{z},\ \ y\geqq\frac{2}{z}$$

$\dfrac{a}{z}>\dfrac{2}{2}=1$，$\dfrac{2}{z}>\dfrac{2}{2}=1$ であることに注意して上式の表す領域を図示すると図2の斜線部分（境界を含む）。図1，図2に共有点が存在するための条件は図3より $y\leqq\dfrac{1}{x-1}+1$ の表す領域に $\left(\dfrac{a}{z},\ \dfrac{2}{z}\right)$ が含まれることである。

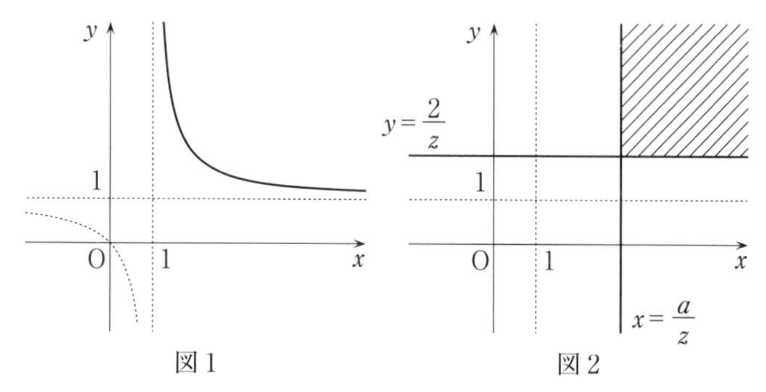

図1　　　　図2

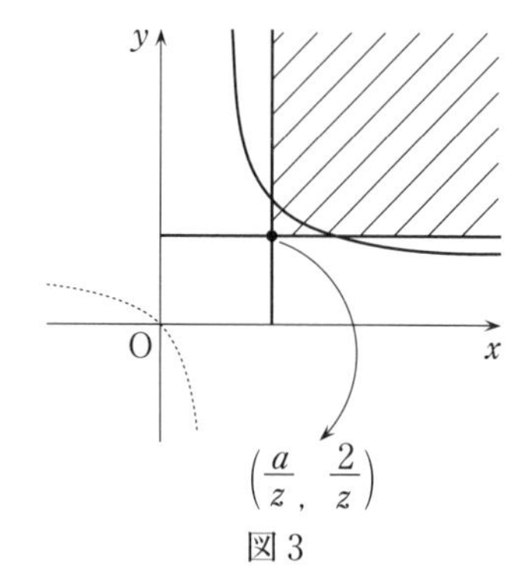

図3

よって

$$\frac{2}{z} \leqq \frac{1}{\frac{a}{z}-1}+1 \qquad \therefore \quad \frac{2}{z} \leqq \frac{a}{a-z}$$

$z>0$, $a-z>0$ だから

$$2(a-z) \leqq az \qquad \therefore \quad z \geqq \frac{2a}{a+2}$$

$z=\dfrac{2a}{a+2}$ となるのは，図 4 のときだから

$x=\dfrac{a}{z}$, $y=\dfrac{2}{z}$ のときで，z を代入すると

$$\boldsymbol{x=\frac{a+2}{2},\ y=\frac{a+2}{a},\ z=\frac{2a}{a+2}}$$

……(答)

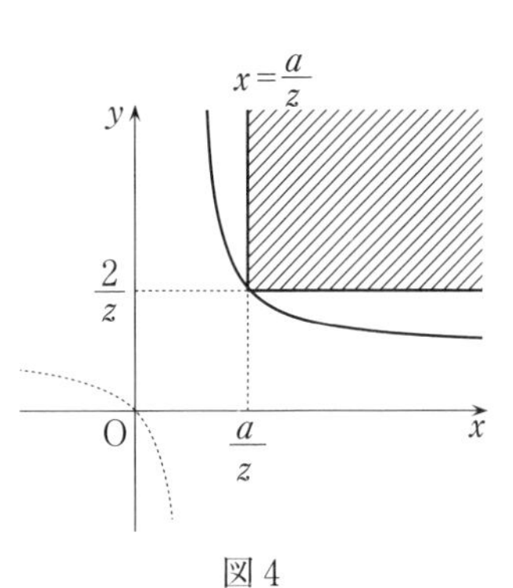

図 4

10.3　通過領域

実数 t の値によって定まる点 $\mathrm{P}(t+1,\ t)$ と $\mathrm{Q}(t-1,\ -t)$ がある。

(1)　t がすべての実数を動くとき，直線 PQ が通過する範囲を図示せよ。

(2)　t が区間 $[0,\ 1]=\{t|0\leqq t\leqq 1\}$ を動くとき，線分 PQ が通過する範囲の面積を求めよ。

アプローチ

i▶とりうる値の範囲の考え方と通りうる範囲の考え方は同じである。前問は $f(x,\ y,\ z)=0$ なる関係から z のとりうる値の範囲を，z の相方である $x,\ y$ の存在する条件から求めた。では $f(x,\ y,\ t)=0$ なる関係から $(x,\ y)$ の通りうる範囲は，$(x,\ y)$ の相方である t の存在する条件から求めればよい。この考え方で(1)は解決できる。

ii▶(2)になると $t-1\leqq x\leqq t+1$，$0\leqq t\leqq 1$，①を同時に満たす t の存在条件で考えることになるが，少し無理がある。

そこで，例えば $y=x^2+x$ の $(-t,\ t^2-t)$ における接線の方程式を作ってもらいたい。それは $y=(-2t+1)x-t^2$ であるが，形が $y=(t$ の1次式$)x+(t$ の2次式$)$ であることを実感してもらえたかと思う。この形はある放物線のある点における接線になるということ。

(1)の結果からどんな放物線であるかは分かるだろう。領域の境界の放物線である。そこで，実際に接しているかどうかと接点の座標を確認するため連立する。後はこの放物線に接しながら直線を動かし，端点が同時にどのように動くかをつかめば，線分の通過領域が分かるだろう。

解答

(1)　PQ の方程式は

$$y=\frac{t-(-t)}{t+1-(t-1)}\{x-(t+1)\}+t \qquad \therefore\quad y=tx-t^2 \qquad \cdots\cdots①$$

①の通過領域は① $\Longleftrightarrow$ $t^2-xt+y=0$ を満たす実数 t が存在するような点 $(x,\ y)$ の集合である。よって

$$(\text{判別式})=x^2-4y\geqq 0 \qquad \therefore\quad y\leqq\frac{1}{4}x^2$$

したがって，求める通過領域は右図の網かけ部分（ただし境界を含む）　……(答)

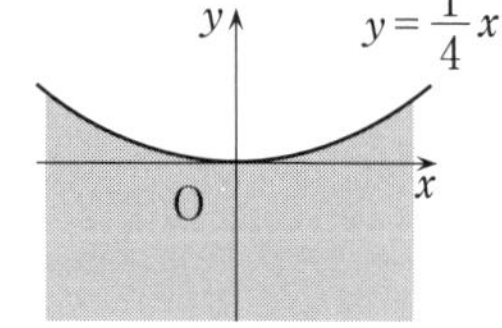

(2)　$y=\dfrac{1}{4}x^2$　　　　　　　　　　　　　　　　　　　　　　……②

①，②より y を消去すると

$$\frac{1}{4}x^2=tx-t^2 \qquad \therefore \quad (x-2t)^2=0$$

よって①は②の $x=2t$ における接線である。

t が 0 から 1 まで変化すると図 1 の太実線部を接点が動く。

$t=0$ のとき①は $y=0$，$t=1$ のとき①は $y=x-1$ だから，①の通過領域は図 2 の網かけ部分である。

また，P は $x=1+t$，$y=t$，$0 \leqq t \leqq 1$ より $y=x-1$ 上を $(1,\ 0)$ から $(2,\ 1)$ まで動く。（図 3 参照）

Q は $x=t-1$，$y=-t$，$0 \leqq t \leqq 1$ より $y=-x-1$ 上を $(-1,\ 0)$ から $(0,\ -1)$ まで動く。（図 3 参照）

以上から線分 PQ の通過領域は図 4 の網かけ部分である。

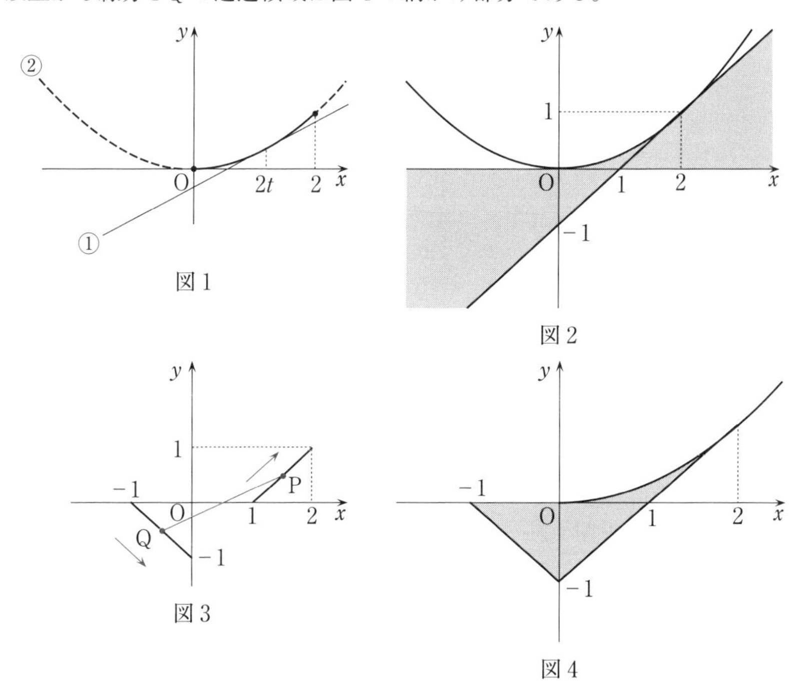

図 1

図 2

図 3

図 4

したがって，求める面積は，領域を y 軸で分けて

$$\frac{1}{2}\cdot1\cdot1+\int_0^2\left\{\frac{1}{4}x^2-(x-1)\right\}dx$$

$$=\frac{1}{2}+\int_0^2\frac{1}{4}(x-2)^2dx$$

$$=\frac{1}{2}+\left[\frac{1}{12}(x-2)^3\right]_0^2$$

$$=\mathbf{\frac{7}{6}}$$ ……(答)

フォローアップ

〔Ⅰ〕 直線①の通過領域である図2の領域を①かつ $0\leqq t\leqq1$ を同時に満たす t が存在する条件から求めるなら次のようになる。

別解 1 (1) ① $\Longleftrightarrow t^2-xt+y=0$ の左辺を $f(t)$ とおく。

$$f(t)=\left(t-\frac{x}{2}\right)^2+y-\frac{x^2}{4}$$

(i)

正 0 正 0 0 1 t 負 0

(ii)

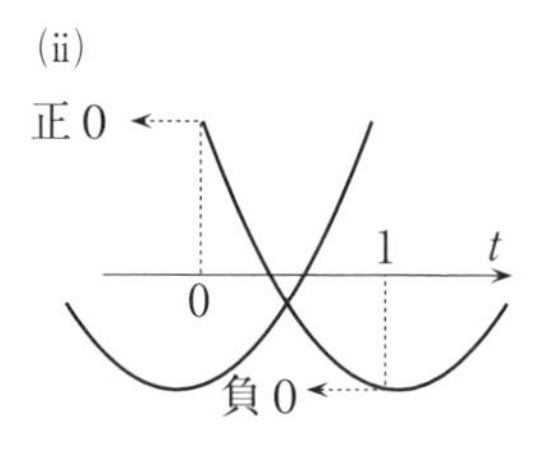

(i)のとき

$$\begin{cases}軸：0\leqq\dfrac{x}{2}\leqq1\\ f(0)=y\geqq0\\ f(1)=1-x+y\geqq0\\ 頂点の\ y\ 座標：y-\dfrac{x^2}{4}\leqq0\end{cases}\quad\therefore\quad\begin{cases}0\leqq x\leqq2\\ y\geqq0\\ y\geqq x-1\\ y\leqq\dfrac{x^2}{4}\end{cases}$$

(ii)のとき　$f(0)\cdot f(1)\leqq0$　$\therefore$　$y(y-x+1)\leqq0$

これを図示すれば，**解答** と同じ領域が得られる。

〔Ⅱ〕 通過領域の求め方の一つに x を固定して y の値域を求めるというものがある。これは直線を点の集合と考え，それぞれの点の上下の動きをとらえるというものである。

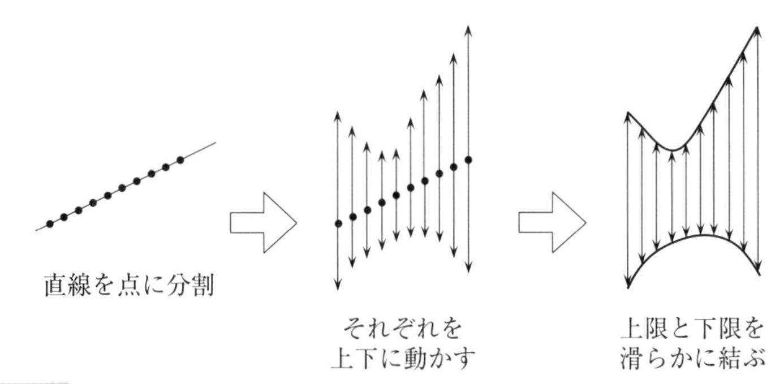

別解 2　(1)　$y=tx-t^2=g(t)$ とおく。x を固定して t を $0 \leqq t \leqq 1$ で変化させたときの $g(t)$ のとりうる値の範囲を求める。

$$g(t)=-t^2+xt=-\left(t-\frac{x}{2}\right)^2+\frac{x^2}{4}$$

(i)　$\dfrac{x}{2} \leqq 0$ のとき　　$g(1) \leqq y \leqq g(0)$

　∴　$x \leqq 0$ のとき　　$x-1 \leqq y \leqq 0$

(ii)　$0<\dfrac{x}{2} \leqq \dfrac{1}{2}$ のとき　　$g(1) \leqq y \leqq g\left(\dfrac{x}{2}\right)$

　∴　$0<x \leqq 1$ のとき　　$x-1 \leqq y \leqq \dfrac{x^2}{4}$

(iii)　$\dfrac{1}{2}<\dfrac{x}{2} \leqq 1$ のとき　　$g(0) \leqq y \leqq g\left(\dfrac{x}{2}\right)$

　∴　$1<x \leqq 2$ のとき　　$0 \leqq y \leqq \dfrac{x^2}{4}$

(iv)　$1<\dfrac{x}{2}$ のとき　　$g(0) \leqq y \leqq g(1)$

　∴　$2<x$ のとき　　$0 \leqq y \leqq x-1$

これを x を変数と見て図示すれば，**解答** と同じ領域が得られる。

〔Ⅲ〕　$y=(t$ の 1 次式$)x+(t$ の 2 次式$)$ の形はある放物線のある点における接線であることは〔アプローチ〕での作業で実感できたであろう。本問は(1)があったので簡単に気がつけたが，例えば $y=(-2t+1)x-t^2$ から放物線と接点を求めるなら，どのようにすればよいのか。それは右辺の t の 2 次関数を平方完成すると見えてくる。

$$y=-t^2-2xt+x \qquad \therefore \quad y=-(t+x)^2+x^2+x$$

そこで $y=x^2+x$ と連立して y を消去すると

$$x^2+x=-(t+x)^2+x^2+x \qquad \therefore \quad (x+t)^2=0 \qquad \therefore \quad x=-t$$

$x=-t$ を重解にもつので，$y=x^2+x$ の $x=-t$ における接線が

$$y=(-2t+1)x-t^2$$

であることが分かる。本問の直線PQの方程式を

$$y=-t^2+xt=-\left(t-\frac{x}{2}\right)^2+\frac{1}{4}x^2$$

と変形すれば $y=\dfrac{1}{4}x^2$ の接線であることが分かるので，(2)の 解答 のスタート地点に到達できる。

第11章 整数問題

論証の京大の旗艦分野といえる整数問題。これを特集するだけで1冊の問題集になってしまうが，本書では厳選した4問を収録した。十分堪能してもらいたい。

11.1　2整数の和差は偶奇一致

2つの奇数 a，b に対して，$m=11a+b$，$n=3a+b$ とおく。次の(1)，(2)を証明せよ。

(1)　m，n の最大公約数は，a，b の最大公約数を d として，$2d$，$4d$，$8d$ のいずれかである。

(2)　m，n がともに平方数であることはない(整数の2乗である数を平方数という)。

アプローチ

i▶ m，n が偶数で d の倍数であることは分かるので，最大公約数の候補は $2d$ の倍数 $2d$，$4d$，$6d$，…であろう。だから上限を押さえたいと考える。問題文によると $8d$ の約数しかないようなので，何らかの形で8を引っ張り出してくる。そこで $11-3=8$ に目がいけば辺々引いて b 消去を試みる。これで確かに8が出てくるが，a の d 以外の約数が邪魔してくる。それを打ち消すのにもう一つ式が必要になる。a の d 以外の公約数を打ち消すのは b しかない。なので a 消去を試みる。

ii▶ 次のような問題を解いたことがあるか。あったとしても意識していることがあるだろうか。

例題　$x^2-y^2=60$ を満たす整数 x，y は何通りか。

解答　$(x+y)(x-y)=2^2\cdot3\cdot5$ だから

$$(x+y,\ x-y)=(\pm2,\ \pm30),\ (\pm30,\ \pm2),\ (\pm6,\ \pm10),\ (\pm10,\ \pm6)$$

の8通り。

なぜ $(x+y,\ x-y)=(3,\ 20)$ などはないのだろうか。その答えが次の問題になる。

例題 $x^2-y^2=2010$ を満たす整数 x，y は存在しないことを示せ。

解答 $(x+y)+(x-y)=2x$ だから $x\pm y$ は偶奇が一致する。ということは $(x+y)(x-y)=x^2-y^2$ は奇数または4で割り切れる偶数である。2010はどちらでもないので等式を満たす整数 x，y は存在しない。 **(証明終わり)**

このような経験と(1)で出てきた $m-n=8a$ と a が奇数ということがいろいろ繋がって **解答** に至った。

解答

$$m=11a+b,\ n=3a+b \quad \cdots\cdots①$$

(1) a，b は奇数だから①より m，n は偶数である。また，a，b は d の倍数だから①より，m，n は d の倍数である。

d は奇数だから m，n は $2d$ の倍数である。 $\cdots\cdots②$

また，①を a，b について解くと

$$m-n=8a,\ 11n-3m=8b \quad \cdots\cdots③$$

ここで m，n の最大公約数を g として $m=Mg$，$n=Ng$ と表す。a'，b' を互いに素な整数として $a=a'd$，$b=b'd$ と表すと上式より

$$g(M-N)=8da',\ g(11N-3M)=8db'$$

これより g は $8da'$，$8db'$ の公約数であることが分かる。a'，b' は互いに素であるから，g は $8d$ の約数である。 $\cdots\cdots④$

②より g は $2d$ の倍数だから④より

g は $2d$，$4d$，$8d$ のいずれか。 **(証明終わり)**

(2) ともに平方数であると仮定すると m，n は偶数より

$$m=(2m')^2,\ n=(2n')^2 \quad (m',\ n' \text{は整数})$$

と表される。③の第一式に代入すると

$$4(m'-n')(m'+n')=8a \quad \therefore \quad (m'-n')(m'+n')=2a \quad \cdots\cdots⑤$$

ここで $(m'+n')+(m'-n')=2m'$ だから $m'\pm n'$ の偶奇は一致する。よって，⑤の左辺は奇数または4の倍数である。一方，a は奇数だから⑤の右辺は4で割り切れない偶数である。したがって⑤は不成立だから，背理法より m，n がともに平方数であることはない。 **(証明終わり)**

フォローアップ

〔I〕 すべての文字を整数とし

$$m=pa+qb,\ n=ra+sb \quad \cdots\cdots(*)$$

を満たす m，n の最大公約数 g を考えてみる。a，b の最大公約数を d とすると

$$m=m'g,\ n=n'g \quad (m',\ n'\text{ は互いに素})$$

$$a=a'd,\ b=b'd \quad (a',\ b'\text{ は互いに素})$$

とおける。

(＊)の右辺は d の倍数だから m，n も d の倍数。よって g は d の倍数である。さらに(＊)より

$$(ps-qr)a=sm-qn,\quad (ps-qr)b=-rm+pn$$

ここに $m=m'g$，$n=n'g$，$a=a'd$, $b=b'd$ を代入すると

$$(ps-qr)a'd=(sm'-qn')g,\quad (ps-qr)b'd=(-rm'+pn')g$$

a'，b' が互いに素だから g は $(ps-qr)d$ の約数。

したがって，g は d の倍数で $(ps-qr)d$ の約数となる。

本問はこの内容に偶数奇数の視点を追加しただけである。

〔Ⅱ〕 x，y の連立方程式

$$\begin{cases} ax+by=p \\ cx+dy=q \end{cases}$$

を x，y について解こうとすると

$$\begin{cases} (ad-bc)x=dp-bq \\ (ad-bc)y=-cp+aq \end{cases}$$

となる。左辺に同じ $ad-bc$ が現れることは意識しておいてほしい。

11.2 整数の積が素数

三角形 ABC において，∠B＝60°，B の対辺の長さ b は整数，他の 2 辺の長さ a，c はいずれも素数である。このとき，三角形 ABC は正三角形であることを示せ。

アプローチ

条件となる対象は 3 辺と 1 角なので余弦定理を立式することは問題ないだろう。素数が絡む等式なので

$xy=p$（p：素数）のような形が理想である。こうなれば

$$(x,\ y)=(\pm1,\ \pm p),\ (\pm p,\ \pm1)$$

と絞り込むことができる。本問は a，c が素数で $b^2=a^2-ac+c^2$ を満たす。候補はいろいろあるだろう。

$$b^2-a^2=c^2-ac \qquad \therefore \quad (b+a)(b-a)=c(c-a)$$

$$b^2-c^2=a^2-ac \qquad \therefore \quad (b+c)(b-c)=a(a-c)$$

$$b^2=(a+c)^2-3ac \qquad \therefore \quad (a+c+b)(a+c-b)=3ac$$

$$b^2=(a-c)^2+ac \qquad \therefore \quad (b+a-c)(b-a+c)=ac$$

やはり一番下の式が一番突破力がある変形である。

解答

余弦定理より

$$b^2=a^2+c^2-2ac\cos 60^\circ$$

$$=a^2-ac+c^2=(a-c)^2+ac$$

$$\therefore \quad b^2-(a-c)^2=ac \qquad \therefore \quad (b+a-c)(b-a+c)=ac$$

三角形の成立条件より

$$b+c>a,\ b+a>c \qquad \therefore \quad b+a-c>0,\ b-a+c>0$$

a，b，c が整数で a，c が素数であることより

	(i)	(ii)	(iii)	(iv)
$b-a+c$	ac	a	c	1
$b+a-c$	1	c	a	ac

(i)のとき $b-a+c=ac$，$b+a-c=1$ より b を消去すると

$$ac+2a-2c-1=0 \qquad \therefore \quad (a-2)(c+2)=-3$$

a，c は素数より $a\geqq2$，$c\geqq2$ つまり $a-2\geqq0$，$c+2\geqq4$ だから上式は不成立。

(ii)のとき，$b-a+c=a$，$b+a-c=c$ より，b を消去すると

$$a=c \qquad \therefore \quad a=b=c$$

(iii)のとき，$b-a+c=c$，$b+a-c=a$ より，b を消去すると

$$a=c \qquad \therefore \quad a=b=c$$

(iv)のとき，$b-a+c=1$，$b+a-c=ac$ より，b を消去すると

$$ac-2a+2c-1=0 \qquad \therefore \quad (a+2)(c-2)=-3$$

a，c は素数より $a \geqq 2$，$c \geqq 2$ つまり $a+2 \geqq 4$，$c-2 \geqq 0$ だから上式は不成立。したがって，起こりうるのは(ii)，(iii)のときで，このとき正三角形になる。

（証明終わり）

フォローアップ

$xy+ax+by=(x+b)(y+a)-ab$ の変形は慣れておくこと。この変形を利用するときは xy の係数を 1 にすること。

例題　次式を満たす整数 x，y の値を求めよ。

$3xy+x+2y+1=0$

解答　(与式) $\iff xy+\dfrac{1}{3}x+\dfrac{2}{3}y+\dfrac{1}{3}=0$

$$\iff \left(x+\frac{2}{3}\right)\left(y+\frac{1}{3}\right)-\frac{2}{9}+\frac{1}{3}=0$$

$$\iff \left(x+\frac{2}{3}\right)\left(y+\frac{1}{3}\right)=-\frac{1}{9}$$

$$\iff (3x+2)(3y+1)=-1$$

これより $(3x+2,\ 3y+1)=(1,\ -1),\ (-1,\ 1)$

このうち整数となるものを答えて　$\boldsymbol{(x,\ y)=(-1,\ 0)}$　……**(答)**

11.3 必要条件で範囲を絞る

θ は $0<\theta<\frac{\pi}{2}$ の範囲の角とする。

(1) $\sin 3\theta=\sin 2\theta$ を満たす θ を求めよ。

(2) m, n を 0 以上の整数とする。θ についての方程式

$$\sin 3\theta=m\sin 2\theta+n\sin\theta$$

が解をもつときの $(m,\ n)$ と，そのときの解 θ を求めよ。

アプローチ

i▶(1)は $3\sin\theta-4\sin^3\theta=2\sin\theta\cos\theta$ として解いてしまうと

$$\sin\theta=0,\ \cos\theta=\frac{1\pm\sqrt{5}}{4}$$

となり有名角でないものが含まれる。方向転換して角度を直接求められる解法に乗り換える。$\sin x=\sin y$ のとき，$x=y+2n\pi$ または $x=(\pi-y)+2n\pi$ であることを利用するか，和差が 0 を積が 0 に変える。

ii▶(2) $m=1$, $n=0$ のときが(1)になる。何らかの情報で絞り込むと(1)の結果が使えるのかもしれないと考える。(1)の解答で失敗した方針だが，2 倍角・3 倍角の公式を利用すれば $\cos\theta$ の 2 次方程式を得る。判別式などから範囲が絞れる可能性が見える。

解答

(1) 与えられた方程式は

$$\sin 3\theta-\sin 2\theta=0$$

$$2\cos\frac{5}{2}\theta\sin\frac{\theta}{2}=0$$

$$\therefore\quad \frac{5}{2}\theta=\frac{\pi}{2}+n\pi,\ \frac{\theta}{2}=n\pi\quad (n\ は整数)$$

$$\therefore\quad \theta=\frac{\pi}{5}+\frac{2}{5}n\pi,\ 2n\pi$$

$0<\theta<\frac{\pi}{2}$ より　$\boldsymbol{\theta=\frac{\pi}{5}}$ ……(答)

(2) 与えられた方程式は

$$3\sin\theta-4\sin^3\theta=2m\sin\theta\cos\theta+n\sin\theta$$

$$\therefore\quad 3-4\sin^2\theta=2m\cos\theta+n\quad (\sin\theta>0より)$$

$$4\cos^2\theta - 2m\cos\theta - n - 1 = 0 \quad \cdots\cdots ①$$

$\cos\theta = t$ とおくと①は $f(t) = 4t^2 - 2mt - n - 1 = 0$ となる。

$f(t) = 0$ が $0 < t < 1$ を満たす解をもつことが必要で $f(0) = -n-1 < 0$ であることから

$$f(1) = -2m - n + 3 > 0 \qquad \therefore \quad 2m + n < 3$$

であることが必要。m，n は 0 以上の整数だから

$$(m,\ n) = (0,\ 0),\ (0,\ 1),\ (0,\ 2),\ (1,\ 0)$$

$(m,\ n) = (0,\ 0)$ のとき　①は $\cos^2\theta = \dfrac{1}{4}$　$\therefore\ \theta = \dfrac{\pi}{3}$

$(m,\ n) = (0,\ 1)$ のとき　①は $\cos^2\theta = \dfrac{1}{2}$　$\therefore\ \theta = \dfrac{\pi}{4}$

$(m,\ n) = (0,\ 2)$ のとき　①は $\cos^2\theta = \dfrac{3}{4}$　$\therefore\ \theta = \dfrac{\pi}{6}$

$(m,\ n) = (1,\ 0)$ のとき，与えられた方程式は(1)と同じになるので　$\theta = \dfrac{\pi}{5}$

したがって，求める $(m,\ n,\ \theta)$ は

$$\left(0,\ 0,\ \frac{\pi}{3}\right),\ \left(0,\ 1,\ \frac{\pi}{4}\right),\ \left(0,\ 2,\ \frac{\pi}{6}\right),\ \left(1,\ 0,\ \frac{\pi}{5}\right) \quad \cdots\cdots \textbf{(答)}$$

フォローアップ

〔Ⅰ〕 (1)〔アプローチ〕にあった解法をとると n を整数として

$$3\theta = 2\theta + 2n\pi \quad \text{または} \quad 3\theta = \pi - 2\theta + 2n\pi \qquad \therefore \quad \theta = 2n\pi,\ \frac{2n+1}{5}\pi$$

$0 < \theta < \dfrac{\pi}{2}$ だから　$\theta = \dfrac{\pi}{5}$

〔Ⅱ〕 三角関数と整数は相性がいい。もともと三角関数は範囲があり，整数で範囲が決まればしらみ潰しできる。例えば不定方程式 $f(\cos\theta,\ n) = 0$ があったとする。これなら $\cos\theta = (n$ の式$)$ と変形し $-1 \leqq \cos\theta \leqq 1$ に代入するか，$n = (\cos\theta$ の式$)$ と変形し $-1 \leqq \cos\theta \leqq 1$ を利用して n の範囲を絞る。

〔Ⅲ〕〔アプローチ〕で求まった $\cos\theta = \dfrac{1 \pm \sqrt{5}}{4}$ と(1)の結果 $\theta = \dfrac{\pi}{5}$ から

$$\cos\frac{\pi}{5} = \frac{1+\sqrt{5}}{4}$$

であることが分かる。$\dfrac{\bigcirc}{5}\pi$，$\dfrac{\bigcirc}{10}\pi$ などの三角比は求められるようにしてお

いてほしい。過去何度か出題されている。

$\theta=\dfrac{\pi}{5}$ のとき　　$5\theta=\pi$　……(＊)　　$\therefore$　$2\theta=\pi-3\theta$

これより

$$\sin 2\theta=\sin(\pi-3\theta)\qquad \sin 2\theta=\sin 3\theta$$
$$2\sin\theta\cos\theta=3\sin\theta-4\sin^3\theta$$

$\sin\theta>0$ より

$$2\cos\theta=3-4\sin^2\theta$$
$$4\cos^2\theta-2\cos\theta-1=0$$

$\cos\dfrac{\pi}{5}>0$ より　　$\cos\dfrac{\pi}{5}=\dfrac{1+\sqrt{5}}{4}$

このとき同時に得られる $\dfrac{1-\sqrt{5}}{4}$ は何であろうか。(＊) $\Longleftrightarrow$ $5\theta=\pi$ からスタートしたが，$5\theta=\pi+2\pi$ として得られる結果は変わらない。ということは $\cos\dfrac{3}{5}\pi=\dfrac{1-\sqrt{5}}{4}$ である。もう少し練習してみる。

$\theta=\dfrac{\pi}{10}$ のとき　　$5\theta=\dfrac{\pi}{2}$　　$\therefore$　$2\theta=\dfrac{\pi}{2}-3\theta$

これより

$$\sin 2\theta=\sin\left(\frac{\pi}{2}-3\theta\right)\qquad \sin 2\theta=\cos 3\theta$$
$$2\sin\theta\cos\theta=4\cos^3\theta-3\cos\theta$$

$\cos\theta>0$ より

$$2\sin\theta=4\cos^2\theta-3$$
$$4\sin^2\theta+2\sin\theta-1=0$$

$\sin\dfrac{\pi}{10}>0$ より　　$\sin\dfrac{\pi}{10}=\dfrac{-1+\sqrt{5}}{4}$

$\theta=\dfrac{○}{5}\pi$，$\dfrac{○}{10}\pi$ は 5θ が $\dfrac{\pi}{2}$，π，… などになる。これから

$$\sin 2\theta=\sin(\triangle\pi-3\theta)$$

とすれば左辺は $2\sin\theta\cos\theta$，右辺は $\cos 3\theta$ または $\sin 3\theta$ が得られるので，$\sin\theta$，$\cos\theta$ で割ることができる。あとは $\sin\theta$ または $\cos\theta$ の 2 次方程式を解けばよい。

11.4　${}_pC_k$ の性質

p が素数であれば，どんな自然数 n についても n^p-n は p で割り切れる。このことを，n についての数学的帰納法で証明せよ。

アプローチ

i▶ p は素数，$1 \leqq k \leqq p-1$ のとき，${}_pC_k$ は p の倍数である。もちろん証明は必要であるが，意識しておいてほしい。

$${}_pC_k=\frac{p\cdot(p-1)\cdots\cdots(p-k+1)}{k\cdot(k-1)\cdots\cdots 1}$$

の分母に p を因数にもつ数はないので，分子の p が残り p の倍数となる。この証明を示した後，次のような問題を解く。

例題　p を素数として 2^p を p で割った余りを求めよ。

解答　$p=2$ のとき割り切れるので余りは 0 である。$p>2$ のとき

$$2^p=(1+1)^p=1+{}_pC_1+\cdots\cdots+{}_pC_{p-1}+1=(p\text{ の倍数})+2$$

だから p で割ると 2 余る。　……(答)

これより，指数の p を係数に下ろす作業が二項定理であることが実感できる。

ii▶ 本問の難易度の低いところは問題文に「数学的帰納法で」と書いてあるところである。この文言がなければ帰納法を利用することに気がつくことが一つのポイントになる。本問も直接示そうと考えるなら，n^p は二項定理を用いるため，$\{(n-1)+1\}^p=(n-1)^p+\cdots\cdots$ と変形するだろう。すると $(n-1)^p$ がちょうど $n-1$ 番目の内容になるので帰納法の利用に気がつける。今のような思考過程を踏めば，自然と帰納法の利用にたどり着ける。

iii▶ ${}_nC_k$ の公式に

$$1 \leqq k \leqq n \text{ のとき}\qquad k{}_nC_k=n{}_{n-1}C_{k-1}$$

というものがある。この公式は正しく覚えられていない人が多い。これは覚え方を覚えればよい。例えば n 人から k 人を選びその中から 1 人のリーダーを作るのが左辺，先に n 人から 1 人のリーダーを選び残りの $n-1$ 人からリーダー以外の $k-1$ 人を選んでいるのが右辺。これらの場合の数は変わらないというのがこの等式である。

解答

$a_n=n^p-n$ とおく。

(I)　$a_1=0$ より p で割り切れる。

(II)　a_k が p で割り切れると仮定する。

$$\begin{aligned} a_{k+1} &= (k+1)^p-(k+1) \\ &= k^p+\sum_{i=1}^{p-1} {}_p\mathrm{C}_i k^i+1-k-1 \\ &= a_k+\sum_{i=1}^{p-1} {}_p\mathrm{C}_i k^i \qquad \cdots\cdots ① \end{aligned}$$

ここで $1 \leqq i \leqq p-1$ のとき

$$i\,{}_p\mathrm{C}_i = p\,{}_{p-1}\mathrm{C}_{i-1}$$

が成立する。右辺が p の倍数で p は素数だから i または ${}_p\mathrm{C}_i$ のいずれかが p の倍数となる。しかし $1 \leqq i \leqq p-1$ だから i が p の倍数となることはない。よって ${}_p\mathrm{C}_i$ が p の倍数である。したがって，仮定と①より a_{k+1} も p で割り切れる。

(I)・(II)あわせて数学的帰納法より任意の自然数に対して a_n は p で割り切れる。

（証明終わり）

フォローアップ

この問題は有名な定理の証明になっている。

<フェルマーの小定理>

p が素数，n が任意の自然数のとき $\mathrm{mod}\,p$ として

$$\boldsymbol{n^p \equiv n}$$

特に，n と p が互いに素であるとき

$$\boldsymbol{n^{p-1} \equiv 1}$$

本問は前者の内容を証明した。後者の形で証明するときは以下のように示すことが多い。

証明　自然数 n と素数 $p\,(>2)$ が互いに素であるとする。まず

$n,\ 2n,\ 3n,\ \cdots,\ (p-1)n$ を p で割った余りはすべて異なる　$\cdots\cdots$(A)

ことを示す。そこでこの中に余りが一致するものが存在したとする。それが $kn,\ ln$ であり，$1 \leqq k < l \leqq p-1$ とする。これらは $\mathrm{mod}\,p$ として

$$kn \equiv ln \qquad \therefore \quad (l-k)n \equiv 0 \qquad \cdots\cdots (*)$$

$1 \leqq l-k \leqq p-2$ だから $l-k$ は p の倍数ではない。また n は p と互いに素であるから $(*)$ は不成立。したがって，(A)は真である。

$n,\ 2n,\ 3n,\ \cdots,\ (p-1)n$ を p で割った余りは $1,\ 2,\ 3,\ \cdots,\ p-1$ のいずれかで，(A)より余りがすべて異なり，ともに $p-1$ 個であることから

$$\{n,\ 2n,\ 3n,\ \cdots,\ (p-1)n\} \equiv \{1,\ 2,\ 3,\ \cdots,\ p-1\}$$

となる。両辺の集合の要素の積は合同だから

$$(p-1)!n^{p-1} \equiv (p-1)! \qquad \therefore \quad (p-1)!(n^{p-1}-1) \equiv 0$$

$(p-1)!$ は p の倍数ではないので

$$n^{p-1}-1 \equiv 0 \qquad \therefore \quad n^{p-1} \equiv 1$$

これは $p=2$ のときも成立する。　　　　　　　　　　　　**(証明終わり)**

第12章 不等式

これまでの章にも不等式の証明はたくさんあった。京大は評価する問題が多い。不等式に特化してこれまでに掲載できなかった問題を練習してみてほしい。

12.1 和が一定なら相加平均以上以下のものが含まれる

すべては0でないn個の実数a_1, a_2, ……, a_nがあり，

$$a_1 \leqq a_2 \leqq \cdots\cdots \leqq a_n \quad かつ \quad a_1 + a_2 + \cdots\cdots + a_n = 0$$

を満たすとき，

$$a_1 + 2a_2 + \cdots\cdots + na_n > 0$$

が成り立つことを証明せよ。

アプローチ

i▶ある教室でテストを行ったとしよう。教室内には平均点以上の人と平均点以下の人がいて，成績トップが必ず平均点以上で，最下位が必ず平均点以下である。このことは当たり前であろう。例えば三角形の内角の和が180°だから，最大角は60°以上で，最小角は60°以下である。これが解答の鍵になることがある。和が一定であればその中に相加平均以上のものと以下のものが含まれるということは意識しておくべきである。

ii▶$F>0$を示すときに，何かの文字の関数と捉えFの最小値を求めそれが正であることを示したり，平方完成や因数分解などの式変形で示したりする。式変形で$F>0$を示すときは小さめに見積もっても正であるという感覚で示す。本問は関数と捉えるのも，因数分解なども諦めて$a_1 + 2a_2 + \cdots\cdots + na_n$を和の計算ができるように小さめに見積もろうとする。$a_1 + a_2 + \cdots\cdots + a_n = 0$が利用できるように係数を評価しようとするなら，項の符号が気になるはず。$a_k>0$であれば係数は小さく評価し，$a_k<0$であれば係数は大きく評価する。

解答

a_1, ……, a_nの中には0以上のものと0以下のものが含まれている。なぜならすべてが正と仮定すると和が正となり0であることに反す。よって0以下のものが含まれる。同様に0以上のものが含まれる。また条件から，すべてが0ということはないので　　$a_1<0$, $a_n>0$

したがって

$$a_1 \leqq a_2 \leqq \cdots\cdots \leqq a_k \leqq 0 < a_{k+1} \leqq \cdots\cdots \leqq a_n \quad \cdots\cdots(*)$$

となる k が存在する。

$$\begin{aligned} & a_1 + 2a_2 + \cdots\cdots + na_n \\ &= a_1 + 2a_2 + \cdots\cdots + ka_k + (k+1)a_{k+1} + \cdots\cdots + na_n \\ &> ka_1 + ka_2 + \cdots\cdots + ka_k + ka_{k+1} + \cdots\cdots + ka_n \quad \cdots\cdots(★) \\ &= k(a_1 + a_2 + \cdots\cdots + a_n) = 0 \end{aligned}$$

$$\therefore \quad a_1 + 2a_2 + \cdots\cdots + na_n > 0$$

(証明終わり)

フォローアップ

〔Ⅰ〕 0以上以下の数が含まれる説明の仕方として次のようにしてもよい。条件より

$$a_1 + a_1 + \cdots + a_1 \leqq a_1 + a_2 + \cdots + a_n \leqq a_n + a_n + \cdots + a_n$$

$$na_1 \leqq 0 \leqq na_n \qquad \therefore \quad a_1 \leqq 0 \leqq a_n$$

$a_1 = 0$ または $a_n = 0$ とすれば，すべてが0となるので

$$a_1 < 0 < a_n$$

〔Ⅱ〕 非常に細かい話だが，**解答** の中で「a_1，……，a_n の中には0以上のものと0以下のものが含まれている」と表現した。この表現のままではすべてが0の可能性もある。それは問題文の中で否定しているので，a_1，……，a_n の中には負の数と0と正の数が混ざっていることが分かる。ただし0は存在しないかもしれない。なぜこれを気にしているのかというと，(＊)の不等号の1カ所を＜としておきたいからである。それはすべて≦であれば(★)の＞は≧となってしまい示すべき式と異なってしまう。$F \geqq 0$ の証明で $F > 0$ を示すのは問題ないが，逆はまずい。

〔Ⅲ〕 (＊)を示すところまでは同じで，後半を次のように示してもよい。数列の和に関して，負の項を加えると和は減少し，正の項を加えると和は増加する。これを利用する。

別解1 $a_1 \leqq a_2 \leqq \cdots\cdots \leqq a_k \leqq 0 < a_{k+1} \leqq \cdots\cdots \leqq a_n \quad \cdots\cdots(*)$

となる k が存在する。これより $\sum_{i=1}^{m} a_i = S_m$ とおくと

$$0 > S_1 \geqq S_2 \geqq S_3 \geqq \cdots\cdots \geqq S_k < S_{k+1} \leqq S_{k+2} \leqq \cdots \leqq S_n = 0$$

$$a_1 + a_2 + a_3 + a_4 + \cdots + a_{n-1} + a_n = 0$$

$$a_2 + a_3 + a_4 + \cdots + a_{n-1} + a_n = -a_1 = -S_1$$

$$a_3 + a_4 + \cdots + a_{n-1} + a_n = -a_1 - a_2 = -S_2$$

$$a_4+\cdots+a_{n-1}+a_n=-a_1-a_2-a_3=-S_3$$
$$a_{n-1}+a_n=-a_1-\cdots-a_{n-2}=-S_{n-2}$$
$$a_n=-a_1-\cdots-a_{n-2}-a_{n-1}=-S_{n-1}$$

この辺々を加えると

$$a_1+2a_2+3a_3+\cdots+(n-1)a_{n-1}+na_n=-S_1-S_2-\cdots-S_{n-2}-S_{n-1}$$
$$>0$$

（証明終わり）

本問は和が一定なら相加平均以上以下のものが含まれるということを用いた。積が一定であれば相乗平均以上以下のものが含まれるということを用いることもある。その一例を。

例題 n 個の正の数の積が 1 のときその和は n 以上であることを示せ。

解答 $n=1$ のときは正しい。$n=k$ のとき正しいと仮定する。そこで $k+1$ 個の正の数の積が 1 であるときその和が $k+1$ 以上であること（☆）を示す。この $k+1$ 個を小さい順に a_1, a_2, …, a_k, a_{k+1} とすると

$$a_1\cdot a_2\cdot\cdots\cdot a_k\cdot a_{k+1}=1$$

$a_1>1$ とすれば

$$1<a_1\leqq a_2\leqq\cdots\leqq a_k\leqq a_{k+1}$$

だから $a_1\cdot a_2\cdot\cdots\cdot a_k\cdot a_{k+1}>1$ となり不適。したがって　$a_1\leqq 1$

$a_{k+1}<1$ とすれば

$$0<a_1\leqq a_2\leqq\cdots\leqq a_k\leqq a_{k+1}<1$$

だから $a_1\cdot a_2\cdot\cdots\cdot a_k\cdot a_{k+1}<1$ となり不適。したがって　$a_{k+1}\geqq 1$

$(a_1\cdot a_{k+1})$ を一つの数と考えると，k 個の数 $(a_1\cdot a_{k+1})$, a_2, …, a_k の積が 1 だから帰納法の仮定からこれらの和は k 以上である。つまり

$$a_1\cdot a_{k+1}+a_2+a_3+\cdots+a_k\geqq k$$

この辺々に 1 を加えると

$$1+a_1\cdot a_{k+1}+a_2+a_3+\cdots+a_k\geqq k+1 \qquad \cdots\cdots①$$

この左辺が $a_1+a_2+\cdots+a_k+a_{k+1}$ 以下であることがいえれば（☆）が示せたことになる。それは $a_1+a_{k+1}\geqq a_1\cdot a_{k+1}+1$ を示すことになる。そこで

$$a_1+a_{k+1}-a_1\cdot a_{k+1}-1=(a_{k+1}-1)(1-a_1)\geqq 0 \quad (a_1\leqq 1\leqq a_{k+1}\text{ より})$$

だから $a_1+a_{k+1}\geqq a_1\cdot a_{k+1}+1$ がいえるので

$$a_1+a_2+\cdots+a_k+a_{k+1}\geqq(①\text{の左辺})$$

したがって，①と上式をあわせて $a_1+a_2+\cdots+a_k+a_{k+1}\geqq k+1$ がいえ，$n=k+1$ のとき（☆）が成立することが示せた。

したがって，数学的帰納法より題意は示せた。 **（証明終わり）**

〔Ⅳ〕　実はこの例は n 個の相加相乗平均の関係の証明につながる。

x_k $(k=1,\ 2,\ \cdots,\ n)$ は正の数とし，$x_1x_2\cdot\cdots\cdot x_n=T$ とおく。n 個の数 $\dfrac{x_k}{\sqrt[n]{T}}$

$(k=1,\ 2,\ \cdots,\ n)$ の積は

$$\frac{x_1}{\sqrt[n]{T}}\cdot\frac{x_2}{\sqrt[n]{T}}\cdot\cdots\cdot\frac{x_n}{\sqrt[n]{T}}=\frac{T}{(\sqrt[n]{T})^n}=1$$

だから，先ほど示した例から

$$\frac{x_1}{\sqrt[n]{T}}+\frac{x_2}{\sqrt[n]{T}}+\cdots+\frac{x_n}{\sqrt[n]{T}}\geqq n \qquad \therefore\quad \frac{x_1+x_2+\cdots+x_n}{n}\geqq\sqrt[n]{T}$$

〔Ⅴ〕　本問の元ネタはチェビシェフの不等式という公式である。知っておく必要はないが，覚えておいた方がよいのは

$a\geqq b$，$x\geqq y$ のとき　　$ax+by\geqq ay+bx$

である。証明は差をとれば

$$(\text{左辺})-(\text{右辺})=(a-b)(x-y)\geqq 0 \qquad \cdots\cdots(\sharp)$$

と簡単に証明できる。「大きいものどうしの積の和は大きい」というイメージである。それを逆順にすると小さくなるので例えば $a\geqq b\geqq c$，$x\geqq y\geqq z$ のとき

$$ax+by+cz\geqq ax'+by'+cz'\geqq az+by+cx$$

（ただし x'，y'，z' は x，y，z を並べ替えたもの）

ということができる。これを n 個に拡張して繰り返し用いると以下のようになる。右辺は係数をサイクリックに動かしている。

$$a_1\leqq a_2\leqq a_3\leqq\cdots\leqq a_{n-1}\leqq a_n,\quad 1\leqq 2\leqq 3\leqq\cdots\leqq n-1\leqq n$$

だから

$$1\cdot a_1+2\cdot a_2+\cdots+n\cdot a_n=1\cdot a_1+2\cdot a_2+3\cdot a_3+\cdots+(n-1)\cdot a_{n-1}+n\cdot a_n$$

$$1\cdot a_1+2\cdot a_2+\cdots+n\cdot a_n\geqq 2\cdot a_1+3\cdot a_2+4\cdot a_3+\cdots+n\cdot a_{n-1}+1\cdot a_n$$

$$1\cdot a_1+2\cdot a_2+\cdots+n\cdot a_n\geqq 3\cdot a_1+4\cdot a_2+5\cdot a_3+\cdots+1\cdot a_{n-1}+2\cdot a_n$$

$$\vdots$$

$$1\cdot a_1+2\cdot a_2+\cdots+n\cdot a_n\geqq n\cdot a_1+1\cdot a_2+2\cdot a_3$$
$$+\cdots+(n-2)\cdot a_{n-1}+(n-1)\cdot a_n$$

この辺々を加えると

$$n\{a_1+2a_2+3a_3+\cdots+(n-1)a_{n-1}+na_n\}$$
$$\geqq(1+2+\cdots+n)(a_1+a_2+\cdots+a_n)=0$$

$$\therefore\quad a_1+2a_2+3a_3+\cdots+(n-1)a_{n-1}+na_n\geqq 0$$

これが次の別解のイメージである(まだ完璧とはいえない)。スタート地点は(＃)である。

別解 2 $1 \leqq j,\ k \leqq n$ を満たす任意の $j,\ k$ について $a_k - a_j,\ k-j$ ともに0以上，または0以下であるから

$$(a_k - a_j)(k-j) \geqq 0 \qquad \cdots\cdots①$$

ただし $a_1,\ a_2,\ \cdots,\ a_n$ がすべて等しいとすれば $a_1 + a_2 + \cdots + a_n = 0$ より

$$a_1 = a_2 = \cdots = a_n = 0$$

となるので条件に反する。よってすべての $j,\ k$ に対して①の等号が成立することはない。①の辺々をすべての $j,\ k$ について加えると

$$\sum_{k=1}^{n}\left\{\sum_{j=1}^{n}(a_k - a_j)(k-j)\right\} > 0$$

$$\sum_{k=1}^{n}\left\{\sum_{j=1}^{n}(ka_k - ka_j - ja_k + ja_j)\right\} > 0$$

$$\sum_{k=1}^{n}\left\{nka_k - k\sum_{j=1}^{n}a_j - \frac{n(n+1)}{2}a_k + \sum_{j=1}^{n}ja_j\right\} > 0$$

$$\sum_{k=1}^{n}\left\{nka_k - \frac{n(n+1)}{2}a_k + \sum_{j=1}^{n}ja_j\right\} > 0 \quad \left(\sum_{j=1}^{n}a_j = 0 \text{ より}\right)$$

$$n\sum_{k=1}^{n}ka_k - \frac{n(n+1)}{2}\sum_{k=1}^{n}a_k + n\sum_{j=1}^{n}ja_j > 0$$

$$2n\sum_{k=1}^{n}ka_k > 0 \quad \left(\sum_{k=1}^{n}a_k = 0,\ \sum_{k=1}^{n}ka_k = \sum_{j=1}^{n}ja_j \text{ より}\right)$$

$$\therefore\ \sum_{k=1}^{n}ka_k > 0$$

(証明終わり)

12.2　条件の対称性から大小関係を導入

n 個（$n \geqq 3$）の実数 a_1, a_2, …, a_n があり，各 a_i は他の $n-1$ 個の相加平均より大きくはないという。

このような a_1, a_2, …, a_n の組をすべて求めよ。

アプローチ

条件の対称性から大小関係を導入してもよい。これが有効でない問題もあるが，本問の条件の中で一番厳しいのは「最大数が最大数以外の $n-1$ 個の相加平均以下」というものだから，大小関係を導入しておきたい。

解答

条件の対称性から

$$a_1 \leqq a_2 \leqq \cdots \leqq a_{n-1} \leqq a_n \quad \cdots\cdots①$$

としても一般性を失わない。条件より

$$a_n \leqq \frac{a_1+a_2+\cdots+a_{n-1}}{n-1} \quad \cdots\cdots②$$

①より

$$(②の右辺) \leqq \frac{a_{n-1}+a_{n-1}+\cdots+a_{n-1}}{n-1}=a_{n-1} \quad \cdots\cdots③$$

がいえる。等号成立は $a_1=a_2=\cdots=a_{n-1}$ のときである。　……④

③と②の左辺と合わせると　$a_n \leqq a_{n-1}$

①より $a_n=a_{n-1}$ がいえる。ということは③の等号が成立して④が起こることになるので

$$\boldsymbol{a_1=a_2=\cdots=a_{n-1}=a_n=\alpha} \quad (\alpha \text{ は任意の実数}) \quad \cdots\cdots(答)$$

第13章 補 遺

最後はどの章にも含まれないが，是非とも見聞してほしい問題を集めた。全体にわたって1つのテーマというわけではないが，いずれも京大らしさを味わえる問題である。最後の仕上げに取り組んでもらいたい。

13.1 公式証明

以下は平面内の問題である。O，A，B，Cは定点で，A，B，Cは一直線上にないものとする。

(1) 点Pが直線 AB 上にあるための必要十分条件は $\overrightarrow{OP}=a\overrightarrow{OA}+b\overrightarrow{OB}$，$a+b=1$（$a$，$b$ は実数）と書けることである。これを証明せよ。

(2) 次の2条件を満たす実数 p，q，r は $p=0$，$q=0$，$r=0$ 以外にないことを示せ。

$$p\overrightarrow{OA}+q\overrightarrow{OB}+r\overrightarrow{OC}=\vec{0},\ p+q+r=0$$

(3) Qがこの平面上の点であって，$\overrightarrow{AQ}=x\overrightarrow{AB}+y\overrightarrow{AC}$（$x$，$y$ は実数）であるとき，$\overrightarrow{OQ}=l\overrightarrow{OA}+m\overrightarrow{OB}+n\overrightarrow{OC}$，$l+m+n=1$ を満たす実数 l，m，n は必ず存在し，しかもおのおのの値はただ一つに定まることを証明せよ。

アプローチ

i▶ 公式の証明が入試問題として機能することが世間に知れ渡ったのが，東大で出題された三角関数の加法定理の証明（1999年度）である。本問はそこまでのインパクトはないが，普段使っている公式は証明できるようにしておいてほしい。それは，いろいろ利点があるからである。証明したことがない公式を利用するというのは，ブラックボックスに数値を入れガチャガチャポンと答えだけを出すだけの作業しかできない。少しイレギュラーな形が出題されても，公式を証明してから使っている人は応用が効く。さらに公式を証明することで公式の理解が深まり，なぜその公式を利用するときの前提条件が必要なのかなどの理由が分かる。また，その証明方法が一般の入試問題に対する糸口になったり，証明自体が入試問題になることもある。

ii▶ よく証明問題でどこまでを自明にしてどこからを証明しないといけないのか分からないことがある。1から10まである話を5からスタートして議論を進めてもいいのか，それとも3からスタートして議論する必要があるのかが分からないことがある。こういうとき，スタート地点をはっきりさせるために，証明問題を誘導に入れることがある。また，ある公式を利用しないと肝心要のテーマに到達できないときに，公式の利用を教える代わりに証明問題を設問に入れることがある。本番の試験で公式の証明の設問ができないときは，できたつもりで次の設問を解けばよい。

iii▶ (1)は「線分 AB を $t:(1-t)$ に分ける点が P であるとすると，$\overrightarrow{\mathrm{OP}}=(1-t)\overrightarrow{\mathrm{OA}}+t\overrightarrow{\mathrm{OB}}$ と書ける。よって $a=1-t$, $b=t$ とおくと $a+b=1$……」と書いても評価されないであろう。それはほとんど(1)の内容と変わらないことを，少し形を変えて書いてあるだけである。つまり1，2，3，……と積み上げていく議論のときに，3のことを証明せよといわれたら，その前の1か2に戻ってそこから議論をスタートしないといけない。本問の証明は3で分点公式は2で2≒3だから，それ以前の1に戻って証明をスタートする。

iv▶ (2)は1次独立の証明に近い。次はよくある議論なので，証明できるように。

α, β を実数とする。△OAB において

$$\alpha\overrightarrow{\mathrm{OA}}+\beta\overrightarrow{\mathrm{OB}}=\vec{0}\Longrightarrow\alpha=\beta=0$$

α, β を実数とし，ω を虚数とすると

$$\alpha\omega+\beta=0\Longrightarrow\alpha=\beta=0$$

α, β を有理数とし，$\sqrt{2}$ が無理数として

$$\alpha\sqrt{2}+\beta=0\Longrightarrow\alpha=\beta=0$$

⋮

これらの証明はワンパターンである。$\alpha\neq0$ と仮定して α で割り算を行い矛盾を引き出す。本問も同じスタートを切ればよい。

v▶ (3)の存在の証明はすぐにできると思う。問題は「ただ一つ」の証明である。これは「これ以外にない」という否定的な内容なので，「ある」としてスタートを切る。

解答

(1)　点Pが直線 AB 上にある条件は

$$\overrightarrow{\mathrm{AP}}=k\overrightarrow{\mathrm{AB}}\quad\cdots\cdots①$$

と書ける実数 k が存在すること。

$$①\Longleftrightarrow\overrightarrow{\mathrm{OP}}-\overrightarrow{\mathrm{OA}}=k(\overrightarrow{\mathrm{OB}}-\overrightarrow{\mathrm{OA}})$$
$$\Longleftrightarrow\overrightarrow{\mathrm{OP}}=(1-k)\overrightarrow{\mathrm{OA}}+k\overrightarrow{\mathrm{OB}}$$

だから $1-k=a$, $k=b$ とおくと $a+b=1$ を満たす。よって点Pが直線 AB 上にある条件は $a+b=1$ を満たす実数 a, b を用いて

$\overrightarrow{\mathrm{OP}}=a\overrightarrow{\mathrm{OA}}+b\overrightarrow{\mathrm{OB}}$ と書けることである。　**（証明終わり）**

(2)　$p\neq0$ と仮定する。与えられた2条件を p で割ると

$$\overrightarrow{\mathrm{OA}}+\frac{q}{p}\overrightarrow{\mathrm{OB}}+\frac{r}{p}\overrightarrow{\mathrm{OC}}=\vec{0},\quad 1+\frac{q}{p}+\frac{r}{p}=0$$

$$\therefore\quad \overrightarrow{\mathrm{OA}}=\left(-\frac{q}{p}\right)\overrightarrow{\mathrm{OB}}+\left(-\frac{r}{p}\right)\overrightarrow{\mathrm{OC}},\quad \left(-\frac{q}{p}\right)+\left(-\frac{r}{p}\right)=1$$

これと(1)よりAは直線BC上にあることになり条件に反す。

ゆえに　$p=0$

同様に $q=0$，$r=0$ がいえる。　**（証明終わり）**

(3)　$\overrightarrow{\mathrm{AQ}}=x\overrightarrow{\mathrm{AB}}+y\overrightarrow{\mathrm{AC}}$ より

$$\overrightarrow{\mathrm{OQ}}-\overrightarrow{\mathrm{OA}}=x(\overrightarrow{\mathrm{OB}}-\overrightarrow{\mathrm{OA}})+y(\overrightarrow{\mathrm{OC}}-\overrightarrow{\mathrm{OA}})$$

$$\therefore\quad \overrightarrow{\mathrm{OQ}}=(1-x-y)\overrightarrow{\mathrm{OA}}+x\overrightarrow{\mathrm{OB}}+y\overrightarrow{\mathrm{OC}}$$

ここで $1-x-y=l$，$x=m$，$y=n$ とおくと

$$l+m+n=1 \quad \cdots\cdots②$$

であり

$$\overrightarrow{\mathrm{OQ}}=l\overrightarrow{\mathrm{OA}}+m\overrightarrow{\mathrm{OB}}+n\overrightarrow{\mathrm{OC}} \quad \cdots\cdots③$$

となる。よって，この関係を満たす実数 l，m，n の存在はいえた。さらに

$$l'+m'+n'=1 \quad \cdots\cdots④$$

$$\overrightarrow{\mathrm{OQ}}=l'\overrightarrow{\mathrm{OA}}+m'\overrightarrow{\mathrm{OB}}+n'\overrightarrow{\mathrm{OC}} \quad \cdots\cdots⑤$$

を満たす実数 l'，m'，n' が存在すると仮定すれば②－④，③－⑤より

$$(l-l')\overrightarrow{\mathrm{OA}}+(m-m')\overrightarrow{\mathrm{OB}}+(n-n')\overrightarrow{\mathrm{OC}}=\vec{0}$$

$$(l-l')+(m-m')+(n-n')=0$$

となる。(2)より

$$l-l'=m-m'=n-n'=0 \qquad \therefore\quad l=l',\ m=m',\ n=n'$$

すなわち，l，m，n がただ1組しか存在しないことが示せた。

（証明終わり）

フォローアップ

(3)のスタート地点である $\overrightarrow{\mathrm{AQ}}=x\overrightarrow{\mathrm{AB}}+y\overrightarrow{\mathrm{AC}}$ は，Qが平面ABC上にあることの表現である。つまり平面のベクトル方程式である。普段の問題なら $\overrightarrow{\mathrm{OA}}$，$\overrightarrow{\mathrm{OB}}$，$\overrightarrow{\mathrm{OC}}$ が1次独立なら，これらの係数の和が1であるように平面ABC上の点を表せばよい。

13.2　2 問合体問題

次の性質をもつ実数 a は，どのような範囲にあるか。

2 次方程式 $t^2-2at+3a-2=0$ は実数解 α，β をもち，$\alpha\geqq\beta$ とするとき，不等式

$$y\leqq x,\ \ y\geqq -x,\ \ ay\geqq 3(x-\beta)$$

で定まる領域は，三角形になる。

アプローチ

i▶ この問題は 2 つの問題が合体したような問題である。1 つは不等式が表す領域が三角形をなすための条件を求める問題。もう 1 つは 2 次方程式の解の配置問題。前者の問題を解決しないと後半の議論ができないので，この順番で解決していく。

ii▶ 3 直線で囲まれる領域が三角形をなす条件は，どの 2 直線も平行でなく，3 直線が 1 点で交わらないことでよい。しかし，不等式の場合はこれでは不十分である。本問は $-x\leqq y\leqq x$ の表す領域がはっきり捉えられるので，直線 $ay=3(x-\beta)$ が $y=\pm x$ のどこで交わるのかという条件と，この直線に関してどちら側の領域になるのかの条件をつければよい。このとき直線に関してどちらの領域であるかを考えるのは，a が正負 0 で場合分けするか，ある点が含まれるか否かで判断する。例えば $ax+by<1$ の表す領域は，$(0,\ 0)$ が不等式を満たすので $ax+by=1$ に関して原点を含む側といえる。

iii▶ 2 次方程式の解の符号は解と係数の関係と判別式で考える。

$\alpha>0,\ \beta>0$ のとき　　$\alpha+\beta>0,\ \alpha\beta>0,\ D\geqq 0$

$\alpha<0,\ \beta<0$ のとき　　$\alpha+\beta<0,\ \alpha\beta>0,\ D\geqq 0$

$\alpha>0,\ \beta<0$ のとき　　$\alpha\beta<0$

$\alpha\beta<0$ のときに $D>0$ が不要であることは分かっているだろうか。

$ax^2+bx+c=0$ において $\alpha\beta=\dfrac{c}{a}<0$ のとき a，c は異符号だから $D=b^2-4ac>0$ となる。

解答

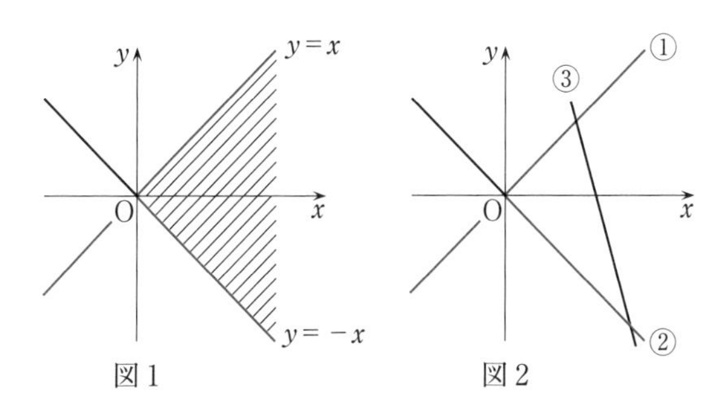

図 1　　図 2

$y \leqq x$，$y \geqq -x$ を図示すると図 1 の通り。

$y=x$ ……①

$y=-x$ ……②

$ay=3(x-\beta)$ ……③

$ay>3(x-\beta)$ ……④

とおくと，図 2 より，3 つの不等式で定まる領域が三角形をなす条件は

(i)　①，③が $x>0$ で交わる

(ii)　②，③が $x>0$ で交わる

(iii)　(0，0) が④の領域に含まれる

ことである。①，③より y を消去すると

$(3-a)x=3\beta$

(i)であるためにはまず $a \neq 3$ であることが必要。

このもとで $x=\dfrac{3\beta}{3-a}$ だから，(i)の条件は

$\dfrac{3\beta}{3-a}>0$ ……⑤

②，③より y を消去すると

$(3+a)x=3\beta$

(ii)であるためにはまず $a \neq -3$ であることが必要。

このもとで $x=\dfrac{3\beta}{3+a}$ だから，(ii)の条件は

$\dfrac{3\beta}{3+a}>0$ ……⑥

(iii)である条件は④に (0，0) を代入して

$0>3(-\beta)$　　$\therefore$　$\beta>0$ ……⑦

⑦より⑤，⑥は

$3-a>0$，$3+a>0$　　$\therefore$　$-3<a<3$ ……⑧

となる。⑦の条件は $t^2-2at+3a-2=0$ が正の 2 解をもつ条件になるので，この方程式の判別式を D とすると

$\alpha+\beta=2a>0$，$\alpha\beta=3a-2>0$，$\dfrac{D}{4}=a^2-3a+2 \geqq 0$

$\therefore$　$\dfrac{2}{3}<a \leqq 1$，$2 \leqq a$

これと⑧より　　$\boldsymbol{\dfrac{2}{3}<a \leqq 1,\ 2 \leqq a<3}$ ……**(答)**

13.3　定型問題

正 n 角形の頂点を順次 A_1, A_2, …, A_n とする。
(1)　これらのうちの任意の 3 点を結んでできる三角形の総数を求めよ。
(2)　上の三角形のうちで鋭角三角形になるものの総数を求めよ。

アプローチ

i▶ 毎年毎年すべての問題が新作で斬新で奇抜で奥行きが深い…などということはない。やはり選抜試験なのである程度定型といわれる問題が紛れ込んでいる。なのでこのような問題をしっかり解き切ることが合格につながる。そういう意味でこの問題を選択した。
ii▶ 求めやすさの順番は直角三角形 → 鈍角三角形 → 鋭角三角形である。直角三角形は直角が一つ，鈍角三角形は鈍角が一つ。しかし，鋭角三角形は全角が鋭角であるように気をつかわないといけない。なので一番求めにくい鋭角三角形は余事象で求める。
iii▶ 直角三角形は直径を選ぶところから入るので，n の偶奇による場合分けが必要である。そこで例えば n が奇数のときの計算を行うならば，まずは $n=2m+1$ などとおいて m の式で答えを求める。その後 $m=\dfrac{n-1}{2}$ を代入して n の式に戻せばよい。最初から n の式で表そうとしないこと。
iv▶ 場合の数を数えるときに何か基準を作ったり，1：1 に対応する何かを見つけたりして数える。鈍角三角形の場合は，外心が三角形の外部にあるようにすればよいので直径が関係する基準である。ただ直径を決めて，その一方の領域から 3 点を選ぶと重複が起こる。ダブらないような数え方をするために一つの頂点を直径の端点とすればよい。

解答

(1)　A_1, A_2, ……, A_n の中から 3 点を選ぶ組合せの数を求めて

$${}_nC_3=\frac{n(n-1)(n-2)}{6} \qquad \cdots\cdots(\text{答})$$

(2)　鈍角または直角三角形の個数を求め，(1)の結果から引いて鋭角三角形の個数を求める。そこで m を整数として $n=2m$, $2m+1$ の場合分けを行う。
(イ)　$n=2m$ のとき
鈍角または直角三角形のうち，一つの頂点が A_1 で，A_1 から見て時計回りの隣の頂点での角度が鈍角または直角となる三角形（図 2 参照）は，残りの

2 頂点を図 1 の m 個から 2 点選べばよい（${}_m\mathrm{C}_2$ 通り）。

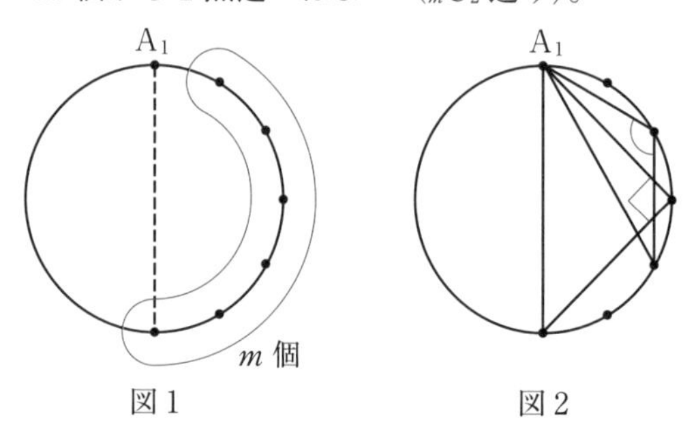

図 1　　　　　　図 2

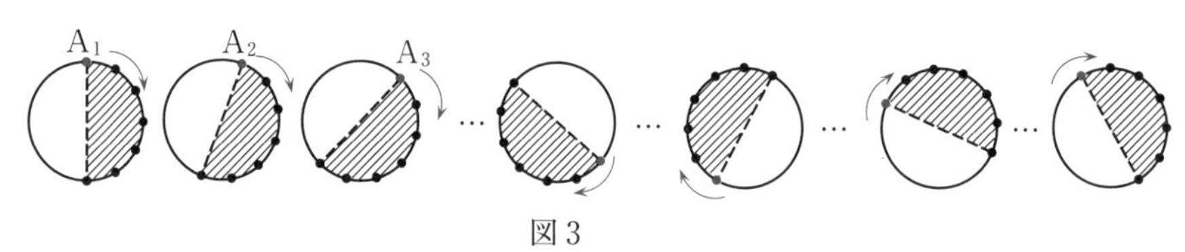

図 3

この A_1 の立場を右回りに回転し A_2 にして数え，次々に右回りに移動していけばすべての鈍角または直角三角形を数えることができる（図 3 参照）。よって，鈍角または直角三角形の個数は

$$
\begin{aligned}
{}_m\mathrm{C}_2\cdot 2m &= m^2(m-1)\\
&=\left(\frac{n}{2}\right)^2\left(\frac{n}{2}-1\right)\quad\left(m=\frac{n}{2}\text{ を代入した}\right)\\
&=\frac{n^2(n-2)}{8}
\end{aligned}
$$

よって，求める鋭角三角形の個数は

$$\frac{n(n-1)(n-2)}{6}-\frac{n^2(n-2)}{8}=\frac{n(n-2)(n-4)}{24}$$

(ロ)　$n=2m+1$ のとき

直角三角形は存在しないので鈍角三角形を数える。(イ)のときと同様一つの頂点が A_1 で，A_1 から見て時計回りの隣の頂点での角度が鈍角となる三角形は，残りの 2 頂点を図 4 の m 個から 2 点選べばよい。(イ)と同様に右回りに移動していけば，鈍角三角形の個数は

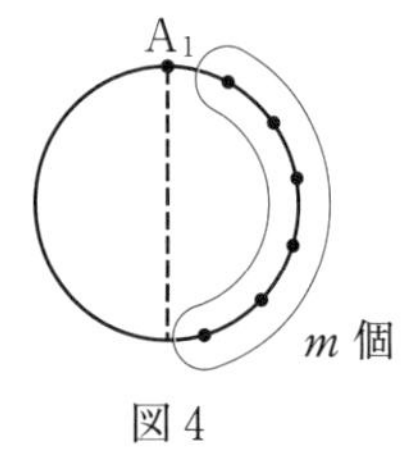

図 4

$${}_m\mathrm{C}_2\cdot(2m+1)=\frac{m(m-1)}{2}\cdot(2m+1)$$

$$=\frac{1}{2}\left(\frac{n-1}{2}\right)\left(\frac{n-1}{2}-1\right)n \quad \left(m=\frac{n-1}{2}\text{ を代入した}\right)$$

$$=\frac{n(n-1)(n-3)}{8}$$

よって，求める鋭角三角形の個数は

$$\frac{n(n-1)(n-2)}{6}-\frac{n(n-1)(n-3)}{8}$$

$$=\frac{n(n-1)(n+1)}{24}$$

よって，求める鋭角三角形の総数は

$$\left.\begin{array}{ll} \boldsymbol{n=2m}\text{（偶数）のとき} & \dfrac{\boldsymbol{n(n-2)(n-4)}}{\boldsymbol{24}} \\ \boldsymbol{n=2m+1}\text{（奇数）のとき} & \dfrac{\boldsymbol{n(n-1)(n+1)}}{\boldsymbol{24}} \end{array}\right\} \cdots\cdots\text{(答)}$$

出題年度一覧

㈨ 出題年度の略号について，文は文系，文理は文系・理系共通，理は理系を表す。